普通高等教育电子信息类系列教材

TM4C123 系列微控制器原理与实验

谢永强　高　飞　丰　博　段学超
武晓君　张志浩　高　林　编著

西安电子科技大学出版社

内 容 简 介

本书第 1、2 章首先介绍了 TM4C123 系列微控制器、实验平台和软件开发工具；第 3 章对 TM4C123 系列微控制器内部的系统控制单元、通用输入/输出、定时器、ADC 模块、异步串行接口、同步串行接口、I²C 接口以及控制局域网 CAN 控制器进行了介绍，并且通过实验说明了 TM4C123 系列微控制器硬件资源的使用方法；第 4 章提供了 9 个实验，帮助读者学习和掌握多种传感器和数字通信接口的使用方法；第 5 章提供了 3 个综合实验。

本书中不再使用寄存器编程模式，而是使用基于库函数的编程模式。

本书既可以作为电子工程、测控技术与仪器、自动控制、机电一体化等专业本科生或研究生的教学实践用书，也可以作为相关专业学生以及工程技术人员的参考书。

图书在版编目(CIP)数据

TM4C123 系列微控制器原理与实验 / 谢永强等编著. —西安：西安电子科技大学出版社，2022.7

ISBN 978‒7‒5606‒6388‒3

Ⅰ．①T… Ⅱ．①谢… Ⅲ．①微控制器 Ⅳ．①TP332

中国版本图书馆 CIP 数据核字(2022)第 050401 号

策　　划	刘小莉
责任编辑	刘小莉
出版发行	西安电子科技大学出版社(西安市太白南路 2 号)
电　　话	(029)88202421　88201467　　　　邮　编　710071
网　　址	www.xduph.com　　　　　电子邮箱　xdupfxb001@163.com
经　　销	新华书店
印刷单位	咸阳华盛印务有限责任公司
版　　次	2022 年 7 月第 1 版　　2022 年 7 月第 1 次印刷
开　　本	787 毫米×1092 毫米　1/16　印张 16
字　　数	376 千字
印　　数	1～1000 册
定　　价	41.00 元

ISBN　978‒7‒5606‒6388‒3 / TP

XDUP 6690001-1

如有印装问题可调换

前　言

随着教育教学改革的不断深入，以工程教育专业认证标准为目标的专业建设已成为当前教育教学改革的重点，其中加强学生工程意识和培养学生实践能力已经成为完善人才培养体系的核心内容之一。

针对嵌入式领域的人才培养需要，编者将应用于工业控制、物联网、机器人、智能化仪器仪表等领域的嵌入式系统技术引进课程教学与实践环节，取得了不错的效果。本书正是编者总结近年来在教学与实践中积累的经验和体会而编写的。本书通过将嵌入式系统技术用于信息的获取、处理和传输，帮助学生在嵌入式系统智能化器件的学习和实践过程中了解传感器技术、数据处理技术和数据通信技术。书中按照基础实验—应用实践—综合实验的顺序对Tiva C TM4C123系列微处理器的原理及应用进行了介绍，特别是综合实验对培养和训练学生的设计能力与创新能力有一定的帮助和启发作用。

为了便于学生利用实验系统完成实验，编者专门研发了与之配套的实验系统，该实验系统配置有相应的智能化器件和必要的输入/输出器件，以及多种传感器器件和数据通信接口，可以完成多种单元电路实验和综合实验。

本书适合在学时数较少的嵌入式系统类课程教学中使用，既可用于相关课程实验，也可用于工程基础培训或工程实训，还可用于学生科技实践活动和训练。

由于TM4C123系列微控制器内寄存器较多，因此在编程时，本书不再使用寄存器编程模式，而使用基于库函数的编程模式。

本书由谢永强、高飞、丰博、段学超、武晓君、张志浩、高林共同编写，其中谢永强编写第4章，高飞编写第2章，丰博编写第3章，段学超编写第5章，所有编者共同编写第1章，谢永强负责全书的统稿工作。李萌、程江、柴剑、王云、于秀波、熊鲲鹏、朱晓香、冯翠萍、邱莹、陈永刚、孔玉英、秋波、张大伟、秦祖勇、唐婷、张理京、李会琴等为本书提供了相应的实验电路图和程序等，在此表示感谢。本书在编写过程中参考了有关的资料和文献，在此对这些参考资料的作者表示衷心的感谢。

本书的出版得到了 2020 年产学合作协同育人项目《基于 TI MCU 的智能倒立摆小车系统设计》(项目编号 202002093025)、陕西省新工科研究与实践项目《以案例为中心的机器人工程专业教学模式研究》和西安电子科技大学新实验新设备重点攻关项目《基于倒立摆机器人的机电实验系统》(项目编号 YQ19002A)等的支持。

由于本书涉及的知识面很宽，而编者水平有限，因此书中难免存在不足之处，欢迎读者不吝赐教。

编　者

2022 年 1 月

目　　录

第1章　Tiva C TM4C123 系列微控制器概述 1

1.1　TM4C123GXL 系列微控制器介绍 1

1.2　TM4C123GXL LaunchPad 介绍 2

1.3　TM4C123GXL LaunchPad 一体化实验系统 3

第2章　软件开发工具 4

2.1　开发环境 Code Composer Studio V5 使用说明 4

2.2　编程模式 9

2.3　辅助开发软件 10

2.3.1　I/O 口配置软件 Tiva C Series PinMux Utility 11

2.3.2　TI 射频芯片配置软件 SmartRF Studio 7 11

第3章　Tiva C TM4C123 系列微控制器硬件资源及基础实验 13

3.1　系统控制单元 13

3.1.1　时钟控制 13

3.1.2　系统控制 15

3.2　通用输入/输出口(GPIO) 17

3.2.1　GPIO 的功能 17

3.2.2　GPIO 的常用库函数 19

3.2.3　LED 显示实验 21

3.2.4　带触摸 TFT LCD 显示控制实验 23

3.2.5　中断函数 35

3.3　定时器(Timers) 37

3.3.1　通用定时器的结构和原理 37

3.3.2　定时器常用库函数 48

3.3.3　基于定时器的 PWM 波电机控制实验 55

3.4　ADC 模块 61

3.4.1　ADC 的结构和原理 62

3.4.2　ADC 的常用库函数 73

3.4.3　滑动变阻器控制 LED 暗亮实验 78

3.5　异步串行接口(UART) 80

3.5.1　UART 概述 80

3.5.2　UART 的结构和原理 81

3.5.3　UART 的常用库函数 86

3.5.4　RS-232 接口通信实验 89

3.6　同步串行接口(SSI) 92
　　3.6.1　SSI 功能描述 92
　　3.6.2　SSI 模块的常用库函数 99
　　3.6.3　基于 DAC8552 的 D/A 转换实验 102
3.7　I²C 接口 105
　　3.7.1　I²C 模块的结构和原理 105
　　3.7.2　I²C 的常用库函数 115
　　3.7.3　基于 I²C 总线的外部 EEPROM 存取实验(AT24C08) 118
3.8　控制局域网 CAN 控制器 121
　　3.8.1　CAN 总线简介 121
　　3.8.2　CAN 模块的结构和功能 125
　　3.8.3　CAN 模块的常用库函数 130
　　3.8.4　CAN 接口通信实验 133

第 4 章　Tiva C TM4C123 系列微处理器应用实践 139
4.1　基于 SHT10 的数字温湿度采集与显示实验 139
　　4.1.1　实验原理描述 140
　　4.1.2　实验代码例程 141
4.2　光照度采集 147
　　4.2.1　实验原理描述 147
　　4.2.2　实验代码例程 148
4.3　简易正弦波测频实验 151
　　4.3.1　实验原理描述 151
　　4.3.2　实验代码例程 153
4.4　三轴陀螺三轴加速度测量 157
　　4.4.1　MPU6050 介绍及实验原理 158
　　4.4.2　实验代码例程 160
4.5　RS485 接口通信实验 164
　　4.5.1　电路设计与系统连接 164
　　4.5.2　实验代码例程 166
4.6　GPS 模块实验 169
　　4.6.1　GPS 模块介绍 170
　　4.6.2　GPS 模块与系统连接 171
　　4.6.3　实验代码例程 172
4.7　基于 CC1101 无线数字通信实验 176
　　4.7.1　芯片及 CC1101 模块介绍 176
　　4.7.2　部分实验代码例程说明 185
4.8　基于 CC2520 的 ZigBee 无线数字通信实验 196
　　4.8.1　ZigBee 协议简介 197

4.8.2　CC2520 芯片及模块引脚说明 ·· 197

4.8.3　IEEE 802.15.4 数据帧格式 ·· 202

4.8.4　部分实验代码例程说明 ··· 203

4.9　基于 MFRC522 的射频识别实验 ·· 213

4.9.1　芯片及 MFRC522 模块介绍 ·· 213

4.9.2　部分实验代码说明 ··· 217

第 5 章　综合实验 ·· 222

5.1　基于 CAN 总线的电机控制系统 ·· 222

5.1.1　实验内容 ··· 222

5.1.2　实验代码说明 ··· 223

5.2　基于 ZigBee 的无线传感网络的多点温度采集实验 ························ 232

5.2.1　实验内容 ··· 232

5.2.2　部分实验代码说明 ··· 233

5.3　基于 433 MHz 的光照强度测量无线传输系统 ···························· 239

5.3.1　实验内容 ··· 239

5.3.2　部分实验代码说明 ··· 239

附录　TM4C123GH6PM 引脚功能表 ·· 245

参考文献 ··· 247

第 1 章　Tiva C TM4C123 系列微控制器概述

本章将简要介绍 TI 公司的 TM4C123 系列微控制器以及本书中使用的 TM4C123GXL LaunchPad。

1.1　TM4C123GXL 系列微控制器介绍

Tiva C 系列微控制器是 TI 公司推出的基于 ARM 公司最新 Cortex M4 内核的 MCU(微控制器)，它在 Cortex M4 内核的基础上增加了浮点运算单元(FPU)，使用的是混合了 16 位和 32 位指令的 Thumb-2 指令集，这使其与 32 位指令集相比，可以节省 26% 的存储空间并且能提高 25%的运算速度，主频可以达到 80 MHz。另外，TM4C123 系列微控制器内部还配有灵活的时钟配置系统，在低功耗方面也非常出色，其功耗最低可以达到 370 μA/MHz。其中，TM4C123x 系列微控制器内部的 ROM 已经固化了 TivaWare 的外设驱动库和 TivaWare 的 boot loader。TM4C123x 系列微控制器的外设十分丰富，如图 1.1 所示。TM4C123x 系列微控制器可以用于测试和测量设备、工业自动化设备、家庭和楼宇自动化设备、医疗仪器设备和交通运输设备等。

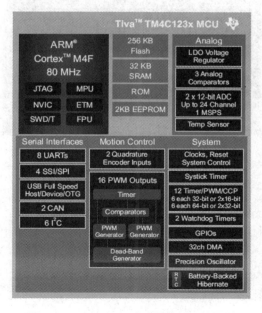

图 1.1　TM4C123x 系列微控制器外设图

本书中所使用的器件是 TM4C123GH6PM。与 TM4C123x 系列微控制器相比，TM4C123GH6PM 内部的 I^2C(也称 IIC，是 Inter-Integrated Circuit 的简称，本书统一使用 I^2C 表示)为 4 个，两个 ADC 模块共享 12 个输入通道，其余模块与图 1.1 完全相同。

1.2　TM4C123GXL LaunchPad 介绍

为了便于开发学习，本书中使用 TI 公司的 TM4C123GXL LaunchPad(简称 EK-TM4C123GXL)作为开发对象。该 LaunchPad 只需一根 USB 线就可以完成程序的下载与调试，并且价格低廉，大大降低了初学者的入门门槛。同时，该 LaunchPad 上将大部分 GPIO 引出，方便使用者再次进行设计开发。TM4C123GXL LaunchPad 的外观如图 1.2 所示。

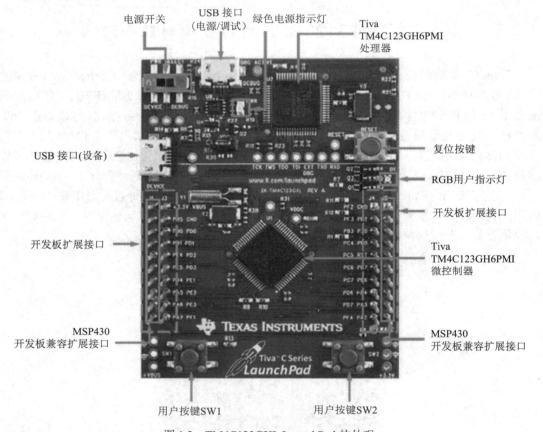

图 1.2　TM4C123GXL LaunchPad 的外观

TM4C123GXL LaunchPad 上包含的主要模块如下：

(1) 64 引脚的 TM4C123GH6PMI，通过排针将大部分引脚引出。

(2) USB ICDI 程序下载调试接口。

(3) 一个复位按键(Reset)和两个用户按键(SW1 和 SW2)。

(4) RGB 用户指示灯。

(5) 3.3 V LDO。

1.3　TM4C123GXL LaunchPad 一体化实验系统

由 1.1 节介绍可知，TM4C123x 系列微控制器集成了丰富的外设，但是在学习时需要经过实际的练习使用才能熟练掌握各个模块的编程及使用方法。本书实验中所使用的 TM4C123GXL LaunchPad 一体化实验系统如图 1.3 所示。该一体化实验系统以 LaunchPad 为基础，使用 LaunchPad 上引出的引脚扩展了多种实验模块，可进行多种教学实验。一体化实验系统既含有模拟电路实验，又包含数字电路实验。模拟电路部分有光照强度测量模块、正弦波测频模块、电机控制与转速测量模块等。数字电路部分有三轴加速度和三轴角速度测量模块等，这些模块都是通过 I^2C 的接口或者模拟类似于 I^2C 的接口与微处理器进行通信的。有线通信接口有 RS232 接口、RS485 接口和 CAN 总线接口；无线通信部分包含 433 MHz 的 CC1101、2.4 GHz 的 ZigBee、GPS 和 GPRS 等模块。

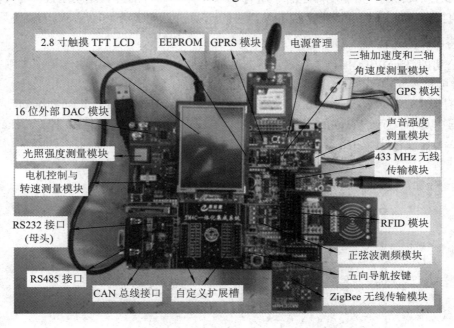

图 1.3　TM4C123GXL LaunchPad 一体化实验系统

此外，一体化实验系统中还有 RFID 模块以及板载的 EEPROM，可用于存储采集到的数据信息，并且配有锂电池和充电管理电路。以上每种实验模块都使用到了 TM4C123GH6PM 片上外设，初学者应尽可能多地使用 TM4C123GH6PM 片上外设，以达到学习、练习和使用的目的。本书后面章节的实验例程均来自 TM4C123GXL LaunchPad 一体化实验系统。

第 2 章　软件开发工具

2.1　开发环境 Code Composer Studio V5 使用说明

本书例程使用了 TI 公司提供的外设驱动库 TivaWare(所用的 TivaWare 版本为 TivaWare_C_Series-2.1.0.12573)。该驱动库包含了所有 Tiva C 系列芯片的外设驱动函数。在具体工程中，只需要简单的几步就可将该库添加到工程中。下面介绍 CCSv5 和 TivaWare 的使用方法。

1. 将已有的工程导入 CCS 中

TI 公司的 TivaWare 提供了许多已经建好的工程，具有很重要的参考价值，刚开始练习编程时可参考其中部分工程中库函数的调用方法。

(1) 打开 CCSv5.5，在 Project 菜单中选择 Import Existing CCS Eclipse Project，在弹出的对话框中选择 TivaWare 所在位置，如 D:\TivaWare_C_Series-2.1.0.12573\examples\boards\ek-tm4c123gxl，如图 2.1 所示。

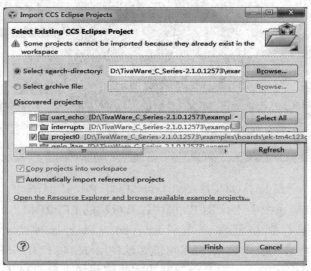

图 2.1　导入已有工程

(2) 在所要导入的工程前打对钩，然后点击 Finish 按钮即可。完成以后，在 CCSv5 工作区左边会出现导入的工程。

2. 新建自己的工程

(1) 创建工程。在 CCSv5 的 Project 菜单中选择 New CCS Project，弹出的对话框如图

2.2 所示。

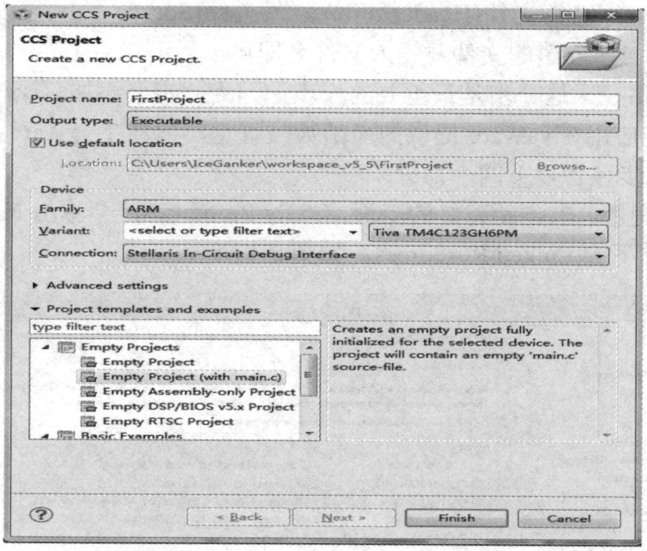

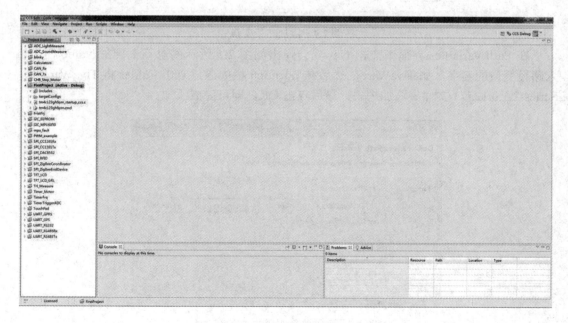

图 2.2　创建工程

　　在图 2.2 所示的对话框中输入相应的工程名字，默认情况下，工程存放在 workspace_
v5_5 文件夹中。在 Variant 栏中选择 Tiva TM4C123GH6PM。由于本书的实验例程都是基于
EK-TM4C123GXL LaunchPad 的，所以在 Connection 栏中选择以前针对 Stellaris 器件的
Stellaris In-Circuit Debug Interface(还是沿用以前的调试接口)。在 Project templates and examples
栏中选择 Empty Projects，或者选择含有 main.c 的工程，然后点击 Finish 按键即可完成工
程创建，如图 2.3 所示。

图 2.3　初步创建好的工程

(2) 新建文件。在 CCSv5 左边的 Project Explorer 栏中右击刚刚建好的工程，选择 New，在弹出的目录中有新建头文件(Header File)、源文件(Source File)以及新文件夹(Source Folder)等。点击自己所要建的文件并输入文件名即可。

(3) 添加工程路径。这一步是最重要的一步，因为此步要添加 TivaWare。只有正确添加 TivaWare，才能应用 TivaWare 提供的库函数。可见，添加 TivaWare 是每一个工程都必须要做的一步。此步包含以下四个部分：

① 添加路径变量。右击新建好的工程，点击 Properties，会弹出如图 2.4 所示的对话框，选择 Resource 下的 Linked Resources，如图 2.4 所示。

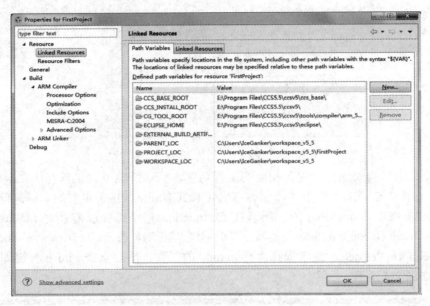

图 2.4 添加路径变量

在 Path Variables 界面下点击 New，会弹出如图 2.5 所示的对话框。在 Name 栏中输入路径变量的名字，如 TivaWare，然后在 Location 栏中通过点击 Folder 将 TivaWare_C_Series-2.1.0.12573 文件夹添加进去，最后点击 OK，即可完成添加。

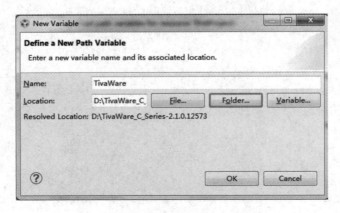

图 2.5 添加路径变量的名字和路径

② 添加编译变量。右击新建好的工程，选择 Properties，在弹出的对话框中选择 Build，在右边的界面中选择 Variables，如图 2.6 所示。

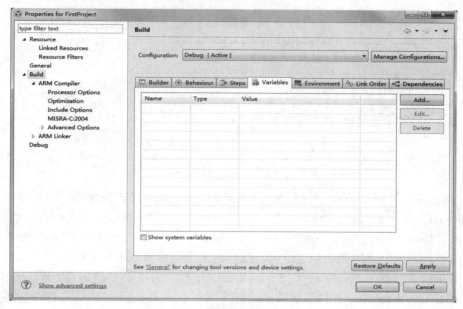

图 2.6　添加编译变量

在图 2.6 所示的界面中点击 Add，弹出如图 2.7 所示的对话框。在 Variable name 中输入编译变量名字，如 TivaWare，选中 Apply to all configurations，在 Type(类型)中选择 Directory(目录结构)，在 Value 栏中添加 TivaWare_C_Series-2.1.0.12573 文件夹，点击 OK。

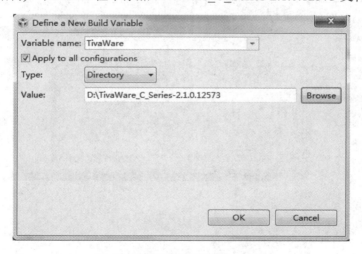

图 2.7　添加编译变量名字和路径

③ 链接驱动库文件 driverlib.lib。右击所建工程，点击 Add Files，找到文件 driverlib.lib (该文件位于 TivaWare_C_Series-2.1.0.12573\driverlib\ccs\Debug)并将其打开，在最后添加库文件的时候会弹出如图 2.8 所示的对话框。在此处，只需要将库文件链接进来即可，所以选择 Link to files，在 Create link locations relative to 栏的下拉菜单中选择在添加路径变量和编

译变量时设置好的 TivaWare(如果在前面定义了其他名字,则在这里的下拉菜单中应选择相应的名字)。

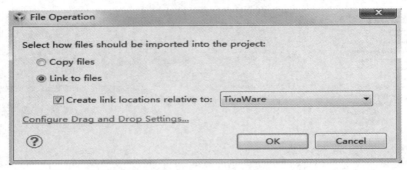

图 2.8　链接驱动库文件

④ 添加头文件包含路径。右击所建工程,选择 Properties,在弹出的对话框中依次选择 Build→ARM Compiler→Include Options,点击 Add dir to #include search path 右边的 图标,输入${TivaWare},如图 2.9 所示,大括号里面的名字要与路径变量和编译变量中设置好的保持一致。这里添加的是相对路径,这样将来工程移植到不同的电脑时,只需要修改路径变量和编译变量中 TivaWare_C_Series-2.1.0.12573 文件夹的位置即可。点击 OK,这时就可以使用 TivaWare 中所提供的硬件驱动库函数了。由于在 TivaWare 文件夹里还有很多文件夹,所以在包含头文件时应加上相应的文件夹名,如要包含 driverlib 下的 gpio.h,则要写成如下格式:#include "driverlib/gpio.h"。这一点在后面的使用当中会看到。

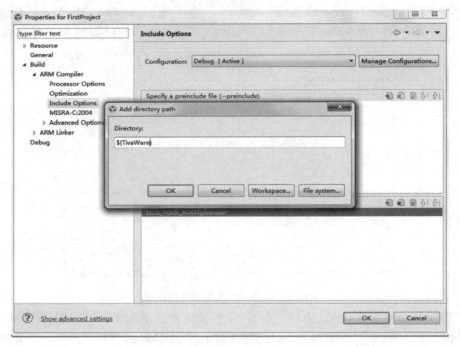

图 2.9　添加头文件包含路径

在此部分的 Include Options 下面还可以添加其他文件夹。若在后面的学习中,编译时遇到找不到头文件等错误，可以将头文件所在的文件夹通过此步的方法添加到工程中，如图 2.9 所示。如果包含头文件的文件夹位于工作空间中，则在添加的时候点击 Workspace；如果包含头文件的文件夹位于硬盘中，则添加的时候点击 File system。

(4) 添加 I/O 口引脚功能的编译条件。此步主要针对的是函数 GPIOPinConfigure()。在引脚当作特定功能使用的时候，需要调用此函数。此函数入口参数的宏定义在 driverlib\pin_map.h 中。此文件定义了所有 Tiva 系列微处理器的引脚功能。由于本书使用的是 TM4C123GH6PM，所以需要将 TM4C123GH6PM 部分的编译条件添加进去。

右击工程，选择 Properties，在弹出的对话框左边依次选择 Build→ARM Compiler→Advanced Options→Predefined Symbols，点击 Pre-define NAME 右边的，在弹出的对话框中输入 PART_TM4C123GH6PM，点击 OK，如图 2.10 所示。

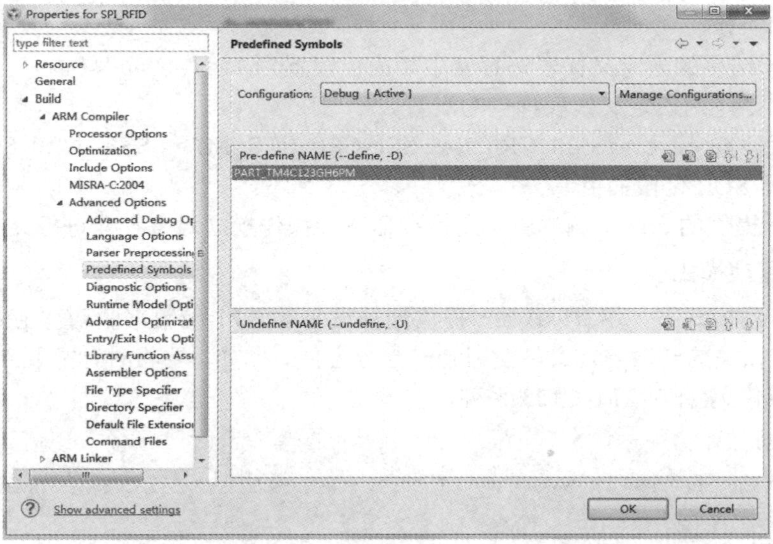

图 2.10 添加 I/O 口引脚功能的编译条件

至此已经完整地建好一个工程，读者就可以在建好的文件中调用库函数来编辑程序了。

2.2 编程模式

TivaWare 提供的外设驱动库中提供了两种编程模式：一种是寄存器直接操作模式，另一种是软件驱动模式(即通过调用库函数来驱动片上外设)。根据需要，两种模式可以单独使用，也可以混合使用，且各有优缺点。应用寄存器直接操作模式编写的代码比应用软件驱动模式编写的代码更少也更高效。然而，直接对寄存器操作需要对寄存器的各位十分了解。随着各外设的功能越来越丰富，需要控制的寄存器越来越多，不同寄存器的各位之间可能相互影响，这样操作起来有时会变得十分复杂，容易出错。如果使用外设驱动库函数，则可以略去对寄存器各位的了解，只需要知道外设的原理以及其可以实现的功能，通过调用库函数里面 C 文件中的函数和头文件中的宏定义就可以完成对外设的操作。以下是外设驱动库的几种组织结构：

(1) driverlib/：此文件夹包含的 Tiva 系列为控制器的外设驱动库源码，如 adc.c、adc.h 等。软件驱动模式主要是调用该文件夹下的源文件以实现对外设的操作。

(2) hw_*.h：该头文件说明了外设的所有寄存器和寄存器中的位字段，这些头文件可以在寄存器直接操作模式下使用，也可以在外设驱动库函数 API 中使用。

(3) inc/：该文件夹包含 hw_*.h。

1. 寄存器直接操作模式

寄存器直接操作模式就是对外设的寄存器直接进行读写操作，与之相关的宏定义都在 inc/文件夹下面(如 tm4c123gh6pm.h、hw_adc.h 等)。因此，在采用寄存器直接操作模式之前，首先需要了解 TivaWare 软件包中寄存器和宏定义的命名规则。

(1) 以_R 结尾的宏定义代表寄存器操作。例如，SSI0_CR0_R 用于对 SSI0 的 CR0 寄存器进行读写操作。

(2) 以_M 结尾的宏定义代表寄存器中相应位段置为 1，其余位为 0。

(3) 以_S 结尾的宏定义代表移位的次数。

例如，代码 ulValue = (SSI0_CR0_R & SSI_CR0_SCR_M) >> SSI0_CR0_SCR_S 表示读取 CR0 寄存器 SCR 位段的值。

TivaWare 提供的 blinky 例程就是用寄存器直接操作模式对寄存器进行读写操作的。

2. 软件驱动模式

在软件驱动模式下，用 TivaWare 提供的外设驱动 API 函数来驱动片上外设，每一个 API 函数都有相关的参数宏定义，使用起来十分方便。比如，要将时钟配置到 50 MHz，只需要调用如下代码(针对 TM4C123 系列)：

```
//设置时钟为 50 MHz
SysCtlClockSet(SYSCTL_SYSDIV_4 | SYSCTL_USE_PLL | SYSCTL_XTAL_16MHz |
               SYSCTL_OSC_MAIN);
```

关于入口参数的宏定义，在了解了时钟控制模块之后很容易理解。由以上代码可以看到，只需要简单的一句就可以完成时钟配置，从而略去了复杂的寄存器配置过程。

3. 变量类型说明

ARM Cortex M4 架构处理器为 32 位处理器。在 CCS 编译器中，变量类型的字节数如表 2.1 所示。

表 2.1　变量类型的字节数

变量类型	字符型 (char)	无符号字符型 (unsigned char)	短整型 (shortint)	整型 (int)	长整型 (longint)	浮点型 (float)	双精度 (double)
字节数	1	1	2	4	4	4	8

2.3　辅助开发软件

TI 公司提供了很多辅助开发软件，使用这些软件可在节省时间的同时减少错误的发生，尤其对于初学者来说，还能提高学习效率。本节提到的软件都可以在 TI 官方网站上免费下载使用。

2.3.1 I/O 口配置软件 Tiva C Series PinMux Utility

在使用片内资源的时候，常常会用到一些接口，如 I^2C、SPI、CAN 等，TM4C123x 系列微控制器的引脚大部分为多功能复用引脚，使用某一种功能时，需要将相应的 I/O 口配置为该功能的引脚才能使用。

打开 Tiva C Series PinMux Utility，在选择器件时选择 TM4C123 系列的 TM4C123GH6PM，如图 2.11 所示。例如，开发要用到 SSI3，其对应的引脚为 PD0～PD3，在 Modules Treeview 栏中选择 SSI3，将 Output Code 后的对钩去掉，然后依次选择 File→Save→Source/Header Files(.c/.h)，将配置好的 C 文件和头文件保存到自己的工程目录下面，在初始化内部资源时调用配置好的函数即可。在生成的 C 文件中，其文件中调用的函数还是 TivaWare 中的硬件驱动库函数，因此，在使用之前还需要按照 2.1 节所讲的方法将工程配置好。

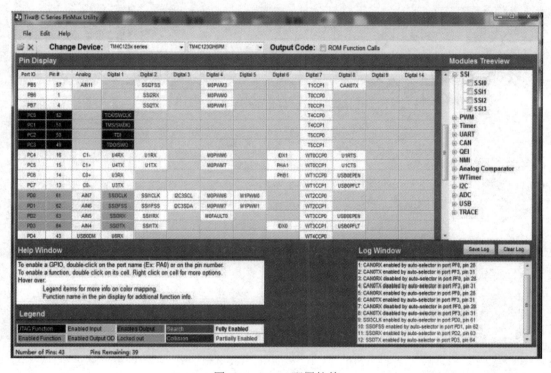

图 2.11　I/O 口配置软件

2.3.2 TI 射频芯片配置软件 SmartRF Studio 7

由于在实验中要用到 TI 的射频芯片，所以在这里简单地介绍一下该软件，以便使刚开始接触射频芯片的人员减少初始化配置时发生的错误。

该软件的功能非常强大，它包含了 TI 公司的所有射频芯片，这里以初始化配置 CC1101 为例简单地说明一下。打开 SmartRF Studio 7，选择 CC1101，如图 2.12 所示。将左边的内容配置好，如选择 433.999 969 MHz、数据传输速率、发送和接收功率等，选择好以后点击 Register export，然后按照需求选择文件的格式输出，这样简单几步就可以完成初始化配置了。

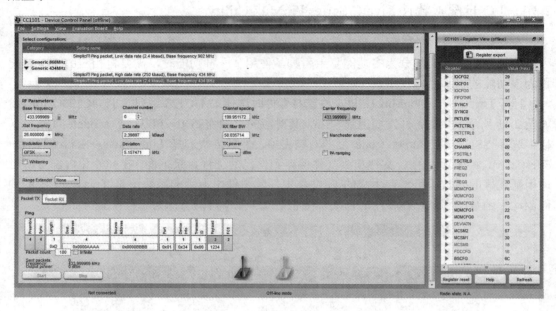

图 2.12　射频芯片配置软件

第 3 章　Tiva C TM4C123 系列微控制器硬件资源及基础实验

本章将介绍 TM4C123GH6PM 片上资源的基本原理，并通过基础实验来介绍其使用方法，为下一章的应用实践夯实基础。

3.1　系统控制单元

系统控制单元决定微控制器的所有操作和器件信息，包括决定片上外设的运行状态、时钟频率等。系统控制的内容十分重要，主要包括复位控制、NMI 操作、电源控制、时钟控制和低功耗模式。

3.1.1　时钟控制

对于微控制器，不管是 CPU 还是片上外设，几乎每一个模块都要用到时钟。TM4C123 GH6PM 时钟的系统结构如图 3.1 所示。

由图 3.1 可以看出，系统有以下四个时钟源：

(1) 主振荡器(Main OSC，MOSC)。主振荡器有两种办法来提供时钟源：一是由外部提供一个时钟连接到 OSC0 脚上；二是在引脚 OSC0 和 OSC1 上连接一个晶体振荡器。通常情况下使用第二种方法。如果要使用锁相环(PLL)倍频，则晶体必须在 5 MHz 到 25 MHz 之间，并在 TM4C123GXL LaunchPad 的外部连接 16 MHz 的晶体作为主振荡器。如果不使用锁相环(PLL)，则晶体可以在 4 MHz 到 25 MHz 之间。由图 3.1 可以看出，USB 部分的 PLL 提供时钟源的只能是 MOSC，如果要用到 USB，则必须要使用主振荡器。在 RCC 寄存器的 6～10(XTAL)位提供了可连接的晶体列表，详细可参考 TM4C123GH6PM 的使用手册。

(2) 内部精确振荡器(Precision Internal OSC，PIOSC)。精确内部振荡器是片上内置的一个时钟源，它不需要任何外部元件，在常温下就可以提供 $16 \times (1\pm1\%)$MHz 的时钟，作为芯片上电复位以后的时钟节拍。如果上电复位以后需要主振荡器，则必须在主振荡器稳定以后才能由主振荡器为系统提供时钟源。由图 3.1 可以看出，不论 PIOSC 是否作为系统时钟，它都可以为 ADC、UART、SSI 提供时钟。

(3) 内部低频振荡器(Internal OSC)。内部低频振荡器主要在深度睡眠的情况下使用，在此种低功耗模式下允许 MOSC 掉电。

(4) 休眠模块时钟源(Hibernation OSC)。该时钟源的频率是 32.768 kHz,可以由外部 32.768 kHz 的振荡器连接 OSC0 引脚提供,也可以在 OSC0 和 OSC1 之间接一个 32.768 kHz 的晶体。该时钟源主要用作实时时钟源和在深度睡眠或者休眠状态下的精确时钟源。

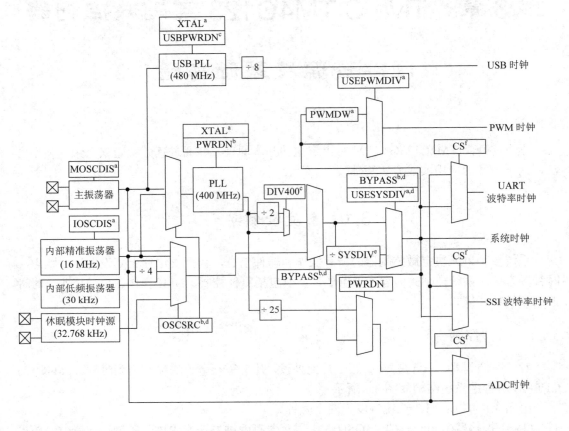

注:标有 d 的受 DSLPCLKCFG 寄存器控制,标有 f 的受 UARTCC、SSICC 和 ADCCC 寄存器控制,其余的都位于 RCC 和 RCC2 寄存器中。

图 3.1　TM4C123GH6PM 时钟的系统结构图

上电复位以后,系统在 PIOSC 下运行,如果想要改变系统所使用的时钟源和频率,则需要对时钟模块进行配置,以满足性能的要求。时钟的配置主要在 RCC(Run-Mode Clock Configuration)和 RCC2(Run-Mode Clock Configuration 2)寄存器中完成。在图 3.1 中,大部分控制位都在 RCC 和 RCC2 中,如 DIV400 的控制位位于 RCC2 的第 30 位。如果该位置为 1,则输出频率为 400 MHz;如果置为 0,则输出频率为 200 MHz。

Driverlib 文件夹下面的 sysctl.c 和 sysctl.h 提供了与系统控制有关的函数和宏定义,最常用的函数有系统时钟配置函数 SysCtlClockSet()和系统时钟获取函数 SysCtlClockGet()以及粗略延时函数 SysCtlDelay(),详细的函数原型请参考 TivaWare。读者在看函数原型时可以看出,有些函数用到了许多寄存器,配置过程比较复杂,这也是我们推荐使用库函数的主要原因。

本书提供的实验例程中，大部分系统时钟的频率为 50 MHz，其配置情况如下：

SysCtlClockSet(SYSCTL_SYSDIV_4 | SYSCTL_USE_PLL | SYSCTL_XTAL_16MHz |
SYSCTL_OSC_MAIN);

其入口参数的意义是使用外部 16 MHz 的晶振、使用主振荡器、使用 PLL 输出频率为 400 MHz，将 200 MHz 的时钟 4 分频，最后得到的系统时钟为 50 MHz。注意：在系统默认的情况下，DIV400 起作用，将 400 MHz 的时钟 2 分频得到 200 MHz 的时钟，SysCtlClockSet() 的分频入口参数是宏定义 SYSCTL_SYSDIV_1 到 SYSCTL_SYSDIV_64 之一，具体的系统时钟配置表及宏定义参考如表 3.1 所示。

表 3.1　系统时钟配置表及宏定义参考

SYSDIV2	SYSDIV2LSB	分频系数	频率(BYPASS2 = 0)	软件参数
0x00	保留	/2	保留	—
0x01	0	/3	保留	—
	1	/4	保留	—
0x02	0	/5	80 MHz	SYSCTL_SYSDIV_2_5
	1	/6	66.67 MHz	SYSCTL_SYSDIV_3
0x03	0	/7	保留	—
	1	/8	50 MHz	SYSCTL_SYSDIV_4
0x04	0	/9	44.44 MHz	SYSCTL_SYSDIV_4_5
	1	/10	40 MHz	SYSCTL_SYSDIV_5
⋮	⋮	⋮	⋮	⋮
0x3F	0	/127	3.15 MHz	SYSCTL_SYSDIV_63_5
	1	/128	3.125 MHz	SYSCTL_SYSDIV_64

为了检验配置的系统时钟是否正确，可以通过调用 SysCtlClockGet() 函数得到系统时钟的频率。该函数没有入口参数，其调用格式如下：

unsigned int SysClock;
SysClock=SysCtlClockGet();

通过单步运行，SysClock 的值为系统时钟的频率。

3.1.2　系统控制

TM4C123GH6PM 的每一个外设都有一个逻辑时钟门来控制，以决定相关外设能否使用，系统控制还可以决定微控制器的功耗模式。在系统控制中主要用到的寄存器为 RCGCx、SCGCx 和 DCGCx(x 代表外设的名字，如 RCGCGPIO，表示各组 I/O 口在运行状态下的逻辑时钟门控制寄存器，而 SCGCx 表示在睡眠模式下的逻辑时钟门控制寄存器)，每一个外设在不同模式下都有相应的时钟控制位，以便降低功耗。比如，对于完成任务的外设可以将其时钟门关掉以节省功耗。通过操作 RCGCx 寄存器使外设的逻辑时钟门使能(打开)之后，必须要延时 3 个时钟周期以上才能对该模块的其他寄存器进行操作。

微控制器有四种操作状态，分别如下：

(1) 运行模式。在该模式下，微控制器可以正常地执行代码，可以对外设进行操作，系统时钟可以由任意一种时钟源提供。RCGCx 寄存器控制着相应外设是否可以在运行模式下操作，也就是使能相应外设和打开逻辑时钟门。比如将 RCGCGPIO 寄存器的第 0 位置为 1，则表示 GPIOA 在运行模式下可以使用；若该位置为 0，则表示 GPIOA 在运行模式下不可以操作使用。当然，读者只需要明白这些就可以了，不必关心具体到寄存器的哪些位。关于 GPIOA 的操作十分简单，调用 driverlib\sysctl.c 中的 SysCtlPeripheralEnable() 和 SysCtlPeripheralDisable() 即可。例如，要在运行模式下使用 GPIOA，调用如下代码即可：

```
SysCtlPeripheralEnable(SYSCTL_PERIPH_GPIOA);        //使能外设 GPIOA
```

(2) 睡眠模式。在睡眠模式下，不再提供处理器和存储器的时钟，所以处理器不再执行代码，但是外设的时钟不可能被改变。Cortex M4 核通过执行 WFI 指令进入睡眠模式。设置好的中断事件可以唤醒 CPU，使处理器重新进入运行模式。在睡眠模式下要想使用外设，也需要将睡眠模式下的使能和时钟门控制位打开，这和在运行模式下的原理是一样的，但在睡眠模式下外设的时钟门有两种控制方式：第一种，如果将 ACG(位于 RCC 寄存器中)置位为 1，则表示相应外设的逻辑时钟门由 SCGCx 寄存器控制，此时对应的库函数为 SysCtlPeripheralSleepEnable() 和 SysCtlPeripheralSleepDisable()；第二种，在默认状态下 ACG 位置为 0，表示外设的逻辑时钟门由 RCGCx 寄存器控制，此时其原理和运行模式是一样的。例如，要想在睡眠模式下由 SCGCx 控制 SSI1 的逻辑时钟门，并且将其打开，则需要调用如下代码：

```
SysCtlPeripheralClockGating(true);                     //在睡眠模式下由 SCGCx 控制 SSI1 时钟门
SysCtlPeripheralSleepEnable(SYSCTL_PERIPH_SSI1);    //在睡眠模式下打开 SSI1 时钟门
```

(3) 深度睡眠模式。在该模式下，除了已经停止的处理器时钟外，还可以改变使用的外设时钟(由运行模式下的时钟配置决定)。改变外设的时钟可以在 DSLPCLKCFG 寄存器中进行，其调用的库函数为 SysCtlDeepSleepClockSet()，在这个函数中有时钟源的选择、分频，具体的入口参数参考 driverlib\sysctl.c 中的函数原型。例如，在深度睡眠模式下外设的时钟由主振荡器提供，使用 2 分频，其调用格式如下：

```
SysCtlDeepSleepClockSet(SYSCTL_DSLP_OSC_MAIN | SYSCTL_DSLP_DIV_2);
```

系统中配置正确的中断可以使 CPU 由深度睡眠模式返回到运行模式。当退出深度睡眠模式时，硬件会把系统时钟恢复到进入深度睡眠之前的时钟。在深度睡眠模式下，外设的时钟门也有两种控制方式。只不过第一种方式(即在 ACG 位置为 1 的情况下)其相应外设的逻辑时钟门由 DCGCx 寄存器控制，调用的函数为 SysCtlPeripheralDeepSleepEnable() 和 SysCtlPeripheralDeepSleepDisable()；另一种方式和睡眠模式是一样的。

(4) 休眠模式。在 TM4C123 系列微控制器内部集成了休眠模块(Hibernation Module)。在休眠模式下，微控制器的主要部分的电源被关断，只有休眠模块在运行。这时，只有外部的唤醒事件或者 RTC 事件才能将微控制器唤醒进入运行状态。软件可以通过检测休眠模块的寄存器来确定微处理器是否重新启动。

微控制器在上电复位以后处于运行模式，通过调用函数 SysCtlSleep() 和 SysCtlDeepSleep() 可以使微处理器进入睡眠模式和深度睡眠模式。此外，在 driverlib\sysctl.c 中还有几个有用的函数：SysCtlPeripheralReset() 用于表示复位入口参数相应的外设；SysCtlPeripheralReady() 用于表示入口参数所指的外设是否准备好可以进行操作，若可以则返回 1，否则为 0；另外在使用了 SysCtlPeripheralEnable()之后，最好检测一下外设是否准备好可以进行操作。

说明：在系统控制中，对外设的逻辑时钟门控制有两种寄存器：第一种是 RCGCx、SCGCx 和 DCGCx(x 代表外设的名称，如 RCGCGPIO)；第二种是 RCGCn、SCGCn 和 DCGCn(n 为 0、1 和 2)，此种寄存器与以前的软件版本兼容，使软件有良好的兼容性。二者在功能上是相同的。在旧的软件版本 StellarisWare 中调用 SysCtlPeripheralEnable()，是将对外设时钟门的控制位写到 RCGCn 中；而在新的软件版本 TivaWare 中调用 SysCtlPeripheralEnable()则是将控制位直接写入 RCGCx 中。即使是用旧的版本，若软件把 RCGCn 中控制某个外设的时钟门控制位置为 1，那么硬件会自动把 RCGCx 中的相关位也置为 1。

3.2　通用输入/输出口(GPIO)

TM4C123GH6PM 共有六组 I/O 口(PA 到 PF)，每个 I/O 口都有中断功能，包括屏蔽中断发生、边沿触发(上升沿、下降沿和上升下降沿)和电平触发，并且可配置弱上拉或弱下拉电阻、2 mA/4 mA/8 mA 引脚驱动，开漏使能和数字输入使能。I/O 口在输入状态下可承受 5 V 的输入电压(PB0、PB1、PD4 和 PD5 除外)。在 TM4C123GXL LaunchPad 上只将 PB 的 8 位 I/O 口完整地引出，而其他组的 I/O 都没有完整地引出。

3.2.1　GPIO 的功能

TM4C123GH6PM 的 I/O 口并不多，但是 TM4C123GH6PM 的外设却非常丰富，这就要求一个 I/O 口可以配置多个功能，本小节只将 TM4C123GH6PM 的 I/O 口当作普通的 I/O 口来使用。在将 TM4C123GH6PM 的 I/O 口当作 GPIO 使用的时候，TM4C123 系列微控制器有两种总线：一种是 APB(Advanced Peripheral Bus)总线，使用该总线时 I/O 口的翻转速率为 CPU 时钟速率的一半；另一种是 AHB(Advanced High-Performance)总线，使用该总线时 I/O 口的翻转速率可以达到 CPU 的时钟速率。TM4C123 系列微处理器的 GPIO 功能图如图 3.2 所示。

TM4C123 系列微控制器的 I/O 口具有多种功能，可供内部的多种外设使用，并在 Mode Control(模式控制)部分控制 I/O 口的工作模式。其中，GPIOAFSEL 寄存器的相应位置为 0 时，其对应的 I/O 口作为普通的 I/O 口来使用，并且有关的操作由 GPIO 部分的寄存器控制。如置为 1，则对应的 I/O 口由微控制器内部的外设使用。当然，同一个 I/O 口可对应多种微控制器内部的外设，具体由哪一个外设来使用，则由 Port Control(端口控制)中的 GPIOPCTL 寄存器决定。GPIOADCCTL 寄存器控制相应的 I/O 口是否配置为数/模转换功能的引脚，如配置为 1，则该 I/O 口设置为具有 A/D 功能的引脚；GPIODMACTL 寄存器控制相应的 I/O 口是否设置为 DMA 触发源。

在 Data Control(数据控制)部分，Tiva C 系列微处理器的 I/O 口是双向 I/O 口，在使用 I/O 口时首先要通过 GPIODIR 设置 I/O 口的方向。在读写数据时，主要对 GPIO 数据寄存器的 GPIODATA 进行操作。Tiva C 系列微控制器所特有的一种操作方法叫作 Address Masking(地址掩模)，下面介绍该方法。

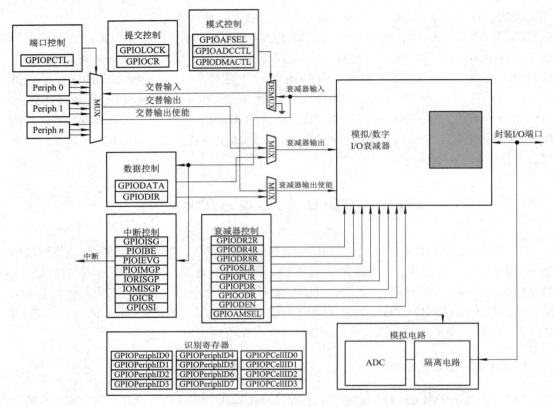

图 3.2　TM4C123 系列微处理器的 GPIO 功能图

在通常情况下，不管是对 I/O 口进行读或者写，所有的 I/O 口都是可操作的。例如，要对一组 8 位 I/O 口中的其中几位电平进行修改，传统的操作是通过位之间的掩模将需要修改的位进行修改，而对不需要修改的位将原来的值写入寄存器，在修改的过程中需要经历"读出—修改—写入"的短暂过程。但是对于不需要修改的位来说，同样经历了这样的过程。而采用 TI 公司的 Address Masking 可以克服以上缺点，这种方法只对想要修改的某几位进行修改，而不需要修改的某几位在硬件上是不可改变的。此种方法通过地址总线的[9:2]位来寻找只有修改位可改变的寄存器物理地址，在此地址中的[9:2]位对置为 1 的 I/O 口是可读写的，而对置为 0 的 I/O 口是不发生变化的，即在读写的时候不需要修改的 I/O 口数据是不变的，也不经历"读出—修改—写入"的过程。比如，要对 PB 口的 PB1 和 PB3 电平进行修改，首先要找到只有 PB1 和 PB3 可修改的、对应的数据寄存器 GPIODATA 的地址，如图 3.3 所示。PB1 和 PB3 在地址总线的[9:2]位对应的是第 3 和第 5 位，所以要将第 3 位和第 5 位设置为 1，对应的[9:2]位地址是 0x028(其他位包括第 0 位和第 1 位都为 0)，PB 端口的基地址为 0x4000.5000，GPIODATA 寄存器的偏移地址为 0x000，总地址为这三部分之和，即 0x4000.5028，所以在地址 0x4000.5028 对应的数据寄存器中只有 PB1 和 PB3 是可读写的，而其他几位都是不能改变的。如果 PB 口的

8 位都是可修改的，则地址[9:2]位为 0x3FC，加上 PB 的基地址和 GPIODATA 的偏移地址为 0x4000.53FC，在 inc/tm4c123gh6pm.h 头文件中定义的寄存器 GPIO_PORTB_DATA_R 地址为 0x4000.53FC，所以在头文件的定义中所有 I/O 口都是可修改的。采用这样的方式在存储器中占用了 256 个存储空间。

修改位	PB7	PB6	PB5	PB4	PB3	PB2	PB1	PB0
	9	8	7	6	5	4	3	2
地址[9:2]位	0	0	0	0	1	0	1	0

0x028

PB 端口的基地址	0x4000.5000	GPIODATA 寄存器的偏移地址 0x000

总地址为　　　　　　　PB 端口的基地址 + GPIODATA 寄存器的偏移地址 + 0x028

0x4000.5028　　　　　0x4000.5000 + 0x000 + 0x028

0x4000.5208 对应的数据寄存器(PB 口的 8 位数据寄存器)

PB7	PB6	PB5	PB4	PB3	PB2	PB1	PB0
不改变	不改变	不改变	不改变	可读写	不改变	可读写	不改变

图 3.3　地址掩模

当然，读者只需要知道原理就可以了，在使用 I/O 口的时候，只需要调用函数 GPIOPinRead() 和 GPIOPinWrite() 即可。例如，上例中将 PB1 设为低电平、PB3 设置为高电平，其代码如下：

```
GPIOPinWrite(GPIO_PORTB_BASE, GPIO_PIN_1| GPIO_PIN_3, GPIO_PIN_3);
```

GPIO 的 Interrupt Control(中断控制)部分包含的寄存器可设置 GPIO 的中断触发方式、中断使能和中断标志位等。TM4C123 系列微控制器的 GPIO 触发中断的方式有上升沿、下降沿、上升和下降沿、低电平和高电平。

GPIO 的 Pad Control 部分控制 GPIO 的驱动方式。例如，驱动方式可选择 2 mA、4 mA、8 mA 和漏极开路，以及可配置弱上拉、弱下拉等。在默认情况下选择的是 2 mA 的驱动方式。

当对 GPIO 进行简单操作(如修改或者读取某位的电平等操作)时，由于用到的寄存器较少，因此可以不使用调用库函数的方法，而是直接对寄存器进行操作。例如，将 PC4 拉高和拉低可以用如下代码实现，在拉高或拉低过程中就是执行前述的"读出—修改—写入"过程。

```
GPIO_PORTC_DATA_R |=BIT4              //将 PC4 拉高
GPIO_PORTC_DATA_R &= ~BIT4           //将 PC4 拉低
```

例如，将 0x5A 写入 PB 口，可以使用如下代码实现：

```
GPIO_PORTB_DATA_R =BIT4              //将 0x5A 写入 PB 口
```

3.2.2　GPIO 的常用库函数

GPIO 的每一种功能都由对应寄存器的一位或者几位来控制，但是在编写程序的时候可以不具体操作寄存器的每一位，调用 TivaWare 的驱动库 driverlib\gpio.c 下的函数即可。

在 TivaWare 中，几乎所有的外设驱动库函数的第一个入口参数都是外设的基地址，外设的基地址定义在 inc/hw_memmap.h 中。然而读者在查看 TM4C123GH6PM 的数据手册时可以看到，外设的每一个寄存器都定义了偏移地址(Offset Address)，如 GPIODIR 的偏移地址为 0x400，但并没有说明属于哪一组 GPIO，那么相应外设的基地址加上寄存器的偏移地址就是外设对应寄存器的实际地址。寄存器的偏移地址在 inc/hw_x.h(x 代表外设的名字，如 inc/hw_gpio.h)中定义，此部分在以后章节其他外设的使用中也是一样的。下面介绍 GPIO 常用的几种库函数。

1. void GPIODirModeSet(uint32_t ui32Port, uint8_t ui8Pins, uint32_t ui32PinIO)

功能：设置 I/O 口的方向。

入口参数：

ui32Port：GPIO 端口的基地址。

ui8Pins：需要设置的 GPIO。

ui32PinIO：设置 GPIO 的方向。此入口参数在 gpio.h 中有三个宏定义，分别是 GPIO_DIR_MODE_IN 将 GPIO 设为输入；GPIO_DIR_MODE_OUT 将 GPIO 设为输出；GPIO_DIR_MODE_H 将 GPIO 设置为内部的外设使用。

2. void GPIOPinTypeGPIOOutput(uint32_t ui32Port, uint8_t ui8Pins)

功能：将 GPIO 设为推挽输出。

入口参数：

ui32Port：GPIO 端口的基地址。

ui8Pins：需要设置为输出的 GPIO。

3. void GPIOPinTypeGPIOInput(uint32_t ui32Port, uint8_t ui8Pins)

功能：将 GPIO 设为输入。

入口参数：

ui32Port：GPIO 端口的基地址。

ui8Pins：需要设置为输入的 GPIO。

4. void GPIOPinTypeXXX(uint32_t ui32Port, uint8_t ui8Pins);(XXX 代表片上外设)

功能：将 GPIO 在物理上设为符合片上外设功能的引脚。

入口参数：

ui32Port：GPIO 端口的基地址。

ui8Pins：需要设置为输入的 GPIO。

例如：GPIOPinTypeCAN(uint32_t ui32Port, uint8_t ui8Pins)。

5. int32_t GPIOPinRead(uint32_t ui32Port, uint8_t ui8Pins)

功能：读 GPIO 引脚状态。

入口参数：

ui32Port：GPIO 端口的基地址。

ui8Pins：需要读取的 GPIO。

返回值：ui8Pins 入口参数对应的 GPIO 状态。

6. void GPIOPinWrite(uint32_t ui32Port, uint8_t ui8Pins, uint8_t ui8Val)

功能：向 GPIO 写入数据。

入口参数：

ui32Port：GPIO 端口的基地址。

ui8Pins：需要读取的 GPIO。

ui8Val：写入的值。

7. void GPIOIntTypeSet(uint32_t ui32Port, uint8_t ui8Pins,uint32_t ui32IntType)

功能：设置 GPIO 的引脚中断类型。

入口参数：

ui32Port：GPIO 端口的基地址。

ui8Pins：需要读取的 GPIO。

ui32IntType：GPIO 的中断类型。在宏定义中，GPIO 的中断类型有 GPIO_FALLING_EDGE 下降沿、GPIO_RISING_EDGE 上升沿、GPIO_BOTH_EDGES 两个跳变沿、GPIO_LOW_LEVEL 低电平、GPIO_HIGH_LEVEL 高电平。

8. uint32_t GPIOIntStatus(uint32_t ui32Port, bool bMasked)

功能：获取 GPIO 的中断状态。

入口参数：

ui32Port：GPIO 端口的基地址。

bMasked：若入口参数为真，则获取的中断状态为触发中断控制器以后的状态；若入口参数为假，则获取的中断状态为未触发中断控制器的状态。

返回值：相应 GPIO 的中断状态，返回值为 1 的对应的 GPIO 触发了中断。

9. void GPIOIntEnable(uint32_t ui32Port, uint32_t ui32IntFlags)

功能：GPIO 中断使能。

入口参数：

ui32Port：GPIO 端口的基地址。

ui32IntFlag：中断使能的 GPIO 口，宏定义为 GPIO_INT_PIN_0 到 GPIO_INT_PIN_7 分别对应的 8 个 I/O 口。

10. void GPIOIntDisable(uint32_t ui32Port, uint32_t ui32IntFlags)

功能：关掉 GPIO 的中断。

入口参数：

ui32Port：GPIO 端口的基地址。

ui32IntFlag：关掉相应 GPIO 的中断，入口参数对应的宏定义为 GPIO_INT_PIN_0 到 GPIO_INT_PIN_7。

3.2.3　LED 显示实验

在 TM4C123GXL LaunchPad 上集成了 RGB LED，其分别对应的 TM4C123GH6PM 的

引脚为 PF1、PF2 和 PF3。RGB LED 的原理图如图 3.4 所示。+VBUS 为 5 V 电压，若 PFn(n 为 1、2 和 3)置为高电平，则三极管导通，相应的 LED 点亮。

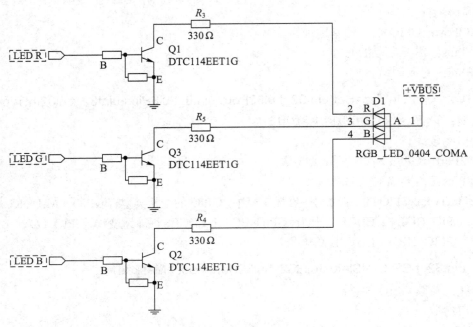

图 3.4　RGB LED 的原理图

下面以同时闪烁 3 个 LED，时间间隔约 500 ms(软件延时，不准确)为例，说明库函数的使用方法。实验代码如下：

```
#include <stdint.h>                              //变量定义
#include <stdbool.h>                             //布尔量定义
#include "inc/tm4c123gh6pm.h"                    //TM4C123GH6PM 头文件
#include "inc/hw_types.h"                        //常用类型的宏定义
#include "inc/hw_memmap.h"                       //Tiva C 系列的存储结构宏定义
#include "driverlib/sysctl.h"
#include "driverlib/gpio.h"
void main(void)
{
    unsigned int SysClock;
    //设置系统时钟为 50 MHz
    SysCtlClockSet(SYSCTL_SYSDIV_4 | SYSCTL_USE_PLL | SYSCTL_XTAL_16MHz |
                   SYSCTL_OSC_MAIN);
    SysClock=SysCtlClockGet();                   //此处设置断点查看系统时钟频率
    SysCtlPeripheralEnable(SYSCTL_PERIPH_GPIOF); //使能 GPIO F 端口
    SysCtlDelay(10);                             //短暂延时
    //检查外设 GPIO F 是否准备好
    while(!SysCtlPeripheralReady(SYSCTL_PERIPH_GPIOF));
```

```
//将 PF1、PF2 和 PF3 设为输出
GPIOPinTypeGPIOOutput(GPIO_PORTF_BASE, GPIO_PIN_1 | GPIO_PIN_2 | GPIO_PIN_3);
while(1) //主循环
{   //将 PF1、PF2 和 PF3 置高，点亮 3 个 LED
    GPIOPinWrite(GPIO_PORTF_BASE, GPIO_PIN_1 | GPIO_PIN_2 | GPIO_PIN_3,
                GPIO_PIN_1 | GPIO_PIN_2 | GPIO_PIN_3);
    SysCtlDelay(SysClock/6);              //约延时 500 ms
    //将 PF1、PF2 和 PF3 置低，熄灭 3 个 LED
    GPIOPinWrite(GPIO_PORTF_BASE, GPIO_PIN_1 | GPIO_PIN_2 | GPIO_PIN_3, 0);
    SysCtlDelay(SysClock/6);              //约延时 500 ms
}
}
```

在 CCS 中点击 Build 按钮 ，编译没有错误之后，点击调试按钮 ，将程序下载到 TM4C123GXL LaunchPad 中，全速运行，会看到 3 个 LED 每隔约 500 ms 同时点亮，发出的光近似白光。当然，读者还可以在 SysClock=SysCtlClockGet()处设置断点，查看设置好的时钟频率。

3.2.4　带触摸 TFT LCD 显示控制实验

LCD 是电子信息类产品的主要显示器件之一，它能够显示图片、文字以及各种符号信息等，为各种电子产品提供了友好的人机界面。在操作 LCD 控制器和触摸控制芯片的时候，采用 I/O 口模拟 i80-8bit 时序和 SPI 时序，本质上还是 GPIO 的使用。本小节实验用到的是带触摸功能的 2.8 寸 TFT LCD，分辨率为 320×240，其控制器为目前市场上常见的 ILI9325，触摸屏采用四线式电阻屏。为了让所有实验都能使用液晶显示和触摸功能，在实验电路板中微控制器和触摸屏的接口不和其他实验电路引脚共用。

1. LCD 控制及接口说明

TM4C123GH6PM 与 ILI9325 接口电路连接如图 3.5 所示。

ILI9325	控制信号线	TM4C123GH6PM
RST	<-------------->	PA2
CS	<-------------->	PA3
RD	<-------------->	PA5
RW	<-------------->	PA6
RS	<-------------->	PA7
	数据总线	
DB10～DB17	<-------------->	PB0～PB7

图 3.5　TM4C123GH6PM 与 ILI9325 接口电路连接

程序中的宏定义如下所示，这里使用寄存器直接操作的方式，其中的 BITx 代表第 x 位为 1，其余位为 0。例如：BIT2 为 0x00000004。

```
/********************************************************************
//8 位数据总线
#define    PB_OUT    GPIO_PORTB_DIR_R = 0xFF       //设置 PB 口为输出(在操作过程中需
                                                     要切换 PB 口的方向)
#define    PB_IN     GPIO_PORTB_DIR_R = 0x00//设置 PB 口为输入(写数据时是输出,
                                              读数据时是输入)
#define    PB        GPIO_PORTB_DATA_R             //宏定义 PB 寄存器, 方便阅读和移植


//复位信号线
#define    RST_H     GPIO_PORTA_DATA_R |= BIT2     //将 ILI9325 的复位引脚拉高
#define    RST_L     GPIO_PORTA_DATA_R &= ~BIT2    //将 ILI9325 的复位引脚拉低(以下类似)


//片选信号线
#define    CS_H      GPIO_PORTA_DATA_R |= BIT3
#define    CS_L      GPIO_PORTA_DATA_R &= ~BIT3


//读信号线
#define    RD_H      GPIO_PORTA_DATA_R |= BIT5
#define    RD_L      GPIO_PORTA_DATA_R &= ~BIT5


//写信号线
#define    RW_H      GPIO_PORTA_DATA_R |= BIT6
#define    RW_L      GPIO_PORTA_DATA_R &= ~BIT6


//寄存器、数据选择信号线
#define    RS_H      GPIO_PORTA_DATA_R |= BIT7
#define    RS_L      GPIO_PORTA_DATA_R &= ~BIT7
```

微控制器通过 i80-8bit 时序访问 ILI9325 寄存器的时序, 如图 3.6 所示。每次传输时包含 16 位的数据, 分低字节和高字节读出或者写入 ILI9325 内部的寄存器。

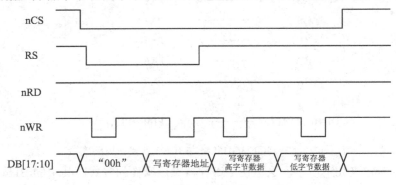

写数据到寄存器

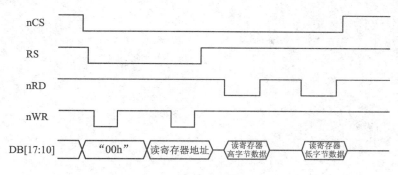

从寄存器读数据

图 3.6　ILI9325 寄存器读写时序

根据上面的寄存器读写时序，可以编写出寄存器的读写驱动函数，如下所示。

```
/*******************************************************************
* 名　　称：LCD_WriteReg()
* 功　　能：写 ILI9325 寄存器
* 入口参数：Index        寄存器索引值
           Command      控制命令
* 出口参数：无
* 范　　例：LCD_WriteReg(0x00, 0x0001); 在 0x00h 中写入 0x0001。注：地址为 0x00 的寄
           存器最后一位为启动内部振荡器，此命令写入后启动振荡器，启动后读取该寄
           存器，即为控制器名称。
* 说　　明：采用 i80 的 8bit 系统总线，具体的写寄存器时序参考 ILI9320 或 ILI9325 的数据
           手册。
*******************************************************************/
void LCD_WriteReg(unsigned char Index, unsigned int   Commond)
{
    unsigned char L_8bit, H_8bit;
    L_8bit=Commond;
    H_8bit=Commond>>8;

    PB_OUT;

    RW_H;
    CS_L;
    RS_L;
    RD_H;
    ILI9320_Delay(10);
    PB=0x00;
```

```
        RW_L;
        ILI9320_Delay(10);
        RW_H;

        PB=Index;
        RW_L;
        ILI9320_Delay(10);
        RW_H;
        RS_H;

        PB=H_8bit;
        RW_L;
        ILI9320_Delay(10);
        RW_H;

        PB=L_8bit;
        RW_L;
        ILI9320_Delay(10);
        RW_H;
        CS_H;
}
```

```
/***********************************************************************
* 名　　　称：LCD_ReadReg()
* 功　　　能：读 ILI9325 寄存器
* 入口参数：Index　　寄存器索引值
* 出口参数：为 16 位寄存器的值
* 范　　　例：LCD_ReadReg( 0x00) ;读 0x00h 中的值。注：地址为 0x00 的寄存器最后一位为
             启动内部振荡器，此命令写入后启动振荡器，启动后读取该寄存器，即为控制
             器名称，读取结果为 0x9325。
* 说　　　明：采用 i80 的 8bit 系统总线，具体的读寄存器时序参考 ILI9320 或 ILI9325 的数据
             手册。
***********************************************************************/
unsigned int LCD_ReadReg(unsigned char Index )
{
    unsigned int Commond=0;

    PB_OUT;

    RW_H;
```

```
    CS_L;
    RS_L;
    RD_H;
    ILI9320_Delay(10);

    PB=0x00;
    RW_L;
    ILI9320_Delay(10);
    RW_H;

    PB=Index;
    RW_L;
    ILI9320_Delay(10);
    RW_H;
    RS_H;

    PB_IN;

    RD_L;
    ILI9320_Delay(10);
    Commond=PB;
    Commond=Commond<<8;
    RD_H;

    RD_L;
    ILI9320_Delay(10);
    Commond=Commond+PB;
    RD_H;
    CS_H;

    return   (Commond);
}
```

对 ILI9325 的操作本质上还是访问 ILI9325 内部的寄存器，所以上述的两个函数为最基本的函数，可以编写出功能丰富的函数。当然，为了达到快速访问的效果，可以将上述函数变形，但是其基本原理是一样的。

LCD 上每一个点有 16 位的颜色数据，由于本例程使用 i80-8bit 时序，且分成两个字节传输数据，2 字节的数据与颜色对应如图 3.7 所示。由图 3.7 可以看出，红色由 5 位控制，绿色由 6 位控制，蓝色为 5 位控制，即通常所说的 565，可以显示 65 536 种颜色。常用的颜色定义在工程文件的 ILI9325.h 中。

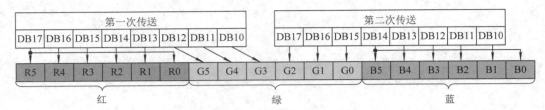

图 3.7　2 字节的数据与颜色对应

在向 LCD 的点写颜色数据时，首先要确定点的坐标，然后将 16 位的颜色数据通过 0x22h 寄存器写入 ILI9325 内部的 GRAM 才可以显示。由于实验中用到的液晶没有字库，所以在显示字符、汉字以及图片时，先经过取模才可以在液晶上显示。本实验提供的样例程序如下：

```c
#include <stdint.h>
#include <stdbool.h>
#include "inc/tm4c123gh6pm.h"
#include "ILI9320.h"
#include "inc/hw_types.h"
#include "inc/hw_memmap.h"
#include "driverlib/sysctl.h"
#include "driverlib/gpio.h"
#include "Pic.h"


char    *String={"世界你好!   Hello World! "};


void main(void)
{  //设置系统时钟为  50 MHz
    SysCtlClockSet (SYSCTL_SYSDIV_4 | SYSCTL_USE_PLL | SYSCTL_XTAL_16MHz |
                    SYSCTL_OSC_MAIN);

    LCD_GPIOEnable(); //配置 LCD 所需的 IO 端口，GPIOA 和 GPIOB, 方向和使能寄存器

    LCD_ILI9320Init(); //初始化 LCD
    LCD_Clear(White); //将背景填成白色
    LCD_PutString(0, 0, String, Red, White);            //白底红字 "世界你好!   Hello World!"
    LCD_DrawPicture(0, 30, 25, 78, gImage_Pic);        //显示图片

    while(1)        //空循环
    {
    }
}
```

2. 触摸控制及接口说明

为了提高人机交互的友好性，常常在显示屏上粘上一层透明的薄膜体层形成触摸屏，用于检测屏幕触摸输入信号。这里介绍本实验中用到的也是最常见的触摸屏之一——四线电阻式触摸屏。

四线电阻式触摸屏(简称四线式触摸屏)包含两个透明的阻性层：其中一层在屏幕的左右边缘各有一条垂直总线；另一层在屏幕的底部和顶部各有一条水平总线，如图 3.8 所示。触摸屏的两个金属导电层分别用来测量 X 轴和 Y 轴方向的坐标，用于 X 坐标测量的导电层从左、右两端引出两个电极，记为 $X+$ 和 $X-$；用于 Y 坐标测量的导电层从上、下两端引出两个电极，记为 $Y+$ 和 $Y-$，这就是四线电阻式触摸屏的引线构成。

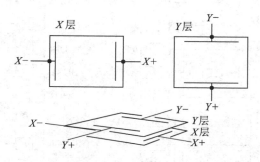

图 3.8　四线电阻式触摸屏结构

当在一对电极上施加电压时，在该导电层上就会形成均匀连续的电压分布，若在 X 方向的电极对上施加一确定的电压，而 Y 方向电极对上不加电压时，在 X 平行电压场中，触点处的电压值可以在 $Y+$ (或 $Y-$)电极上反映出来，通过测量 $Y+$ 电极对地的电压大小，便可得知触点的 X 坐标值。同理，当在 Y 电极对上加电压，而 X 电极对上不加电压时，通过测量 $X+$ (或 $X-$)电极对地的电压，便可得知触点的 Y 坐标值。坐标测量原理如图 3.9 所示。

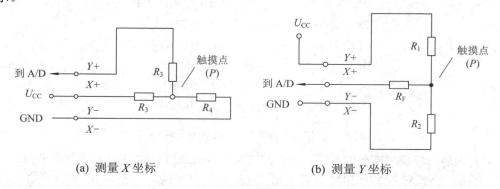

(a) 测量 X 坐标　　　　　　　　(b) 测量 Y 坐标

图 3.9　坐标测量原理

在使用触摸屏时，需要一个 A/D 转换器将模拟信号转换成数字信号，通常直接使用触摸屏控制器完成这一功能，也可以使用微处理器内部的 ADC 转换器实现。触摸屏控制器的主要功能是在微处理器的控制下向触摸屏的两个方向分时施加电压，并将相应的电压信号传送给自身 A/D 转换器，在微处理器 SPI 接口提供的同步时钟作用下将数字信号输出到微处理器，本实验中用到的触摸控制器为 XPT2046。图 3.10 所示为 XPT2046 与触摸板的连接图，只要将触摸板 4 根引线和 XPT2046 对应的引脚相连即可。微控制器通过 SPI 接口控制 XPT2046 完成 X 和 Y 坐标的测量，并且通过 SPI 读取 A/D 转换以后的数字信号。当触摸板上有点按下时，XPT2046 的 PENIRQ 会从高电平变为低电平，微控制器可以依次来检测是否有点按下，及时测量按下点的位置，并且通过 SPI 读取 A/D 采样以后的值。

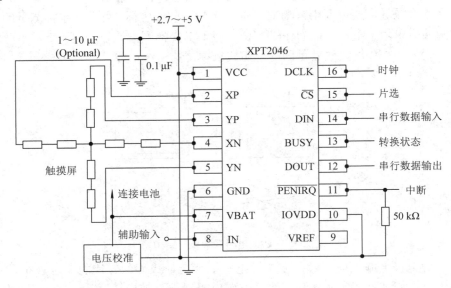

图 3.10　XPT2046 与触摸板的连接图

在本实验中，仍然使用 GPIO 模拟 SPI 的方式，XPT2046 和 TM4C123GH6PM 的接口如图 3.11 所示。TM4C123GH6PM 通过中断的方式检测触摸屏上是否有点按下。

```
XTP2046                        TM4C123GH6PM

CS       <------------------->    PC4 (CS)

CLK      <------------------->    PC5 (CLK)

DIN      <------------------->    PC6 (DOUT)

DOUT     <------------------->    PC7 (DIN)

INT      <------------------->    PA4 (interrupt)
```

图 3.11　XPT2046 和 TM4C123GH6PM 接口

下面为触摸屏控制部分的代码，有关 XPT2046 模拟 SPI 的时序以及控制字节每一位的含义，读者可自行参考 XPT2046 数据手册，这里不再进行说明。注意：由于不同的液晶 X、Y 的位置以及方向可能稍有差别，在使用时，应根据实际情况修改 TouchCalc_X_Y(float *p_xAddress, float *p_yAddress) 函数即可。

```
include <stdint.h>
#include <stdbool.h>
#include "inc/tm4c123gh6pm.h"
```

```c
#include "driverlib/interrupt.h"
#include "inc/hw_types.h"
#include "inc/hw_memmap.h"
#include "driverlib/sysctl.h"
#include "driverlib/gpio.h"
#include "XTP2046.h"

#define BIT0    0x00000001
#define BIT1    0x00000002
#define BIT2    0x00000004
#define BIT3    0x00000008
#define BIT4    0x00000010
#define BIT5    0x00000020
#define BIT6    0x00000040
#define BIT7    0x00000080

/*
* I/O 定义
*/
#define    CS_H       GPIO_PORTC_DATA_R |= BIT4
#define    CS_L       GPIO_PORTC_DATA_R &= ~BIT4

#define    CLK_H      GPIO_PORTC_DATA_R |= BIT5
#define    CLK_L      GPIO_PORTC_DATA_R &= ~BIT5

#define    DOUT_H     GPIO_PORTC_DATA_R |= BIT6
#define    DOUT_L     GPIO_PORTC_DATA_R &= ~BIT6

#define    DIN        (GPIO_PORTC_DATA_R&BIT7)
/*
* 定义命令
*/
#define MEASURE_X 0xD0
#define MEASURE_Y    0x90

void TouchPadGPIOEnable(void)
{
    SysCtlPeripheralEnable(SYSCTL_PERIPH_GPIOC);
```

```
                //PC4~PC7 用于模拟 SPI 接口
                GPIOPinTypeGPIOOutput(GPIO_PORTC_BASE, GPIO_PIN_4 | GPIO_PIN_5 | GPIO_PIN_6);
                GPIOPinTypeGPIOInput(GPIO_PORTC_BASE, GPIO_PIN_7);

            //设置 PA4 作为中断输入引脚
            SysCtlPeripheralEnable(SYSCTL_PERIPH_GPIOA);
            GPIOIntDisable(GPIO_PORTA_BASE, GPIO_INT_PIN_4);
            GPIOPinTypeGPIOInput(GPIO_PORTA_BASE, GPIO_PIN_4);
            GPIOIntTypeSet(GPIO_PORTA_BASE, GPIO_PIN_4, GPIO_LOW_LEVEL);
            GPIOIntEnable(GPIO_PORTA_BASE, GPIO_INT_PIN_4);

            IntEnable(INT_GPIOA);
}

static void TouchDelay(unsigned int n)
{
        for(; n>0; n--);
}
static void TouchSPI_Start(void)
{
            CS_H;
            CLK_L;
            DOUT_L;
            TouchDelay(10);
}
void TouchWriteCommand(unsigned char value)
{
            int i;
            CS_L;
            TouchDelay(20);
            for(i=0x80; i>0; i/=2)
            {
                if(i&value) DOUT_H;
                else     DOUT_L;
                CLK_H;
                TouchDelay(10);
                CLK_L;
                TouchDelay(10);
```

```
        }
    }

    unsigned int TouchReadAddress(void)
    {
        unsigned int i, value=0;
        for(i=0x0800; i>0; i/=2)
        {
            CLK_H;
            TouchDelay(10);
            CLK_L;
            TouchDelay(10);
            if(DIN) value=(value|i);
            TouchDelay(10);
        }
        return value;
    }
    void TouchReadAddrssData(unsigned int *p_x, unsigned int *p_y)
    {
        unsigned int x=0, y=0;
        char i;

        TouchSPI_Start();
        for(i=0; i<8; i++)
        {
            TouchWriteCommand(MEASURE_x);
            TouchDelay(10);
            x+=TouchReadAddress();

            TouchWriteCommand(MEASURE_y);
            TouchDelay(10);
            y+=TouchReadAddress();
        }

        x>>=3;
        y>>=3;

        *p_x=x;
```

```
        *p_y=y;
    }

    void TouchCalc_x_y(float *p_xAddress, float *p_yAddress)
    {
        unsigned int    x, y;

        TouchReadAddrssData(&x, &y);
        *p_xAddress=((float)x)*240/4096;
        *p_yAddress=((float)y)*320/4096;
    }
```

触摸部分的样例程序如下所示，用触摸笔按下液晶屏上的字符 A 或者字符 B 时，液晶屏中央会显示按下的字符。

```
#include <stdint.h>
#include <stdbool.h>
#include "inc/tm4c123gh6pm.h"
#include "driverlib/interrupt.h"
#include "inc/hw_types.h"
#include "inc/hw_memmap.h"
#include "driverlib/sysctl.h"
#include "driverlib/gpio.h"
#include "ILI9320.h"
#include "XTP2046.h"

char    *String={"世界你好  Hello world! "};

//方便设置断点观测函数
static TouchPoint_t pt;

void GPIO_PortA_ISR(void)
{
    long IntState;
    IntState=GPIOIntStatus(GPIO_PORTA_BASE, 0);
    if(IntState&GPIO_PIN_4)
    {
        GPIOIntClear(GPIO_PORTA_BASE, GPIO_PIN_4);
        TouchCalc_x_y(&pt.x, &pt.y);
        if(((50<=pt.x)&&(pt.x<=70))&&((10<=pt.y)&&(pt.y<=40)))
```

```
        {
            LCD_PutChar8x16(116, 40, 'A', Red, White);
            pt.x=0; pt.y=0;
        }
        if(((170<=pt.x)&&(pt.x<=190))&&((10<=pt.y)&&(pt.y<=40)))
        {
            LCD_PutChar8x16(116, 40, 'B', Red, White);
            pt.x=0; pt.y=0;
        }
    }
}


void main(void)
{
    SysCtlClockSet(SYSCTL_SYSDIV_4|SYSCTL_USE_PLL|SYSCTL_XTAL_16MHz|
            SYSCTL_OSC_MAIN);

    SysCtlPeripheralEnable(SYSCTL_PERIPH_GPIOC);
    TouchPadGPIOEnable();
    IntMasterEnable();
    LCD_GPIOEnable();        //配置 LCD 所需的 IO 端口, GPIOA 和 GPIOB, 方向和使能寄存器

    LCD_ILI9320Init();       //初始化 LCD
    LCD_Clear(White);        //将背景填成白色
    LCD_PutString(10, 0, "世界你好  Hello world! ", Red, White);      //白底红字"世界你好"

    LCD_PutChar8x16(56, 20, 'A', Red, Green);              //显示字符 A
    LCD_PutChar8x16(176, 20, 'B', Red, Green);             //显示字符  B
    while(1)
    {
    }
}
```

实现上述功能以后，读者可以进一步编写屏幕校准等程序。

3.2.5　中断函数

在液晶屏触摸控制部分中使用到了 GPIO 的中断功能。下面介绍在 CCS 中如何编写中断服务函数。

　　用 CCS 开发 TM4C123 系列微控制器时，其中断函数有两种编写方法：一种是将函数名直接写入中断向量表；另一种是使用函数去注册一个中断函数。下面首先介绍一下将函数名写入中断向量表的方法。

　　在使用 CCS.C 建好一个新的工程以后，在工程文件夹中会自动包含一个 tm4c123gh6pm_startup_ccs.c 文件，中断向量表就保存在此文件中。使用中断服务函数时，需要用中断函数名称替换掉中断向量表中的默认名称，并且在 tm4c123gh6pm_startup_ccs.c 文件的开始处声明中断函数即可。我们对中断函数的名称没有要求，也没有规定的格式，但是要尽量使中断函数的名称看上去通俗易懂，以方便阅读和维护程序。下面以触摸屏使用到的 GPIO 中断为例说明编写方法。

　　由上述例程中看到，触摸部分的中断用到的引脚为 PA4，所以用到了 GPIOA 的中断，其中断函数为 void GPIO_PortA_ISR(void)。在 tm4c123gh6pm_startup_ccs.c 文件中修改的部分如下所示。

```
...
...
...
static void FaultISR(void);
static void IntDefaultHandler(void);

//*****************************************************************************
//
// External declaration for the reset handler that is to be called when the processor is started
//
//*****************************************************************************
extern void _c_int00(void);

extern void GPIO_PortA_ISR(void);
//*****************************************************************************
//
// Linker variable that marks the top of the stack.
//
//*****************************************************************************
extern uint32_t __STACK_TOP;
...
...
...
IntDefaultHandler,              // SVCall 处理程序
IntDefaultHandler,              // Debug monitor handler
0,                             //保留
```

```
IntDefaultHandler,              // The PendSV handler
IntDefaultHandler,              // The SysTick handler
GPIO_PortA_ISR,                 // GPIO Port A
IntDefaultHandler,              // GPIO Port B
IntDefaultHandler,              // GPIO Port C
IntDefaultHandler,              // GPIO Port D
...
...
...
```

　　从 tm4c123gh6pm_startup_ccs.c 文件中可以看到，中断向量表的每一行后面都加了注释，在使用相应部分中断时，用中端函数的名称替换掉注释前面的 IntDefaultHandler，并且声明中断函数。这样一来，触发中断以后就会进入中断服务程序。

　　在编写片上外设的中断服务程序时，可以用到另一种方法就是注册中断函数。在每一个外设的驱动库函数中都包含有两个函数：xxxIntRegister() 和 xxxIntUnregister() (xxx 代表外设的名称，如 ADC 模块，则函数为 ADCIntRegister() 和 ADCIntUnregister())，其中 xxxIntRegister() 用来注册对应外设的中断函数，如果该中断函数在程序中不再使用，可以使用 xxxIntUnregister() 将其卸载掉，该方法较前一种方法灵活一些。

　　例如，使用函数注册中断函数的方法实现上述触摸控制中断时，除了编写中断函数以外，还要在主函数中添加上下面的语句：

```
GPIOIntRegister(GPIO_PORTA_BASE, GPIO_PortA_ISR);
```

3.3　定时器(Timers)

　　TM4C123GH6PM 内部有 13 个定时器，其中 12 个是通用定时器，包含有 6 个 16/32 位定时器，分别是 Timer0～Timer5；有 6 个 32/64 位的宽定时器，分别是 WTimer0～Wtimer5。还有一个是 ARM Cortex M4F 本身外设含有的 24 位定时器 SysTick，在此部分只讲解 12 个通用定时器。

　　16/32 位定时器和 32/64 位定时器在功能上是一样的，只不过计数值的范围不同。有关定时器的驱动库函数在 driverslib\timer.c 中，头文件在 timer.h 中。

3.3.1　通用定时器的结构和原理

　　每一个 16/32 位定时器的内部还可以分为两个 16 位定时器，分别称作 TimerA 和 TimerB，也可以将两个 16 位的定时器整体当作一个 32 位的定时器来使用。同理，对于每一个 32/64 位定时器，其内部还可以分为两个 32 位定时器，也分别称作 TimerA 和 TimerB，也可以将两个 32 位的定时器整体当作一个 64 位的定时器来使用。通用定时器(GPTM)的功能结构如图 3.12 所示。由图 3.12 可以看出，定时器的时钟来源于系统时钟，那么计数的时间基准也是系统时钟。下面以 TimerA 为例简要说明寄存器的作用及用途。

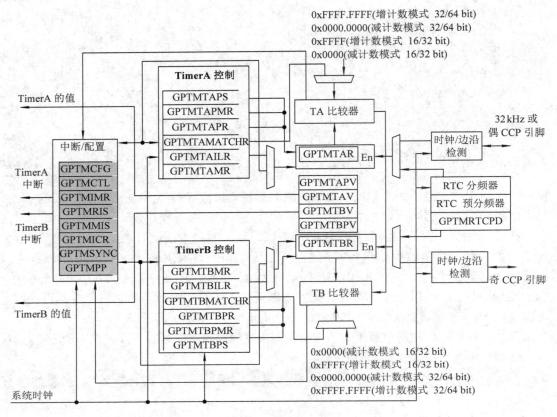

图 3.12　通用定时器(GPTM)的功能结构

在定时器 TimerA 中包含有两个增/减计数寄存器，分别为 GPTMTAR 和 GPTMTAV。在大部分情况下，GPTMTAR 和 GPTMTAV 都随着时钟周期进行增/减计数，但是 GPTMTAR 还可以锁定当前计数值以供 CPU 读取，比如定时器工作在边沿计时模式下或者边沿计数模式下，而 GPTMTAV 寄存器会一直计数，二者结合可用来测试定时器中断响应所需的时间等；两个分频寄存器 GPTMTAPV 和 GPTMTAPS，它们分别和 GPTMTAV 和 GPTMTAR 相对应，用于扩大计数范围；一个数值匹配寄存器 GPTMTAMATCHR 用于和 GPTMTAR 寄存器的计数值进行比较，从而获得中断和 PWM 输出等；一个分频匹配寄存器 GPTMTAPMR 用于扩大匹配范围；两个装载初值的寄存器 GPTMTAILR 和 GPTMTAPR，在通常减计数情况下，GPTMTAR 和 GPTMTAV 的初值由 GPTMTAILR 载入，而分频寄存器的初值由 GPTMTAPR 载入。剩下的寄存器为功能配置和中断控制寄存器。

TimerB 和 TimerA 的寄存器功能是一样的，只是名字和地址不同而已。当 TimerA 和 TimerB 联合起来当作 32 位或者 64 位定时器使用时，只有 TimerA 的控制和状态寄存器可以使用，TimerB 的部分寄存器失效。

定时器除了具有基本的定时功能以外，还可以对输入跳变沿进行计数和计时，以及输出占空比可调的 PWM 信号，这时需要把输入引脚配置为 CCP(Compare /Capture /PWM)功能的引脚。每一个定时器对应两个输入或者输出引脚，TimerA 对应 CCP0，TimerB 对应

CCP1，具体的引脚分配可参考附录。

例如，要将 PF1 配置为 T0CCP0 功能的引脚用于 16/32 位定时器捕获跳变沿或者输出 PWM 信号，只需调用如下代码：

```
GPIOPinConfigure(GPIO_PF1_T0CCP1);
GPIOPinTypeTimer(GPIO_PORTF_BASE, GPIO_PIN_1);
```

在配置过程中，初学者为避免出错，可以使用 2.3.1 小节所讲的 I/O 口配置软件 Tiva C Series PinMux Utility。

下面根据工作模式的不同具体说明定时器的使用方法。

1. 通用定时器(GPTM)的工作模式

通用定时器有五种工作模式，分别是单次/周期定时模式(One-Shot/Periodic Timer Mode)、实时时钟模式(Real-Time Clock Timer Mode)、输入边沿计数模式(Input Edge-Count Mode)、输入边沿计时模式(Input Edge-Time Mode)和 PWM 输出模式(PWM Mode)。在不同的模式下，定时器可以分为两个定时器(TimerA 和 TimerB)来使用，而有些模式下，16/32 位定时器只能当作 32 位定时器来使用，32/64 位定时器只能当作 64 位定时器来使用。定时器功能分配表如表 3.2 所示。比如在周期定时模式(Periodic)下，每一个定时器既可以分成 TimerA 和 TimerB 使用，也可以整体当作 32 位或者 64 位定时器来使用，但是在实时时钟 (RTC)模式下，只能当作整体来使用。

表 3.2　定时器功能分配表

工作模式	定时器使用	计数方向	计数长度		预分频值		预分频特性(计数方向)
			16/32 bit 通用定时器	32/64 bit 宽定时器	16/32 bit 通用定时器	32/64 bit 宽定时器	
单次定时模式	单独使用	增/减	16 bit	32 bit	8 bit	16 bit	定时器扩展(增)预分频(减)
	级联使用	增/减	32 bit	64 bit	—	—	N.A.
周期定时模式	单独使用	增/减	16 bit	32 bit	8 bit	16 bit	定时器扩展(增)预分频(减)
	级联使用	增/减	32 bit	64 bit	—	—	N.A.
RTC 模式	级联使用	增	32 bit	64 bit	—	—	N.A.
边沿计数模式	单独使用	增/减	16 bit	32 bit	8 bit	16 bit	定时器扩展(增/减)
边沿计时模式	单独使用	增/减	16 bit	32 bit	8 bit	16 bit	定时器扩展(增/减)
PWM 模式	单独使用	减	16 bit	32 bit	8 bit	16 bit	定时器扩展

在定时器的配置中，GPTMCFG 寄存器配置定时器的 TimerA 和 TimerB 独立使用还是联合使用，而定时器 TimerA 或 TimerB 的工作模式在 GPTMTnMR(n 为 A 或 B)寄存器中配置，但是在实际工程中，只需要调用库函数 TimerConfigure()即可。例如将 32/64 位定时器

WTimer1 的 TimerA 配置为增计数的周期定时模式，其代码如下：

```
TimerConfigure(WTIMER1_BASE, TIMER_CFG_SPLIT_PAIR | TIMER_CFG_A_PERIODIC_UP);
```

其中，WTIMER1_BASE 为 WTimer1 的基地址；参数 TIMER_CFG_SPLIT_PAIR 表示将定时器分成 TimerA 和 TimerB 使用；参数 TIMER_CFG_A_PERIODIC_UP 表示将 TimerA 配置为增计数的周期定时模式。关于更多的参数说明，可参考 3.3.2 小节中的定时器常用库函数部分。

1) 单次/周期定时模式

单次定时模式表示定时器第一次发生溢出以后，定时器将停止计数，并且将GPTMCTL 寄存器中的定时器使能位 TnEN 清零，不再进行计数，也就是说只定时一次。周期定时模式表示定时器发生溢出以后，在下一个时钟周期定时器继续装入初始值，并且接着开始计数，往复循环，直到软件将 TnEN 清零，即调用库函数 TimerDisable()函数关闭定时器。

在单次/周期定时模式下，计数器可工作于增/减计数方式。在增/减的计数方式下，计数寄存器 GPTMTAR 和 GPTMTAV 以及分频计数寄存器 GPTMTAPV 和 GPTMTAPS 的初始值有所不同，具体如表 3.3 所示。这里应注意的是分频寄存器在 TimeA 和 TimerB 联合使用时不起作用。

表 3.3　增/减计数方式下的初始值

寄存器	减计数模式	增计数模式
GPTMTnR	GPTMTnILR	0x0
GPTMTnV	GPTMTnILR	0x0
GPTMTnPS	GPTMTnPR 只可单独使用，不可联合使用	0x0 只可单独使用，不可联合使用
0x0GPTMTnPV	GPTMTnPR 只可单独使用，不可联合使用	0x0 只可单独使用，不可联合使用

实质上，在 TimerA 和 TimerB 一起使用的时候，计数寄存器分为两部分：TimerA 的计数器计低位数值，TimerB 的计数器计高位数值。例如，对于 16/32 位定时器，当作 32 位定时器使用时，低 16 位在 TimerA 中计数，高 16 位在 TimerB 中计数。

由表 3.3 可知，在减计数方式下，计数寄存器 GPTMTnR 和 GPTMTnV 装载的初始值为 GPTMTnILR 寄存器的值，分频计数器 GPTMTnPS 和 GPTMTnPV 装载的初始值为GPTMTnPR 寄存器中的值。当计数寄存器的值减到零以后发生定时溢出，并且在下一个时钟周期重新装载计数值。在增计数的方式下，计数器从零开始计数，当 GPTMTnR 和GPTMTnPS 的值分别等于 GPTMTnILR 和 GPTMTnPR 的值时，定时器发生定时溢出，并且在下一个时钟周期重新载入初始值零。若定时器设置为单次定时模式，则定时器将停止计数，并且将 GPTMCTL 寄存器的 TnEN 清零。如果定时器工作在周期定时模式，则在下一个时钟周期开始继续计数。在库函数中，装载初始值的函数为 TimerLoadSet()，该函数用于16/32 位定时器和 32/64 位宽定时器的两个 32 位定时器情况，若要把 32/64 位宽定时器当作64 位定时器使用，则装载初始值的函数为 TimerLoadSet64()，通过调用该函数将初始值写入 GPTMTnILR 寄存器。当定时器分为 TimerA 和 TimerB 使用时，装载分频初始值的函数为 TimerPrescaleSet()(TimerA 和 TimerB 联合使用时，没有分频)，通过函数 TimerPrescaleSet()

将分频值写入 GPTMTnPR 寄存器。

当定时器发生定时溢出时，除了重新装载计数值外，还会触发定时溢出中断，将相应的标志位置为 1。当定时溢出发生时，会将寄存器 GPTMRIS 中的中断标志位 TnTORIS 置为 1。如果中断允许寄存器 GPTMIMR 中的 TnTOIM 位没有置为 1，即不允许中断，则中断控制器不会响应该定时溢出事件；若中断允许，则中断控制器和 CPU 都会响应中断，并且将 GPTMMIS 寄存器中的 TnTOMIS 位置为 1，进入中断响应函数。除了定时溢出触发中断，如果将 GPTMTnMR 寄存器中的 TnMIE 位置为 1，那么当计数值和匹配寄存器 GPTMTnMATCHR 以及分频匹配寄存器 GPTMTnPMR 的值相等时也会将中断标志位置位，其过程和定时溢出中断是一样的，只是标志位不同。在库函数中通过调用函数 TimerIntStatus(uint32_t ui32Base, bool bMasked) 来获取中断信息。如果入口参数 bMasked 为 false(假)，则获取的中断信息从 GPTMRIS 寄存器中读取，即只要有中断事件，就会返回相应的中断信息；如果入口参数 bMasked 为 ture(真)，则获取的中断信息是从 GPTMMIS 寄存器读取，该寄存器的标志位在中断控制器响应以后才会置为 1。在实际的程序中，如果在中断函数中调用函数 TimerIntStatus() 读取中断状态，入口参数 bMasked 为真和假都可以；但是如果不通过中断函数，而是软件扫描来获取中断信息，入口参数只能是 false(假)。通过调用函数 TimerIntClear() 清中断标志位。例如获取 WTimer1 的 TimerA 定时溢出中断，并且清定时溢出中断标志，中断函数代码如下：

```
void WTimer1A_ISR(void)   //定时器 WTimer1 的 TimerA 中断函数
{
    unsigned int IntState;
    IntState=TimerIntStatus(WTIMER1_BASE, false);
    TimerIntClear(WTIMER1_BASE, TIMER_TIMA_TIMEOUT);
    if(IntState&TIMER_TIMA_TIMEOUT)
    {
    /*
    中断函数处理内容
    */
    }
}
```

在计数过程中，如果通过软件调用 TimerLoadSet()(或者 TimerLoadSet64()) 和 TimerPrescaleSet() 更新了 GPTMTnILR 和 GPTMTnPR 寄存器的值，则在减计数的情况下有两种更新方式：若 GPTMTnMR 寄存器的 TnILD 位置为 0，则在下一个时钟周期会以新的初始值进行减计数，此种方式称为立即更新；若 GPTMTnMR 寄存器的 TnILD 位置为 1，则需要等待以前设置好的初始值发生定时溢出才能更新初始值，此种方式称为定时溢出更新。在增计数的情况下，在下一个时钟周期会立即更新，从而改变定时溢出事件。同样，匹配寄存器 GPTMTnMATCHR 和分频匹配寄存器 GPTMTnPMR 的更新由 GPTMTnMR 寄存器的 TnMRSU 位控制，若该位置为 0，则会立即更新；若该位置为 1，则需要等待发生定时溢出以后才会以新的匹配值引起中断事件。关于更新的方式通过调用 TimerUpdateMode()函数设置,在默认情况下二者都为立即更新方式。例如,将 WTimer1 的 TimerA 的载入值和匹配值设置为定时溢出更新方式,其代码如下:

```
TimerUpdateMode(WTIMER1_BASE, TIMER_A, TIMER_UP_LOAD_TIMEOUT);
TimerUpdateMode(WTIMER1_BASE, TIMER_A, TIMER_UP_MATCH_TIMEOUT);
```

在周期定时模式下,如果将 GPTMTnMR 寄存器的 TnSNAPS 位置为 1,定时器在发生溢出事件时,会将计数值和分频计数值分别锁到 GPTMTnR 和 GPTMTnPS 寄存器里,而 GPTMTnV 和 GPTMTnPV 寄存器一直计数,这样能够测试从发生定时溢出事件到 CPU 响应中断的事件。注意:在单次定时模式下没有该功能。

在软件调试情况下,如果将 GPTMCTL 寄存器的 TnSTALL 位置为 1,同时 RTCEN 位置为 0,则软件停在某句时,计数器会停止计数。在库函数中其对应的函数为 Timer ControlStall(),关于此部分的使用方法会在后面的例程中说明。

2) 实时时钟模式(RTC)

实时时钟模式下的初始值如表 3.4 所示。由表 3.4 可看出,在实时时钟模式下,16/32 位定时器当作 32 位定时器使用,32/64 位定时器当作 64 位定时器使用,而且计数方式是增计数。例如在 32 位定时情况下,低 16 位在 TimerA 中计数,高 16 位在 TimerB 中计数。但是,在该模式下的时钟来源有别于其他模式,它是从每个定时器的 CCP0 引脚输入 32.768 kHz 的时钟,经过芯片内部专用分频器分频成为 1 Hz 的时钟,然后计数器以 1 Hz 的时钟为基准进行计数。

表 3.4　实时时钟模式下的初始值

寄存器	减计数模式	增计数模式
GPTMTnR	不可用	0x1
GPTMTnV	不可用	0x1
GPTMTnPS	不可用	不可用
GPTMTnPV	不可用	不可用

当 TimerA 和 TimerB 联合使用时,只有 TimerA 相关的状态和控制位起作用。将寄存器 GPTMCTL 中的 TAEN 位置为 1,在库函数中调用函数 TimerEnable(),计数器开始计数,当计数器的值和匹配寄存器的值相等时,会触发中断事件,其中断过程和单次/周期定时模式的原理是一样的,只是中断控制位和标志位不同。以 32 位定时器为例说明该部分的工作原理,在初始化以后计数器以 1 Hz 的时间基准开始计数,一直计数到 0xFFFFFFFF,这是一个很长的时间,大概有 136 年之多。在这个过程中,CPU 可以读取计数器的值,从而计算出年月日、时分秒。当然也可以通过设置匹配寄存器来触发中断,但是当中断触发以后必须向匹配寄存器写入大于当前的新数值,这样才能不断地触发中断。如果使用定时器来实现实时时钟,当微控制器掉电或者出现复位以后 RTC 的值就会被清零,使用时要注意这点。为了保证 RTC 的连贯性,具体的 RTC 数据读取流程如图 3.13 所示。

如果想要对 32 位定时器写入匹配值,则调用函数 TimerMatchSet();如果是 64 位定时器,则调用函数 TimerMatchSet64()。

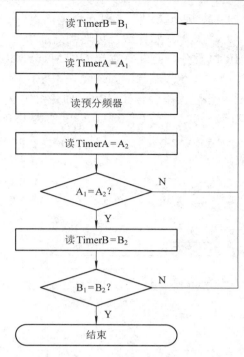

图 3.13　RTC 数据读取流程

3) 输入边沿计数模式

在输入边沿计数模式下，TimerA 和 TimerB 单独使用，配合分频寄存器可组成 24 位 (16＋8)或者 48 位(32＋16)的定时计数器。在该模式下，可对上升沿、下降沿和双跳变沿 (上升和下降沿)进行计数，通过调用函数 TimerControlEvent()来配置，但是输入的跳变沿频率不能太高，不能超过系统时钟频率的 1/4。例如，将 WTimer5 的 TimerA 的捕获事件配置为双跳变沿计数模式，其代码如下：

```
TimerControlEvent(WTIMER5_BASE, TIMER_A, TIMER_EVENT_BOTH_EDGES);
```

表 3.5 所示为输入边沿计数模式下的初始值。

表 3.5　输入边沿计数模式下的初始值

寄存器	减计数模式	增计数模式
GPTMTnR	GPTMTnILR	0x0
GPTMTnV	GPTMTnILR	0x0
GPTMTnPS	GPTMTnPR	0x0
GPTMTnPV	GPTMTnPR	0x0

在减计数方式下，以 GPTMTnILR 和 GPTMTnPR 寄存器中的值开始计数，每当遇到外部事件，即输入信号有跳变沿，计数器就减 1，直到和匹配寄存器 GPTMTnMATCHR 以及分频匹配寄存器 GPTMTnPMR 的值相等，定时器触发匹配值相等的中断事件将中断标志位置为 1，如果允许中断，CPU 会响应中断。但在该方式下，当匹配值相等事件触发以后，硬件自动将定时器的使能位清零，对后面的跳变沿不再计数。若要重新开始计数，需

要重新将定时器使能位置为 1，即重新调用 TimerEnable()函数。

在增计数的方式下，计数器从 0 开始计数，每遇到外部事件，计数器加 1，直到和匹配寄存器 GPTMTn MATCHR 以及分频匹配寄存器 GPTMTnPMR 的值相等，定时器触发匹配值相等中断的事件将中断标志位置为 1，如果允许中断，则 CPU 会响应中断。在该方式下，匹配事件触发以后，计数器不会停止计数，而是继续从 0 开始对外部事件进行计数。例如在减计数的情况下，初始值为 0x000A，匹配值为 0x0006，捕捉外部的双跳变沿，其过程如图 3.14 所示。由图 3.14 可知，当计数值和匹配寄存器的值相等时，会重新装载初始值，但不会继续计数。

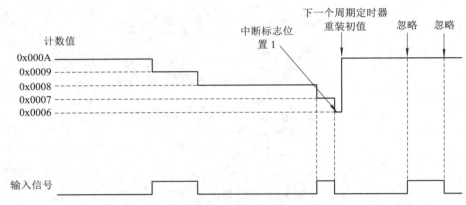

图 3.14　减计数方式下捕捉双跳边沿的过程

4) 输入边沿计时模式

输入边沿计时模式和输入边沿计数模式一样，其定时器也是 24 位和 48 位，同样可捕获上升沿、下降沿和双跳变沿，输入信号的频率也不能超过系统时钟频率的四分之一，计数器可以进行增和减计数。表 3.6 所示为输入边沿计时模式下的初始值。在该模式下，当定时器使能以后，如果检测到引脚输入端有跳变沿，寄存器 GPTMTnR 和 GPTMTnPS 会锁住当前的计数值，供微控制器读取，同时将相应的中断标志位置位，若允许中断，则微控制器会响应中断，但是寄存器 GPTMTnV 和 GPTMTnPV 会继续计数，如果发生溢出，则继续载入初始值进行计数。每当外部有跳变沿时，寄存器 GPTMTnR 和 GPTMTnPS 会锁住当前的计数值，据此计数值的不同可以计算两次或几次跳变沿之间的时间间隔。图 3.15 所示为减计数方式下捕捉上升沿的过程。当有上升沿的时候，寄存器 GPTMTnR 会将当前的计数值保存，初始值为 0xFFFF。

表 3.6　输入边沿定时模式下的初始值

寄存器	减计数模式	增计数模式
TnR	GPTMTnILR	0x0
TnV	GPTMTnILR	0x0
TnPS	GPTMTnPR	0x0
TnPV	GPTMTnPR	0x0

在图 3.15 中，虽然能捕获到两次跳变沿出发时的计数值，但是如果这两个跳变沿事件

间隔很长，从捕获的计数值中无法知道定时器装载了几回初始值，这时就需要其他定时来辅助使用。

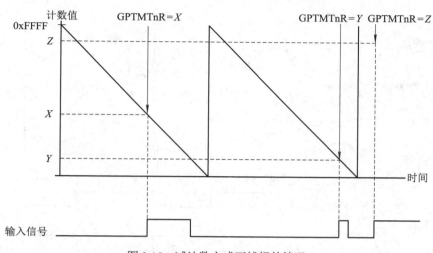

图 3.15　减计数方式下捕捉的情况

5) PWM 模式

定时器中的 PWM 模式虽然没有 PWM 模块中的功能强大，但是同样可以输出占空比可调的矩形波，其缺点是定时器产生的 PWM 没有死区控制，使用时需要将引脚配置为 CCP 功能。PWM 模式下的初始值如表 3.7 所示。

表 3.7　PWM 模式下的初始值

寄存器	减计数模式	增计数模式
GPTMTnR	GPTMTnILR	不可用
GPTMTnV	GPTMTnILR	不可用
GPTMTnPS	GPTMTnPR	不可用
GPTMTnPV	GPTMTnPR	不可用

由表 3.7 可以看出，定时器工作在 PWM 模式下只能进行减计数，而且 TimerA 和 TimerB 只能独立使用。该部分的工作原理是，首先将定时器的初始值和匹配寄存器的值设置好，当定时器的使能位打开以后，计数器从寄存器 GPTMTnILR 和 GPTMTnPR 设置好的初值开始减计数，如计数器的值和匹配寄存器 GPTMTn MATCHR 以及分频匹配寄存器 GPTMTnPMR 的值相等时，输出引脚的电平翻转，计数器减到零，下一个时钟周期继续装载寄存器 GPTMTnILR 和 GPTMTnPR 的初值进行减计数，并且将输出引脚电平翻转，如此往复。如果改变匹配寄存器的值，就会形成一个占空比可调的矩形波，直到定时器使能位清零停止计数为止。在此过程中，如果将 PWM 模式下的中断使能位 TnPWMIE 置为 1，当有上升沿、下降沿或者上升沿和下降沿时，定时器同样可以触发中断事件，上述三种事件发生时会将 GPTMRIS 寄存器中的 CnERIS 位置为 1，如果中断允许，则事件发生时也会将 GPTMMIS 寄存器中的 CnEMIS 置为 1，同时 CPU 会响应中断。其实中断过程和前面几种模式是一样的，只是中断控制位和标志位不同。

　　如图 3.16 所示，设定 GPTMTnILR 为"0xC350"，匹配值 GPTMTn MATCHR 为"0x411A"，可以由 TnPWML 位来控制引脚的输出。

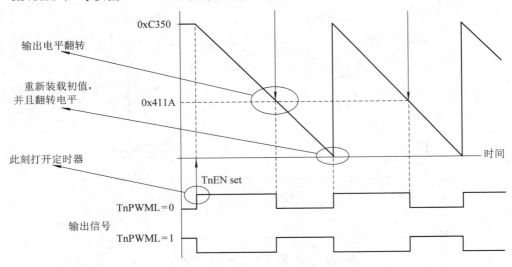

图 3.16　PWM 模式下的工作过程

　　在库函数中是通过 TimerControlLevel(uint32_t ui32Base, uint32_t ui32Timer, bool bInvert)来控制，参数 bInvert 为真(true)时，对应 TnPWML = 1 的情况；参数 bInvert 为假(false)时，对应 TnPWML = 0 的情况。

　　最后应注意，当 TnPWM = 1 时，如果设定的匹配值大于初始值，则输出为低电平；当 TnPWM = 0 时，若设定的匹配值大于初始值，则输出为高电平。下面用定时器的 PWM 功能来控制 TM4C123GXL LaunchPad 上 LED 暗亮的变化过程。设定初始值为 10 000，那么周期矩形波的周期为 10 000 × 0.000 000 02 s = 0.2 ms，匹配值变化间隔为 100，占空比不同的 LED 亮度也不同，其代码如下：

```c
#include <stdint.h>
#include <stdbool.h>
#include "inc/tm4c123gh6pm.h"
#include "inc/hw_memmap.h"
#include "driverlib/sysctl.h"
#include "driverlib/gpio.h"
#include "driverlib/timer.h"
#include "driverlib/pin_map.h"

void main(void)
{   unsigned int Count;
    char Flag=1;

    Count=9900;          //初始化匹配值
```

```
//设置系统时钟的频率为 50 MHz，同时该时钟也为定时器时钟
SysCtlClockSet(SYSCTL_SYSDIV_4 | SYSCTL_USE_PLL | SYSCTL_XTAL_16MHz |
            SYSCTL_OSC_MAIN);

SysCtlPeripheralEnable(SYSCTL_PERIPH_GPIOF);        //使能外设 PF
SysCtlPeripheralEnable(SYSCTL_PERIPH_TIMER0);       //使能 Timer0

//将 PF1 设置为 CCP 功能引脚，用于 Timer0
GPIOPinTypeTimer(GPIO_PORTF_BASE, GPIO_PIN_1);
GPIOPinConfigure(GPIO_PF1_T0CCP1);

//设置 Timer0 的 TimerB 位 PWM 功能
TimerConfigure(TIMER0_BASE, TIMER_CFG_SPLIT_PAIR | TIMER_CFG_B_PWM);

TimerControlLevel(TIMER0_BASE, TIMER_B, false);

TimerLoadSet(TIMER0_BASE, TIMER_B, 10000);      //设置初值为 10000
TimerMatchSet(TIMER0_BASE, TIMER_B, Count);     //设置匹配值
TimerEnable(TIMER0_BASE, TIMER_B);              //使能 Timer0 的 TimerB

for(; ;)                                        //主循环
{   while(Flag==1)
    {
        TimerMatchSet(TIMER0_BASE, TIMER_B, Count);
        SysCtlDelay(300000);
        Count=Count-100;
        if(Count==0)    Flag=0;
    }

    while(Flag==0)
    {   TimerMatchSet(TIMER0_BASE, TIMER_B, Count);
        SysCtlDelay(300000);
        Count=Count+100;
        if(Count==9900)    Flag=1;
    }
}
}
```

注意：此部分描述了定时器的五种工作模式，并结合了寄存器和库函数进行说明。但是

在实际的工程中，代码基本上都是调用库函数，之所以结合寄存器，是为了更好地理解定时器的工作原理，以便在库函数没有提供少数功能的情况下，依然可以通过配置寄存器来实现。

2. 通用定时器的同步

定时器同步就是让几个定时器同时开始计数，所以同步的定时器必须使用相同的时钟源。控制同步的寄存器为 GPTMSYNC，但是该寄存器只在 Timer0 部分下起作用，虽然寄存器只存在于 Timer0，但是相应的控制位也可以同步 12 个定时器，并包括每个定时器的 TimerA 和 TimerB。将 GPTMSYNC 相应的控制位设置好以后，其对应的定时器就会发生时间溢出事件，但是同步定时器产生的时间溢出事件不会触发中断。当 TimerA 和 TimerB 联合使用时，只对 TimerA 的配置有效。表 3.8 所示为定时器在各种模式下同步定时器产生的时间溢出事件。

表 3.8　定时器在各种工作模式下同步定时器产生的时间溢出事件

工 作 模 式	计数方向	定时器溢出事件
32 位和 64 位单次定时模式(级联定时器)	—	N.A.
32 位和 64 位周期定时模式(级联定时器)	减	Count Value = ILR
	增	Count Value = 0
32 位和 64 位 RTC 模式(级联定时器)	增	Count Value = 0
16 位和 32 位单次定时模式(独立/分离定时器)	—	N.A.
16 位和 32 位周期定时模式(独立/分离定时器)	减	Count Value = ILR
	增	Count Value = 0
16 位和 32 位边沿计数模式(独立/分离定时器)	减	Count Value = ILR
	增	Count Value = 0
16 位和 32 位边沿计时模式(独立/分离定时器)	减	Count Value = ILR
	增	Count Value = 0
16 位和 32 位 PWM 模式	减	Count Value = ILR

在同步定时器的过程中，不论计数器计到什么数值，只要在 GPTMSYNC 寄存器中设置相应定时器，定时器就会产生其工作模式下的定时溢出事件。例如，Timer0 的 TimerA 工作在周期定时的减计数工作模式下，若要 Timer0 的 TimerA 和其他定时器同步，则 Timer0 的 TimerA 就会立即触发和重新装载初始值的时间溢出事件。同步定时器的库函数为 TimerSynchronize()，例如，要将 Timer0 的 TimerB、Timer1 的 TimerA、Timer1 的 TimerB 三者同步，代码如下：

```
TimerSynchronize(TIMER0_BASE, TIMER_0B_SYNC | TIMER_1A_SYNC | TIMER_1B_SYNC);
```

注意：第一个入口参数只能是 Timer0 的基地址。

3.3.2　定时器常用库函数

定时器的功能看上去强大而难以使用，但是在编程时通过调用库函数却会变得简单很多，下面介绍常用的几种库函数。

1. voidTimerEnable(uint32_t ui32Base, uint32_t ui32Timer)

功能：打开定时器。

入口参数：

ui32Base：定时器基地址。

ui32Timer 定时器：入口参数为 TimerA 或者 TimerB 或者 TIMER_BOTH，当定时器的 TimerA 和 TimerB 联合起来当作长定时器使用时，TimerA 有效。

2. voidTimerDisable(uint32_t ui32Base, uint32_t ui32Timer)

功能：关闭定时器。

入口参数：

ui32Base：定时器基地址。

ui32Timer 定时器：入口参数为 TimerA 或者 TimerB 或者 TIMER_BOTH，当定时器的 TimerA 和 TimerB 联合起来当作长定时器使用时，TimerA 有效。

3. voidTimerConfigure(uint32_t ui32Base, uint32_t ui32Config)

功能：配置定时器。

入口参数：

ui32Base：定时器基地址。

ui32Config：定时器的配置参数。若定时器的 TimerA 和 TimerB 联合使用，则使用如下参数：

TIMER_CFG_ONE_SHOT：单次定时减计数；

TIMER_CFG_ONE_SHOT_UP：单次定时增计数；

TIMER_CFG_PERIODIC：周期定时减计数；

TIMER_CFG_PERIODIC：周期定时减计数；

TIMER_CFG_PERIODIC_UP：周期定时增计数；

_CFG_RTC：将定时器配置为 RTC 模式；

若定时器的 TimerA 和 TimerB 分别单独使用，则使用 MER_CFG_SPLIT_PAIR 与下列参数相或"|"：

TIMER_CFG_A_ONE_SHOT：TimerA 单次定时减计数；

TIMER_CFG_A_ONE_SHOT_UP：TimerA 单次定时增计数；

TIMER_CFG_A_PERIODIC：TimerA 周期定时减计数；

TIMER_CFG_A_PERIODIC_UP：TimerA 周期定时增计数；

TIMER_CFG_A_CAP_COUNT：TimerA 边沿减计数模式；

TIMER_CFG_A_CAP_COUNT_UP：TimerA 边沿增计数模式；

TIMER_CFG_A_CAP_TIME：TimerA 边沿计时，减计数方式；

TIMER_CFG_A_CAP_TIME_UP：TimerA 边沿计时，增计数方式；

TIMER_CFG_A_PWM：TimerA 配置为 PWM 模式。

上述只说明了 TimerA 的参数，但这对 TimerB 也是一样的，只需将宏定义中的 A 换成 B 即可。

例如，将 Timer1 的 TimerA 和 TimerB 都配置成为 PWM 模式，其代码如下：

TimerConfigure(TIMER1_BASE, TIMER_CFG_SPLIT_PAIR | TIMER_CFG_A_PWM |
TIMER_CFG_B_PWM);

4. voidTimerControlLevel(uint32_t ui32Base, uint32_t ui32Timer, bool bInvert)

功能：控制 PWM 输出电平。

入口参数：

ui32Base：定时器基地址。

ui32Timer：定时器，入口参数为 TimerA 或者 TimerB 或者 TIMER_BOTH。

bInvert：输出电平控制。若该参数为 true(真)，则对应 TnPWM = 1 的情况；若为 false(假)，则对应 TnPWM = 0 的情况。

5. voidTimerControlEvent(uint32_t ui32Base, uint32_t ui32Timer, uint32_t ui32Event)

功能：配置定时器的边沿捕获方式。

入口参数：

ui32Base：定时器基地址。

ui32Timer：定时器，入口参数为 TimerA 或者 TimerB 或者 TIMER_BOTH。

ui32Event：设置边沿捕获的方式。可以捕获三种跳变沿：参数 TIMER_EVENT_POS_EDGE 为上升沿，参数 TIMER_EVENT_NEG_EDGE 为下降沿，参数 TIMER_EVENT_BOTH_EDGES 为下降沿和上升沿同时捕捉。

6. voidTimerRTCEnable(uint32_t ui32Base)

功能：使能 RTC 模式。

入口参数：

ui32Base：定时器基地址。

7. voidTimerPrescaleSet(uint32_t ui32Base, uint32_t ui32Timer, uint32_t ui32Value)

功能：设置分频值。

入口参数：

ui32Base：定时器基地址。

ui32Timer：定时器，入口参数为 TimerA 或者 TimerB 或者 TIMER_BOTH。

ui32Value：分频值的大小。

8. voidTimerPrescaleMatchSet(uint32_t ui32Base, uint32_t ui32Timer, uint32_t ui32Value)

功能：设置分频值。

入口参数：

ui32Base：定时器基地址。

ui32Timer：定时器，入口参数为 TimerA 或者 TimerB 或者 TIMER_BOTH。

ui32Value：设置分频的匹配值。

9. voidTimerLoadSet(uint32_t ui32Base, uint32_t ui32Timer, uint32_t ui32Value)

功能：写入计数值或者写入初始值。

入口参数：

ui32Base：定时器基地址。

ui32Timer：定时器，入口参数为 TimerA 或者 TimerB 或者 TIMER_BOTH。当定时器的 TimerA 和 TimerB 联合起来当作长定时器使用时，TimerA 有效。

ui32Value：装载的初始值。

说明：此函数将 ui32Value 的值写入了 GPTMTnILR 寄存器。

10. uint32_tTimerLoadGet(uint32_t ui32Base, uint32_t ui32Timer)

功能：读取写入的初始值。

入口参数：

ui32Base：定时器基地址。

ui32Timer：定时器，入口参数为 TimerA 或者 TimerB，当定时器的 TimerA 和 TimerB 联合起来当作长定时器使用时，TimerA 有效。

返回值：已经写入的初始值。

说明：此函数用来读取 GPTMTnILR 寄存器的计数值。

11. voidTimerLoadSet64(uint32_t ui32Base, uint64_t ui64Value)

功能：写入 64 位计数值或者写入 64 位初始值。

入口参数：

ui32Base：定时器基地址。

ui64Value：装载的初始值。

说明：由函数名可知此函数只适用于将 32/64 位定时器设置为 64 位定时器的情况。

12. uint32_tTimerValueGet(uint32_t ui32Base, uint32_t ui32Timer)

功能：读取计数器的计数值。

入口参数：

ui32Base：定时器基地址。

ui32Timer：定时器，入口参数为 TimerA 或者 TimerB，当定时器的 TimerA 和 TimerB 联合起来当作长定时器使用时，TimerA 有效。

返回值：计数器中的计数值。

说明：此函数用来读取 GPTMTnR 寄存器的计数值，在 3.3.1 小节中已经讲过，通过读 GPTMTnR 寄存器，即调用 TimerValueGet()函数，可读取计数器的计数值或者在计数器中锁住的计数值。

13. voidTimerMatchSet(uint32_t ui32Base, uint32_t ui32Timer, uint32_t ui32Value)

功能：设置匹配值。

入口参数：

ui32Base：定时器基地址。

ui32Timer：定时器，入口参数为 TimerA 或者 TimerB 或者 TIMER_BOTH，当定时器的 TimerA 和 TimerB 联合起来当作长定时器使用时，TimerA 有效。

ui32Value：写入的匹配值。

14. voidTimerMatchSet64(uint32_t ui32Base, uint64_t ui64Value)

功能：设置 64 位定时器的匹配值。

入口参数：

ui32Base：定时器基地址。

ui64Value：写入的 64 位匹配值。

15. voidTimerIntEnable(uint32_t ui32Base, uint32_t ui32IntFlags)

功能：使能定时器的各种中断。

入口参数：

ui32Base：定时器基地址。

ui32IntFlags：中断类型。具体参数宏定义如下：

TIMER_TIMB_DMA：Timer B uDMA 完成；

TIMER_TIMA_DMA：Timer A uDMA 完成；

TIMER_CAPB_EVENT：TimerB 的捕获事件；

TIMER_CAPB_MATCH：TimerB 的捕获匹配相等事件；

TIMER_TIMB_TIMEOUT：TimerB 定时溢出事件；

TIMER_RTC_MATCH：RTC 模式下的匹配事件；

TIMER_CAPA_EVENT：TimerA 的捕获事件；

TIMER_CAPA_MATCH：TimerA 的捕获匹配相等事件；

TIMER_TIMA_TIMEOUT：TimerB 定时溢出事件。

16. voidTimerIntDisable(uint32_t ui32Base, uint32_t ui32IntFlags)

功能：关闭定时器的各种中断。

入口参数：和函数 TimerIntEnable()一样。

17. uint32_tTimerIntStatus(uint32_t ui32Base, bool bMasked)

功能：获取中断状态。

入口参数：

ui32Base：定时器基地址。

bMasked：若该值为 true(真)，获取的是中断控制器响应以后的中断状态；若该值为 false(假)，则获取的是中断控制器未响应之前的中断状态。

返回值：返回函数 TimerIntEnable()中参数 ui32IntFlags 的宏定义值，可通过和 ui32IntFlags 的宏定义参数相"与"获取中断状态。

18. voidTimerIntClear(uint32_t ui32Base, uint32_t ui32IntFlags)

功能：清中断标志位。

入口参数：

ui32Base：定时器基地址。

ui32IntFlags：同函数 TimerIntEnable()中的 ui32IntFlags 参数。

19. voidTimerSynchronize(uint32_t ui32Base, uint32_t ui32Timers)

功能：同步定时器。

入口参数：

ui32Base：定时器基地址，只能为 Timer0。

ui32Timers：要同步的定时器，具体可查看库函数 timer.c 文件。

20. voidTimerUpdateMode(uint32_tui32Base, uint32_t ui32Timer, uint32_tui32Config)

功能：定时器的更新模式。

入口参数：

ui32Base：定时器基地址。

ui32Timer：参数为 TIMER_A、TIMER_B 和 TIMER_BOTH。

ui32Config：配置定时器的更新方式，参数 TIMER_UP_LOAD_IMMEDIATE 为立即更新，参数 TIMER_UP_LOAD_TIMEOUT 为定时溢出以后再更新。

上面所讲的库函数都是在工程中经常要用到的。库函数提供了几乎所有的定时器可实现的功能，下面用定时器来测试中断触发到 CPU 响应中断的时间，用到的定时器为WTimer2。其代码如下：

```c
#include <stdint.h>
#include <stdbool.h>
#include "inc/tm4c123gh6pm.h"
#include "inc/hw_memmap.h"
#include "inc/hw_gpio.h"
#include "driverlib/sysctl.h"
#include "driverlib/timer.h"
#include "driverlib/pin_map.h"

#include "driverlib/interrupt.h"
unsigned char Flag=0;
unsigned int TaValue, TaR_Value;

//用于设置断点
void NOP(void)
{
}
//WTimer2 中断函数
void WTimer2A_ISR(void)
{   unsigned int IntState;

    IntState=TimerIntStatus(WTIMER2_BASE, true);
    TimerIntClear(WTIMER2_BASE, TIMER_TIMA_TIMEOUT);
    if(IntState&TIMER_TIMA_TIMEOUT)
    {
```

```
            TaValue=WTIMER2_TAV_R;

            TaR_Value=TimerValueGet(WTIMER2_BASE, TIMER_A);

            NOP();

            Flag=1;

    }

}


void main(void)

{   //设置系统时钟为 50 MHz

    SysCtlClockSet (SYSCTL_SYSDIV_4 | SYSCTL_USE_PLL | SYSCTL_XTAL_16MHz |
                    SYSCTL_OSC_MAIN);

    SysCtlPeripheralEnable(SYSCTL_PERIPH_WTIMER2);        //使能外设 WTimer1


    //配置捕获 timeout 定时器

    TimerDisable(WTIMER2_BASE, TIMER_A);

    TimerConfigure(WTIMER2_BASE, TIMER_CFG_SPLIT_PAIR |
                    TIMER_CFG_A_PERIODIC_UP);

    //设置为 Snap-shot 模式测试中断响应时间，此模式下会将 GPTMTnR 寄存器的值锁住

    WTIMER2_TAMR_R |= TIMER_TAMR_TASNAPS;

    TimerControlStall(WTIMER2_BASE, TIMER_A, true);       //在调试模式下定时器停止计数

    TimerLoadSet(WTIMER2_BASE, TIMER_A, 50000);

    IntEnable(INT_WTIMER2A);

    TimerIntDisable(WTIMER2_BASE, TIMER_TIMA_TIMEOUT);

    TimerDisable(WTIMER2_BASE, TIMER_A);

    //开全局中断

    IntMasterEnable();

    TimerIntEnable(WTIMER2_BASE, TIMER_TIMA_TIMEOUT);

    TimerEnable(WTIMER2_BASE, TIMER_A);

    while(1)                                              //主循环

    {

        TaR_Value=WTIMER2_TAR_R;

        TaValue=WTIMER2_TAV_R;

        if(Flag==1)

        {

            TaValue=WTIMER2_TAV_R;

            Flag=0;

        }

    }

}
```

在上面的代码中，库函数没有提供将定时器配置为与 Snap-shot 模式相关的函数，所以通过配置寄存器来实现。TimerControlStall(WTIMER2_BASE, TIMER_A, true)函数是让定时器在调试的模式下，程序不运行的时候停止计数。当定时溢出事件发生后，GPTMTAR 寄存器会将计数值锁住，而 GPTMTAV 寄存器还会继续计数，然后通过二者的差值即可计算出中断响应时间。在 NOP()函数处设置断点，当程序运行到断点处，GPTMTAR 寄存器保存着定时溢出时的值，而 GPTMTAV 为当前的计数值并且停止计数。通过查看可知，TaRValue 的值为 50000，和设置好的定时器溢出值相同，而 TaValue 的值为 60左右(因为溢出以后下一个时钟周期重新装载计数值，且为增计数，所以初值为 0)，为溢出到 CPU 响应这段时间内的计数值，本程序中定时器的时钟频率为 50 MHz，所以响应时间为 60×0.00000002 s $= 1.2$ μs 左右。

3.3.3　基于定时器的 PWM 波电机控制实验

在本实验中，首先要用 TM4C123GH6PM 输出的 PWM 波经过驱动器以后控制电机转速，然后，将电机的转速信号经过光电开关转化成一定频率的矩形波。因此，在本实验中主要用到了定时器的两个功能：第一个是定时器的 PWM 输出功能，用来控制电机转速；第二个是定时的边沿计时功能，用来测量电机的转速。电机控制和测量转速的实验电路如图 3.17 所示。

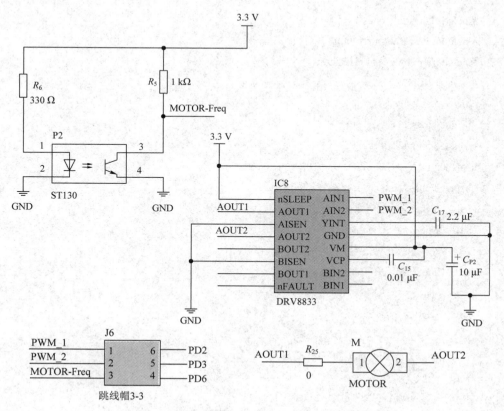

图 3.17　电机控制和测量转速的实验电路

实验时，可以通过调节旁边的滑动变阻器来改变电机的转速，采集滑动变阻器上的电压用到的 ADC 部分的内容在第 3.4 节说明，实验代码如下所示。

```
/*
*说明：滑动滑动变阻器来调节电机的转速，并且在液晶上显示，此代码同时用到了 3 个定时器
*       (1) PWM：WT3    TimerA
*       (2) Capture：WT5 TimerA
*       (3) TimeOut：WT1 TimerA    用于捕获频率为 0 的信号
*/
#include <stdint.h>
#include <stdbool.h>
#include "inc/tm4c123gh6pm.h"
#include "inc/hw_memmap.h"
#include "inc/hw_gpio.h"
#include "driverlib/sysctl.h"
#include "driverlib/timer.h"
#include "driverlib/pin_map.h"
#include "driverlib/gpio.h"
#include "driverlib/adc.h"
#include "driverlib/interrupt.h"
#include "WTimer3_5PinsConfig.h"
#include "ILI9320.h"

unsigned long ulTimes1=0;
unsigned long ulTimes2=0;
unsigned int    ulFlag=0;
unsigned char CaptuerSuccess=0;
unsigned char CaptuerFalse=0;
char    *Speed={"Speed is: "};

void WTimer5A_ISR_CAP(void)
{
    unsigned long IntState;

    IntState=TimerIntStatus(WTIMER5_BASE, true);

    if(IntState&TIMER_TIMA_TIMEOUT)
    {
```

```
        SysCtlDelay(40);
    }
    if(IntState&TIMER_CAPA_EVENT)
    {
        TimerIntClear(WTIMER5_BASE, IntState);
        if( ulFlag==0)
        {
            ulTimes1=TimerValueGet(WTIMER5_BASE, TIMER_A);
            ulFlag=1;
        }
        else
        {
            ulTimes2=TimerValueGet(WTIMER5_BASE, TIMER_A);

            TimerIntDisable(WTIMER5_BASE, TIMER_CAPA_EVENT);
            TimerDisable(WTIMER5_BASE, TIMER_A);

            TimerIntDisable(WTIMER1_BASE, TIMER_TIMA_TIMEOUT);
            TimerDisable(WTIMER1_BASE, TIMER_A);

            TimerLoadSet(WTIMER5_BASE, TIMER_A,900000000);
            TimerLoadSet(WTIMER5_BASE, TIMER_A,9000);
            ulFlag=0;
            CaptuerSuccess=1;
        }
    }
}

void WTimer1A_ISR(void)          //设置 2 s 的时间检测捕获是否超时
{
    unsigned long IntState;

    IntState=TimerIntStatus(WTIMER1_BASE, true);
    TimerIntClear(WTIMER1_BASE, TIMER_TIMA_TIMEOUT);
    if(IntState&TIMER_TIMA_TIMEOUT)
    {
        CaptuerSuccess=0;
```

```
            CaptuerFalse=1;

            TimerIntDisable(WTIMER5_BASE, TIMER_CAPA_EVENT);
            TimerDisable(WTIMER5_BASE, TIMER_A);

            TimerIntDisable(WTIMER1_BASE, TIMER_TIMA_TIMEOUT);
            TimerDisable(WTIMER1_BASE, TIMER_A);
        }
}

void main(void)
{
    unsigned int uintValue=0;
    float Period, Freq;
    unsigned char ShowNumber[4]={0, 0, 0, 0};

    //设置系统时钟为50 MHz
    SysCtlClockSet(SYSCTL_SYSDIV_4 | SYSCTL_USE_PLL | SYSCTL_XTAL_16MHz |
                SYSCTL_OSC_MAIN);

    PortFunctionInit();
    SysCtlPeripheralEnable(SYSCTL_PERIPH_WTIMER1);      //使能 WT1
    SysCtlPeripheralEnable(SYSCTL_PERIPH_ADC0);
    SysCtlPeripheralEnable(SYSCTL_PERIPH_GPIOE);

    LCD_GPIOEnable();

    //配置 ADC
    GPIOPinTypeADC(GPIO_PORTE_BASE, GPIO_PIN_2);     //for ADC
    ADCSequenceConfigure(ADC0_BASE, 3, ADC_TRIGGER_PROCESSOR,0);
    ADCSequenceStepConfigure(ADC0_BASE, 3, 0, ADC_CTL_IE | ADC_CTL_END |
                    ADC_CTL_CH1);
    ADCSequenceEnable(ADC0_BASE, 3);
    ADCIntClear(ADC0_BASE, 3);

    //Configure T0 :TA   and TB for PWM
    TimerDisable(WTIMER3_BASE, TIMER_A);
```

```
TimerConfigure(WTIMER3_BASE, TIMER_CFG_SPLIT_PAIR | TIMER_CFG_A_PWM);
TimerControlLevel(WTIMER3_BASE, TIMER_A, true);
TimerMatchSet(WTIMER3_BASE, TIMER_A, 1600);
TimerLoadSet(WTIMER3_BASE, TIMER_A, 8000);
TimerEnable(WTIMER3_BASE, TIMER_A);


//捕获频率配置
TimerConfigure(WTIMER5_BASE, TIMER_CFG_SPLIT_PAIR |
                TIMER_CFG_A_CAP_TIME );
TimerControlEvent(WTIMER5_BASE, TIMER_A, TIMER_EVENT_POS_EDGE);
TimerLoadSet(WTIMER5_BASE, TIMER_A, 9000);    //900000000
TimerIntDisable(WTIMER5_BASE, TIMER_CAPA_EVENT|TIMER_TIMA_TIMEOUT);
IntEnable(INT_WTIMER5A);    //Enable NVIC 中断控制器

TimerIntDisable(WTIMER5_BASE, TIMER_CAPA_EVENT);
TimerDisable(WTIMER5_BASE, TIMER_A);


//配置捕获 timeout 定时器
TimerDisable(WTIMER1_BASE, TIMER_A);
TimerConfigure(WTIMER1_BASE, TIMER_CFG_SPLIT_PAIR | TIMER_CFG_A_PERIODIC);
TimerLoadSet(WTIMER1_BASE, TIMER_A, SysCtlClockGet());
IntEnable(INT_WTIMER1A);
TimerIntDisable(WTIMER1_BASE, TIMER_TIMA_TIMEOUT);
TimerEnable(WTIMER1_BASE, TIMER_A);
TimerDisable(WTIMER1_BASE, TIMER_A);


//开全局中断
IntMasterEnable();


LCD_ILI9320Init();              //初始化 LCD
LCD_Clear(White);               //将背景填成白色
LCD_PutString(0, 50, Speed, Red,White);
LCD_PutString(120, 50, "r/s", Red, White);


TimerIntEnable(WTIMER5_BASE, TIMER_CAPA_EVENT);
TimerEnable(WTIMER5_BASE, TIMER_A);
```

```
TimerIntEnable(WTIMER1_BASE, TIMER_TIMA_TIMEOUT);
TimerEnable(WTIMER1_BASE, TIMER_A);
while(1)
{   //处理器触发 ADC 采样
    ADCProcessorTrigger(ADC0_BASE, 3);

    //等待采样完成
    while(!ADCIntStatus(ADC0_BASE, 3, false))
    {
    }

    //清除 ADC 中断标志
    ADCIntClear(ADC0_BASE, 3);

    //获取 ADC 的值
    ADCSequenceDataGet(ADC0_BASE, 3, &uintValue);

    TimerMatchSet(WTIMER3_BASE, TIMER_A, uintValue+1800);

    if(CaptuerSuccess==1)                    //频率捕捉成功
    {
        Period=(ulTimes1-ulTimes2)*0.00000002;
        Freq=(1/Period)/4;

        CaptuerSuccess=0;

        ShowNumber[3]=(unsigned char)(Freq/1000.0);
        Freq=Freq-ShowNumber[3]*1000.0;
        ShowNumber[2]=(unsigned char)(Freq/100.0);
        Freq=Freq-ShowNumber[2]*100.0;
        ShowNumber[1]=(unsigned char)(Freq/10.0);
        Freq=Freq-ShowNumber[1]*10.0;
        ShowNumber[0]=(unsigned char)Freq;       //低位

        LCD_PutChar8x16(80, 50, ShowNumber[3] + '0', Red, White);
        LCD_PutChar8x16(88, 50, ShowNumber[2] + '0', Red, White);
        LCD_PutChar8x16(96, 50, ShowNumber[1] + '0', Red, White);
```

```
            LCD_PutChar8x16(104, 50, ShowNumber[0] + '0', Red,White);

            TimerIntEnable(WTIMER5_BASE, TIMER_CAPA_EVENT);
            TimerEnable(WTIMER5_BASE, TIMER_A);

            TimerLoadSet(WTIMER1_BASE, TIMER_A, SysCtlClockGet());
            TimerIntEnable(WTIMER1_BASE, TIMER_TIMA_TIMEOUT);
            TimerEnable(WTIMER1_BASE, TIMER_A);
        }
    if(CaptuerFalse==1)                            //频率捕捉失败
    {
            CaptuerFalse=0;

            LCD_PutChar8x16(80, 50, '0', Red, White);
            LCD_PutChar8x16(88, 50, '0', Red, White);
            LCD_PutChar8x16(96, 50, '0', Red, White);
            LCD_PutChar8x16(104,50, '0', Red, White);

            TimerIntEnable(WTIMER5_BASE, TIMER_CAPA_EVENT);
            TimerEnable(WTIMER5_BASE, TIMER_A);

            TimerLoadSet(WTIMER1_BASE, TIMER_A, SysCtlClockGet());
            TimerIntEnable(WTIMER1_BASE, TIMER_TIMA_TIMEOUT);
            TimerEnable(WTIMER1_BASE, TIMER_A);
        }
    }
}
```

3.4　ADC 模块

　　TM4C123GH6PM 内部有两个 ADC 的独立模块，分别是 ADC0 和 ADC1，可以设置为单端模式和差分模式两种，片上内置了温度传感器。两个 ADC 模块共享 12 个输入通道，采样时间的相位偏移可设置在 22.5°～337.5° 之间，采样速率为 1 MS/s。ADC 采样的触发方式十分灵活，可以有处理器触发、定时器触发、模拟比较器触发、PWM 触发以及 GPIO 触发。还有最高可设置为 64 次的硬件平均器。每一个 ADC 模块还集成了数字比较器功能单元，其中包含了 8 个数字比较器，每个比较器由两个可定义的值分割为三个区域，其比较的区域可设定在任意一个区域。总体来讲，TM4C123GH6PM 的数/模转换模块分为两部分功能：一个功能是数/模转换功能，另一个是利用 A/D 转换后的数值实现数字比较器功能。当然，在此部分中，A/D 转换是其核心功能，数字比较器是预先设定两个阈值，再与 A/D 采样的结果进行比较，对于超出阈值的 A/D 结果产生中断等。有关 ADC 模块的驱动库函数在 driverslib\adc.c 中，头文件为 adc.h。

3.4.1　ADC 的结构和原理

上面提到 TM4C123GH6PM 内部有两个独立的、功能完全相同的 ADC 模块 ADC0 和 ADC1，只是基地址的不同而已，共享着 12 个输入通道 AINx(x 表示 0~11)，其具体引脚分配可查看附录。例如，将 AIN1 对应的 PE2 设置为 ADC 功能引脚，可用如下代码：

```
GPIOPinTypeADC(GPIO_PORTE_BASE, GPIO_PIN_2);
```

其中，每一个 ADC 功能模块里面含有 4 个采样序列发生器(Sample Sequence)，简称 SSn(n 为 0、1、2 和 3，以下用 SSn 代表采样序列发生器，如 SS1 表示采样序列发生器 1)。ADC 模块整体结构如图 3.18 所示。

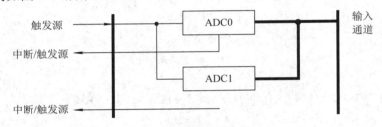

图 3.18　ADC 模块整体结构

在 TM4C123 系列微控制器中，ADC 模块采用的是逐次比较型(SAR)的 12 位 ADC，其简单输入等效电路如图 3.19 所示(忽略引脚输入电容 C_{IN} 和 ESD 以及输入漏电流)。对于一个 SAR 型 ADC，在设计电路时首先应该考虑的是采样速度和外部输入阻抗，如果忽略这些基本参数，在使用 SAR 型 ADC 时都得不到好的输出。读者在使用 SAR 型 ADC 采样时，应该尽量降低输入阻抗或者通过软件来降低 ADC 的采样率，从而获得更长的采样时间。ADC 内部将参考正电压 VREFP 和引脚 VDDA 相连，参考负电压和 GND 引脚相连，在 TM4C123GXL LaunchPad 中 VDDA 电压为 3.3 V，所在 LaunchPad 上的 ADC 参考电压为 3.3 V。

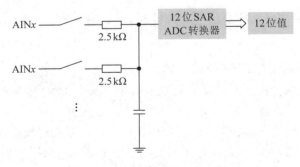

图 3.19　ADC 简单输入等效电路

ADC 的具体功能结构如图 3.20 所示。在每一个 ADC 模块中有 4 个采样序列发生器，4 个 SSn 的功能也完全一样，只是能够实现的采样步数和对应的 FIFO 深度不同。

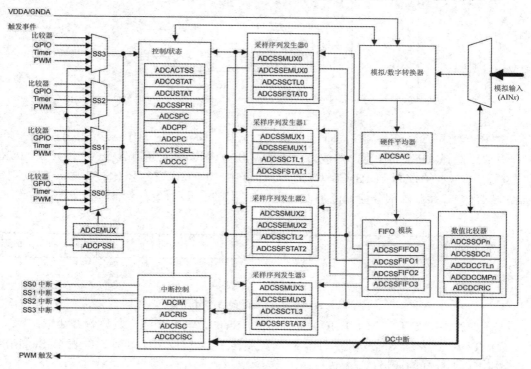

图 3.20　ADC 的具体功能结构

1. ADC 采样过程

在具体的采样中是以 SSn 为单位进行的。其中，SS0 对应的 FIFO 深度为 8，可同时完成 8 次采样；SS1 对应的 FIFO 深度为 4，可同时完成 4 次采样；SS2 对应的 FIFO 深度为 4，可同时完成 4 次采样；SS3 对应的 FIFO 深度为 1，可同时完成 1 次采样，如表 3.9 所示。FIFO 的宽度为 32 位，低 12 位为转换以后的数据值。SSn 可采用不同的触发方式，图 3.20 左边表示可选的触发方式和优先级控制，其中 SSn 可设置为 4 个优先级，分别为 0~3，0 为最高优先级，3 为最低优先级，有关配置触发方式和优先级的库函数为 ADCSequenceConfigure()。例如，将 ADC0 的 SS1 设置为处理器触发，优先级为最高优先级 0，其代码如下：

```
ADCSequenceConfigure(ADC0_BASE, 1, ADC_TRIGGER_PROCESSOR, 0)
```

表 3.9　SSn 的 FIFO 深度

采样序列	采样次数	FIFO 深度
SS3	1	1
SS2	4	4
SS1	4	4
SS0	8	8

下面以 SS1 为例说明其采样的过程，如图 3.21 所示。

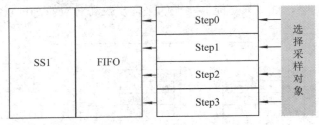

图 3.21　SS1 结构图

由图 3.21 可知，SS1 最多同时可完成 4 次采样，每次采样叫作一步(Step)。每一步的采样对象可选择 AINx 的任意一路或者内置的温度传感器，输入通道 AINx 在 ADCSSMUX1 中选择，每一步的控制在 ADCSSCTL1 寄存器中。由于该寄存器比较重要，所以列出 ADCSSCTL1 寄存器的部分控制位予以说明，如图 3.22 所示。

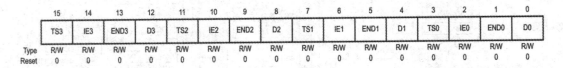

图 3.22　ADCSSCTL1 寄存器部分控制位

在图 3.22 中，TS0、IE0、END0 和 D0 控制 Step0，其余类似。具体解释如下：

(1) TSn：1 表示 Step(n)对片上内置的温度传感器进行 A/D 转换；0 表示 Step(n)对 ADCSSMUX1 选择的通道 AINx 进行 A/D 转换。

(2) IEn：1 表示 Step(n)的 A/D 转换完成后触发中断；0 表示 Step(n)的 A/D 转换完成后不触发中断。

(3) ENDn：1 表示 Step(n)的 A/D 转换是 SS1 的最后一次 A/D 转换；0 表示 Step(n)的 A/D 转换不是 SS1 的最后一次 A/D 转换。

(4) D0：1 表示 Step(n)选择差分 A/D 转换；0 表示 Step(n)选择单端 A/D 转换。

在采样过程中，如果 Step(n)为最后一次采样，则需要将 ENDn 置为 1，表示该次采样为最后一次采样。例如，要完成三次采样，需要将 END0 和 END1 设置为 0，END2 设置为 1，如果将 END1 设置为 1，那么 ADC 模块不会对 Step2 进行 A/D 转换，Step1 完成以后就会结束本次 A/D 转换。如图 3.20 所示，每一步 A/D 转换完成以后，经过硬件平均器送入 FIFO 或者送入数值比较器。例如，将 ADC0 中 SS1 的 Step0 对内置的温度传感器进行 A/D 转换，Step1 对通道 AIN5 进行 A/D 转换，Step2 对通道 AIN1 进行 A/D 转换，三次 A/D 转换完成以后触发中断。其配置代码如下：

```
ADCSequenceStepConfigure(ADC0_BASE, 1, 0, ADC_CTL_TS);
ADCSequenceStepConfigure(ADC0_BASE, 1, 1, ADC_CTL_CH5);
ADCSequenceStepConfigure(ADC0_BASE, 1, 2, ADC_CTL_IE |ADC_CTL_END|ADC_CTL_CH1);
```

2. ADC 模块控制

除了采样序列发生器，剩下的部分是对 ADC 模块实现逻辑控制，包括中断、触发采样事件、ADC 模块、时钟控制、采样相位控制、A/D 转换忙状态以及硬件平均电路等。

1) 中断

此部分只说明 ADC 采样部分的中断,有关数字比较器的中断控制在数字比较器部分说明。每一个采样序列发生器都占一个中断向量,都可编写独立的中断函数。ADC 模块的中断使能在 ADCIM 寄存器中可以控制,在库函数中断使能函数为 ADCIntEnable(),但是此函数不能使能数值比较器部分的中断。在中断使能的情况下,如果在完成一步采样后,IE*n* 设置为 1,则会进入相应的中断处理函数。获取中断状态在 ADCRIS 和 ADCISC 寄存器中进行,二者的区别在于,只要有中断事件,就会将 ADCRIS 寄存器中的相应标志位置为 1,而只有中断使能后中断控制器响应了中断事件,才会将 ADCISC 寄存器中的相应中断标志位置为 1。获取中断状态的库函数为 ADCIntStatus(uint32_t ui32Base, uint32_t ui32SequenceNum, bool bMasked),若 bMasked 为 true(真)表示从 ADCISC 读取中断状态,若为 false(假),则是从 ADCRIS 寄存器读取中断状态。清中断标志位的库函数为 ADCIntClear()。

2) 触发采样事件

在 ADCEMUX 寄存器中详细定义了触发 ADC 采样的事件,如图 3.20 左边部分所示,触发有处理器触发、GPIO 触发、通用定时器触发、PWM 触发以及连续进行采样,具体可通过函数 ADCSequenceConfigure()配置,如果要用到 GPIO 触发、通用定时器触发、PWM 触发,需要对相应的外设也进行配置。

在使用连续采样的时候要注意,如果设置采样序列发生器为连续采样,而且优先级也为最高,那么会造成其他低优先级采样序列发生器不能正常进行 A/D 转换。

下面采用通用定时器 WT1 触发 ADC 采样,定时间隔为 1 s,使用 ADC0 中 SS3 的 Step0,其具体代码如下:

```
#include <stdint.h>
#include <stdbool.h>
#include "inc/tm4c123gh6pm.h"
#include "inc/hw_memmap.h"
#include "inc/hw_gpio.h"
#include "driverlib/sysctl.h"
#include "driverlib/timer.h"
#include "driverlib/pin_map.h"
#include "driverlib/gpio.h"
#include "driverlib/adc.h"
#include "driverlib/interrupt.h"

unsigned char MeasureSuccess=0;
unsigned int ulValue;
void ADC0_S3_ISR(void)                //ADC0 中 SS3 的中断函数
{
    ADCIntClear(ADC0_BASE, 3);         //清中断标志位
```

```
        ADCSequenceDataGet(ADC0_BASE, 3, &ulValue);          //获取 A/D 转换值
        MeasureSuccess=1;
}


void main(void)          //主函数
{
        unsigned int ulValueSum=0;
        //设置系统时钟为 50 MHz
        SysCtlClockSet(SYSCTL_SYSDIV_4 | SYSCTL_USE_PLL | SYSCTL_XTAL_16MHz |
                    SYSCTL_OSC_MAIN);
        SysCtlPeripheralEnable(SYSCTL_PERIPH_WTIMER1);       //使能 WT1


        //设置触发 ADC 时间间隔，本例为 1 s
        TimerDisable(WTIMER1_BASE, TIMER_A);
        TimerConfigure(WTIMER1_BASE, TIMER_CFG_SPLIT_PAIR | TIMER_CFG_A_
                    PERIODIC);
        TimerLoadSet(WTIMER1_BASE, TIMER_A, SysCtlClockGet());
        TimerIntDisable(WTIMER1_BASE, TIMER_TIMA_TIMEOUT);
        TimerControlTrigger(WTIMER1_BASE, TIMER_A, true);


        SysCtlPeripheralEnable(SYSCTL_PERIPH_ADC0);          //使能 ADC0
        SysCtlPeripheralEnable(SYSCTL_PERIPH_GPIOE);         //使能 GPIOE，用到 PE2，即 AIN1
        ADCHardwareOversampleConfigure(ADC0_BASE, 64);       //硬件 64 次平均


        GPIOPinTypeADC(GPIO_PORTE_BASE, GPIO_PIN_2);         //配置 PE2 为 AIN1


        ADCSequenceConfigure(ADC0_BASE, 3, ADC_TRIGGER_TIMER, 0);   //定时器触发
        //配置 ADC0 中 SS3 的第 0 步，选择通道 AIN1，单次采样结束并且触发中断
        ADCSequenceStepConfigure(ADC0_BASE, 3, 0, ADC_CTL_IE | ADC_CTL_END |
                    ADC_CTL_CH1);
        ADCSequenceEnable(ADC0_BASE, 3);       //使能 ADC0 的 SS3
        ADCIntEnable(ADC0_BASE, 3);            //使能 ADC0 中 SS3 的中断
        ADCIntClear(ADC0_BASE, 3);             //清中断标志位


        IntEnable(INT_ADC0SS3);                //中断控制器使能 ADC0 SS3 中断
        IntMasterEnable();                     //开全局中断


        TimerIntEnable(WTIMER1_BASE, TIMER_TIMA_TIMEOUT);    //使能定时器中断
        TimerEnable(WTIMER1_BASE, TIMER_A);    //打开定时器，开始计数
```

```
    while(1)              //主循环
    {
        if(MeasureSuccess==1)
        {
            MeasureSuccess=0;
        }
    }
}
```

当定时器 WT1 发生溢出中断以后就会触发 ADC 的 SS3 开始进行 A/D 转换。

3) ADC 模块时钟控制

在 TM4C123 系列微控制器中，ADC 模块的时钟要求频率为 16 MHz，而处理器的时钟频率必须大于 16 MHz，ADC 模块可由两个时钟源提供：一个是 PLL 输出 400 MHz 经过 25 分频以后给 ADC 模块提供时钟，另一个采用内部 16 MHz 的 PIOSC 来提供，可通过 ADCCC 寄存器设置，对应的库函数为 ADCClockConfigSet()，但是该函数部分宏定义入口参数对 TM4C123 系列微控制器无效，使用时应注意。

如果要使用 PIOSC 给 ADC 模块提供时钟，先要使用 PLL 给 ADC 模块提供时钟，然后在 ADCCC 寄存器中选择 PIOSC 作为 ADC 模块的时钟源，如果不用 PLL，则可以关掉。

在 ADC 模块中提供了 4 种采样率，最高可达到 1 MS/s，分别为 1 MS/s、500 kS/s、250 kS/s、125 kS/s，采样率的设置在 ADCPC 寄存器中进行，同样可调用函数 ADCClockConfigSet() 实现。

4) 采样相位控制

TM4C123GH6PM 中两个独立的 ADC 模块，采样率可不同也可以相同，输入端口可相同也可以不同。如果用相同的采样率对外部信号进行 A/D 转换，可以同时进行 A/D 转换，也可以通过相位控制来实现延时。相位控制是将一个完成的采样周期 16 等分，每等分 22.5°，从 22.5° 可递减到 337.5°，ADC 模块可以控制从其中的任意时间开始进行 A/D 采样。例如，将 ADC0 设置为延迟 45° 开始采样，当 ADC 采样信号触发以后并不是立即开始进行 A/D 转换，而是等待到 45° 延迟以后才开始进行 A/D 转换。例如，在采样率为 1 MS/s 的情况下，完成一次采样需要 16 个时钟周期，当延迟 45° 采样时，表示采样事件触发以后，过上 2 个时钟周期才开始进行 A/D 转换。ADC 模块的采样相位图如图 3.23 所示。

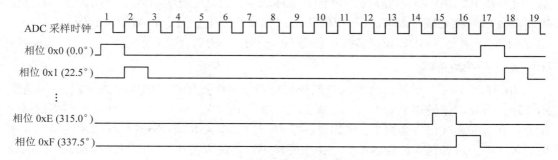

图 3.23　ADC 模块的采样相位图

利用这一特点可以对同一个输入信号实现加倍采样率。例如，在采样率为 1 MS/s 的情况下(已知此时完成一次采样需要 16 个时钟周期)，若将 ADC0 的相位设置为 0°，ADC1 的相位设置为 180°，二者用同一事件触发，当触发 A/D 采样以后，ADC 模块立即开始进行 A/D 转换，而 ADC1 要等待 8 个时钟周期，到第 9 个时钟周期才开始进行 A/D 转换，从而实现交叉进行的 A/D 转换，如图 3.24 所示。通过读取 ADC0 和 ADC1 可以实现 2 MS/s 的采样率。具体 A/D 交叉转换过程如图 3.25 所示。其他采样率的情况也与其类似，只是完成一次 A/D 转换的时间不同，22.5° 代表的时间延迟不同。

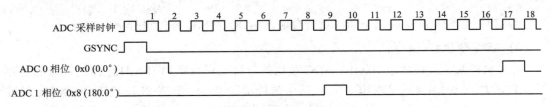

图 3.24　实现加倍采样率示意图

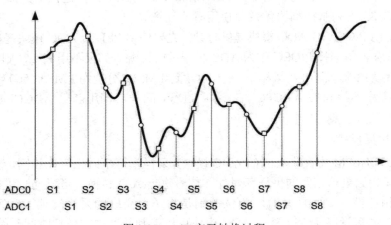

图 3.25　A/D 交叉转换过程

5) A/D 转换忙状态

在 ADC 模块时钟控制部分，要求微处理器的时钟频率要高于 ADC 模块的时钟频率，在本书中微处理器的时钟频率为 50 MHz，ADC 模块对于微处理器来说属于慢速设备，所以在 ADCACTSS 寄存器中设置了忙标志位，当该位置 1 时表示正在转换；当该位置 0 时表示转换完成，ADC 处于空闲状态。有关的库函数为 boolADCBusy()，若返回值为 true(真)，则表示 ADC 正在转换；若为 false(假)，则是处于空闲状态。

6) 硬件平均电路

如图 3.20 所示，对外部信号 A/D 转换完成以后要经过硬件平均器才送入 FIFO 或者送到比较器单元。该硬件平均电路可实现 2、4、8、16、32、64 次平均，使用硬件平均器的代价是获得的采样结果会减少。比如要进行 16 次平均，ADC 需要转换 16 次才输出一个结果送入 FIFO 或者送入比较器单元，由于硬件平均器速度很快，因此可以得到更精确的结果。在实际使用中，不需要 CPU 干预就可实现最高 64 次的平均值。

3. ADC 的转换模式

在 TM4C123 系列微控制器中，ADC 模块有两种转换模式：一种是单端模式，只对单路信号进行 A/D 转换；另一种是差分模式，可以对两路信号的差值进行 A/D 转换。由于单端模式较为简单，所以此部分只说明差分模式。在差分模式下参考电压同样为 U_{REFP} 和 U_{REFN}，在 TM4C123GXL LaunchPad 上为 3.3 V。

在本章的采样过程小节中提到的 ADCSSCTLn 寄存器(n 代表 0、1、2、3)，通过把 Dn 位设置为 1，可将相应的 Step 进行差分 A/D 转换。在使用差分模式时，输入引脚同样是通过 ADCSSMUXn 寄存器设置的，输入的两个引脚为相邻的两个偶奇引脚组合，具体的差分对输入引脚分配如表 3.10 所示。偶数引脚通道为正输入端，即 $U_{IN+} = U_{IN\_EVEN}$，奇数引脚通道为负输入端，即 $U_{IN-} = U_{IN\_ODD}$。U_{IN+} 和 U_{IN-} 的输入范围都必须在 U_{REFP} 和 U_{REFN} 之间。

表 3.10　差分对输入引脚分配

差分对	模拟输入引脚
0	0 和 1
1	2 和 3
2	4 和 5
3	6 和 7
4	8 和 9
5	10 和 11

定义差分电压为

$$U_{IND} = U_{IN+} - U_{IN-}$$

那么 U_{IND} 的输入范围为 $-(U_{REFP} - U_{REFN})$ 到 $+(U_{REFP} - U_{REFN})$：

当 $U_{IND} = 0$ 时，转换结果为 0x800；

当 $U_{IND} > 0$ 时，转换结果大于 0x800，范围为 0x800～0xFFF；

当 $U_{IND} < 0$ 时，转换结果小于 0x800，范围为 0～0x800。

在此的相关定义如下：

输入共模电压：$U_{INCM} = (U_{IN+} + U_{IN-})/2$；

参考正电压：U_{REFP}；

参考负电压：U_{REFN}；

差分参考电压：$U_{REFD} = U_{REFP} - U_{REFN}$；

参考共模电压：$U_{REFCM} = (U_{REFP} + U_{REFN})/2$。

为了更好地利用差分信号可输入的范围，输入共模电压 U_{INCM} 应该尽量接近参考共模电压 U_{REFCM}。由于从原来单端模式的输入范围 U_{REFN} 到 U_{REFP}，在差分模式下变成了 $-(U_{REFP} - U_{REFN})$ 到 $+(U_{REFP} - U_{REFN})$，ADC 的最小分辨率也变为原来的二倍。差分电压与转换结果如图 3.26 所示，原来的 12 位 ADC 变为了 11 位 ADC，最高位代表符号位。由图 3.26 可知，只有在中间范围才可以进行差分 A/D，两边阴影部分表示饱和区。注意，当 U_{IND} 小于零时，U_{IND} 的绝对值越大，A/D 的值反而越小。

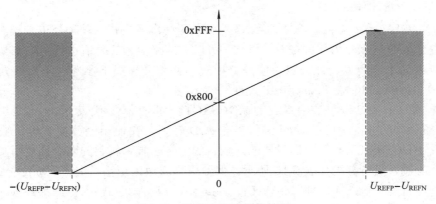

图 3.26　差分电压与转换结果

4. 数字比较器单元

TM4C123 系列的 ADC 模块不仅可以采样外部信号,还可以监控 A/D 转换后的值是否在设定范围之内。在每一个 ADC 模块中有 8 个数字比较器,在不用 CPU 参与的情况下可自动完成比较功能。

在本章的采样过程小节讲到,A/D 转换完成经过硬件平均器以后的值可以送入 FIFO,也可以送到数值比较器中。如果 ADCSSOPn 寄存器中相应位置为 1,表示相应的 Step A/D 转换完成以后会送入比较器中,和比较范围设置寄存器 ADCDCCMPn(n 为 0～7)设定的两个阈值进行比较。每一个 Step 采样后的值经过比较器选择寄存器 ADCSSDCn(n 表示 0、1、2 和 3)设置以后可以和 8 个比较器中的任意一个进行比较。比如对于 SS1,最多可以完成 4 步采样,那么在 ADCSSDC1 中由四个控制域可对每一步产生的 A/D 采样结果选择和哪个比较器进行比较。设置该部分功能对应的库函数为 ADCSequenceStepConfigure(),通过该函数可设置每一步采样以后的值和哪个比较器进行比较。例如,设置 ADC0 中 SS3 的 Step0,对通道 AIN1 采样,并且和比较器 1 进行比较,设置代码如下:

```
ADCSequenceStepConfigure(ADC0_BASE, 3, 0, ADC_CTL_END | ADC_CTL_CH1 |
                         ADC_CTL_CMP1)
```

1) 比较范围设置

在 8 个比较范围设置寄存器(ADCDCCMP0～ADCDCCMP7)中,每一个比较寄存器可设定两个比较阈值 COMP0 和 COMP1,其中 COMP1 要大于 COMP0。两个比较阈值将这个范围分成三个区域,如图 3.27 所示,设置两个比较值的函数为 ADCComparatorRegionSet()。

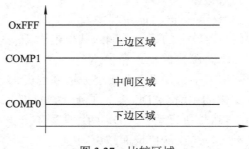

图 3.27　比较区域

2) 输出功能

ADC 的数字比较器有两种输出功能：一种是中断功能；另一种是触发功能。这两种功能都在 ADCDCCTLn(n 为 1～7)寄存器中设置。ADCDCCTLn 寄存器和 ADCDCCMPn 寄存器的意义对应，每一个比较器都由一个独立的比较控制寄存器 ADCDCCTLn 控制。ADCIM 寄存器的 DCONSSx 位控制 SSn 数字比较器的中断使能。对应的中断使能库函数为 ADCIntEnableEx()，当 A/D 转换以后的值在设定的比较区域之内，就会触发中断信号，同时将相应的标志位置为 1，获取中断的库函数为 ADCIntStatusEx(uint32_t ui32Base, bool bMasked)，其中 bMasked 的参数和前面的意义是一样的。但是通过该函数只能获取中断事件是由 ADC 哪个 SSn 触发的，具体是由哪个比较器引起的中断，则需要读取 ADCDCISC 寄存器，也就是通过调用 ADCComparatorIntStatus()函数获取具体的比较器中断。

触发功能用来监视 A/D 转换值，当 A/D 转换以后的值满足条件，就会触发 PWM 模块。

3) 操作模式

数值比较器的操作模式有四种，分别是一直比较模式(Always Mode)、单次比较模式(Once Mode)、一直迟滞比较模式(Hysteresis-Always Mode)和单次迟滞比较模式(Hysteresis-Once Mode)。

(1) 一直比较模式(Always Mode)。在该模式下，只要 A/D 转换后的值满足设定的区域，就会产生中断和触发信号。例如，将比较区域设置为下边区域，那么只要是 ADC 的值在下边区域以内，即小于 COMP0 的值，就会产生中断和触发信号。

(2) 单次比较模式(Once Mode)。单次比较模式和一直比较模式稍有不同，在单次模式下，前一次 ADC 的值不满足设定的比较区域，而当前值进入设定的区域以后才产生中断和触发信号。一直比较模式下如果当前 ADC 的值满足比较区域，后续的值也满足比较区域，中断和触发信号会一直发生。但是在单次比较模式下，后续的值即使满足比较值区域，也不会产生中断和触发信号，直到下一次重新进入比较值区域才会产生中断和触发信号。

(3) 一直迟滞比较模式(Hysteresis-Always Mode)。该模式和一直比较模式相类似，但是在该模式下会有迟滞作用，进入设定的比较值区域以后，比较的阈值就会发生改变。例如，将比较区域设置为下边区域时，当 ADC 的值第一次进入下边区域，阈值由以前的 COMP0 变为 COMP1，在后续的比较中如果 ADC 的值不超出 COMP1，则会一直产生中断和触发信号，直到 ADC 的值大于 COMP1 的值，比较的阈值才会变回原来的 COMP0。在一直迟滞比较模式下，区域的选择只能是上边区域和下边区域，中间区域不能进行迟滞比较。

(4) 单次迟滞比较模式(Hysteresis-Once Mode)。单次迟滞比较模式的迟滞原理和一直迟滞比较模式一样，不同的是只有每次重新进入比较值区域才产生一个中断和触发信号。

下面结合三个比较值区域具体地说明一下各种模式产生中断和触发信号的条件，当比较区域设置为下边区域时，如图 3.28 所示。对于一直比较模式，只要 ADC 的值在下边区域，就会产生中断和触发信号；对于单次比较模式，只有前一次的 ADC 值不在下边区域，而当前 ADC 的值在下边区域才会产生中断和触发信号；对于一直迟滞比较模式，当前一次 ADC 的值大于 COMP0，而当前 ADC 的值小于 COMP0 时才产生中断和触发，并且将阈值由 COMP0 改为 COMP1，直到 ADC 的值超出 COMP1，才不产生中断和触发信号；对于单次迟滞比较模式，当前一次 ADC 的值大于 COMP0，当前 ADC 的值小于 COMP0 时，才会产生中断和触发，同时将比较阈值由 COMP0 改为 COMP1，但是当后续 ADC 的值继续小于 COMP1 时，也不会产生中断和触发信号。直到 ADC 的值大于 COMP1，再次进入下边区域后才产生中断和触发信号。在图 3.28 中应注意单次比较模式和单次迟滞比较模式的区别。

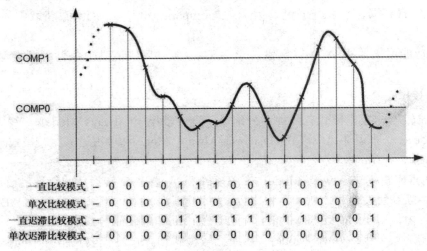

图 3.28　比较区域为下边区域

当比较区域设置为中间区域时，在该区域由于比较值无法发生迟滞，所以只有一直比较模式和单次比较模式有效，如图 3.29 所示。其比较原理和下边区域相同，这里不再赘述。

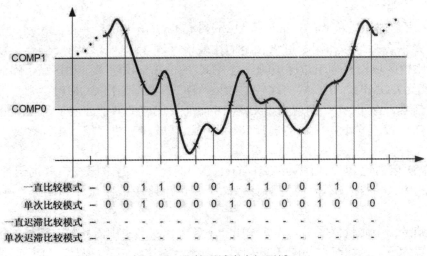

图 3.29　比较区域为中间区域

当比较区域设置为上边区域时，如图 3.30 所示，该区域和下边区域的比较原理相同，只是比较的范围发生变化，具体过程这里不再赘述。

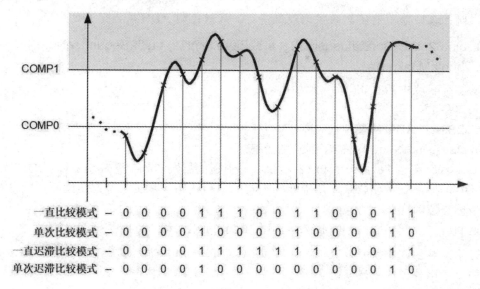

图 3.30　比较区域为上边区域

比较模式和输出功能在 ADCDCCTL*n* 寄存器中设置，具体的库函数为 ADCComparatorConfigure()。例如，将 ADC0 的比较器 1 设置为下边区域、一直比较模式，则代码如下：

```
ADCComparatorConfigure(ADC0_BASE, 1, ADC_COMP_INT_LOW_ALWAYS);
```

3.4.2　ADC 的常用库函数

经过 3.4.1 节的学习，读者可对 ADC 模块的功能有一定的了解。一般在编写程序时，只需要了解 ADC 可实现的功能以及工作流程即可，调用库函数时大部分是通过宏定义实现的，而宏定义的名字十分简单明了。下面介绍一下 ADC 常用的库函数。

在库函数中，形参 ui32Base 为 ADC 的基地址，TM4C123 系列中有两个 ADC，该参数为 ADC0_BASE 或者 ADC1_BASE。形参 ui32SequenceNum 为每个 ADC 内部的采样序列发生器 SS*n*，若为 0，表示为 SS0，若为 1，表示为 SS1，等等。

1. voidADCSequenceEnable(uint32_t ui32Base, uint32_t ui32SequenceNum)

功能：使能 ADC 的 SS*n*。

入口参数：

ui32Base：ADC 的基地址。

ui32SequenceNum：采样序列发生器编号。

2. voidADCIntEnable(uint32_t ui32Base, uint32_t ui32SequenceNum)

功能：使能采样序列发生器中断。

入口参数：

ui32Base：ADC 的基地址。

ui32SequenceNum：采样序列发生器编号。

说明：该函数不能使能数字比较器中断，只能控制 ADC 采样部分的中断。

3. uint32_tADCIntStatus(uint32_t ui32Base, uint32_t ui32SequenceNum,
　　boolbMasked)

功能：获取中断状态。

入口参数：

ui32Base：ADC 的基地址。

ui32SequenceNum：采样序列发生器编号。

bMasked：若参数为 true(真)，表示获取将中断信息发送到中断控制器以后的中断状态。若为 false(假)，表示获取未通知中断控制器的中断状态。其实两者都是读取不同寄存器中的中断标志位。

返回值：返回相应的中断状态，可以与宏定义相"与"判断是什么中断。

说明：该函数不仅可以获取 SS*n* 完成 ADC 采样的中断状态，还可以获取 SS*n* 中 Step 引起的数字比较器的中断状态。

4. voidADCIntClear(uint32_t ui32Base, uint32_t ui32SequenceNum)

功能：清中断标志位。

入口参数：

ui32Base：ADC 的基地址。

ui32SequenceNum：采样序列发生器编号。

说明：该函数只能清 ADC 采样部分的中断标志位，不能清数字比较器部分的中断标志位。

5. voidADCSequenceConfigure(uint32_t ui32Base, uint32_t ui32SequenceNum,
　　uint32_t ui32Trigger, uint32_t ui32Priority)

功能：配置采样序列发生器。

入口参数：

ui32Base：ADC 的基地址。

ui32SequenceNum：采样序列发生器编号。

ui32Trigger：A/D 转换的触发方式，对于触发 A/D 转换的方式有很多，其宏定义也有很多，具体可参考 adc.h 文件下的宏定义。

ui32Priority：优先级，每一个 ADC 模块中有 4 个优先级，0 表示最高，3 表示最低。

说明：如果要用其他模块(如定时器)来触发 ADC 开始采样，则需要同时配置相应模块。

6. voidADCSequenceStepConfigure(uint32_t ui32Base, uint32_t ui32SequenceNum,
　　uint32_t ui32Step, uint32_t ui32Config)

功能：采样序列发生器(SS*n*)的 Step 设置。

入口参数：

ui32Base：ADC 的基地址。

ui32SequenceNum：采样序列发生器编号。

ui32Step：采样序列发生器中的 Step，例如对于 SS1，该参数可以为 0、1、2 和 3 中的任意一个。

ui32Config：对 Step 进行设置，其参数为 ADC_CTL_TS、ADC_CTL_IE、ADC_CTL_END 和 ADC_CTL_D，它们代表的含义和 3.4.1 小节采样过程中描述的功能相同。选择通道 ADC_CTL_CH0 到 ADC_CTL_CH1。当使用数字比较器时，还可以选择比较器，参数为 ADC_CTL_CMP0 到 ADC_CTL_CMP7。

例如，将 ADC0 的 SS1 的 Step0 设置为对 AIN0 进行采样，Step1 对 AIN1 进行采样，当 Step2 完成以后结束本次采样，并且触发中断，则配置代码如下：

```
ADCSequenceStepConfigure(ADC0_BASE, 1, 0, ADC_CTL_CH0);
ADCSequenceStepConfigure(ADC0_BASE, 1, 1, ADC_CTL_END | ADC_CTL_IE | ADC_CTL_CH0);
```

7. int32_tADCSequenceOverflow(uint32_t ui32Base, uint32_t ui32SequenceNum)

功能：判断采样序列发生器(SSn)的 FIFO 是否溢出。

入口参数：

ui32Base：ADC 的基地址。

ui32SequenceNum：采样序列发生器编号。

返回值：若返回值为 0，表示 FIFO 没有发生溢出；若返回值为 1，则表示 FIF0 发生溢出。

8. int32_tADCSequenceUnderflow(uint32_t ui32Base, uint32_t ui32SequenceNum)

功能：判断采样序列发生器(SSn)的 FIFO 是否发生下溢。

入口参数：

ui32Base：ADC 的基地址。

ui32SequenceNum：采样序列发生器编号。

返回值：若返回值为 0，表示 FIFO 没有发生溢出；若返回值为 1，则表示 FIFO 发生溢出。

说明：如果 FIFO 已经为空，继续从 FIFO 中读取数据就会发生下溢。

9. int32_tADCSequenceDataGet(uint32_t ui32Base, uint32_t ui32SequenceNum, uint32_t *pui32Buffer)

功能：从 FIFO 中读取 A/D 转换以后的结果。

入口参数：

ui32Base：ADC 的基地址。

ui32SequenceNum：采样序列发生器编号。

*pui32Buffer：变量地址。

说明：如果在同一个 FIFO 中存储了两次以上的数据，可以通过数组作为实参来读取 FIFO 中的数据。

10. voidADCProcessorTrigger(uint32_t ui32Base, uint32_t ui32SequenceNum)

功能：用处理器触发 ADC 进行 A/D 转换。

入口参数：

ui32Base：ADC 的基地址。

ui32SequenceNum：采样序列发生器编号。

说明：只有将 ADC 的触发方式设置为处理器触发，该函数才有效。

11. voidADCHardwareOversampleConfigure(uint32_t ui32Base, uint32_t ui32Factor)

功能：配置硬件平均器。

入口参数：

ui32Base：ADC 的基地址。

ui32Factor：该参数表示对多次 A/D 转换结果进行平均，该参数只能为 2、4、8、16、32、64。

12. voidADCComparatorConfigure(uint32_t ui32Base, uint32_t ui32Comp,
    uint32_t ui32Config)

功能：配置 ADC 模块的数字比较器。

入口参数：

ui32Base：ADC 的基地址。

ui32Comp：比较器编号，ADC 模块有 8 个比较器，所以该参数只能为 0 到 7 中的一个。

ui32Config：对数字比较器的输出功能和操作模式进行配置。

说明：该函数是用来配置 3.4.1 小节中数字比较器单元部分的操作模式和输出功能的相关内容。

13. voidADCComparatorRegionSet(uint32_t ui32Base, uint32_t ui32Comp,
    uint32_t ui32LowRef, uint32_t ui32HighRef)

功能：设定数字比较器中的两个阈值。

入口参数：

ui32Base：ADC 的基地址。

ui32Comp：比较器编号，ADC 模块有 8 个比较器，所以该参数只能为 0 到 7 中的一个。

ui32LowRef：设置 COMP0 的大小。

ui32HighRef：设置 COMP1 的大小。

说明：通过设置 COMP0 和 COMP1 将整个范围分成三个区域。

14. voidADCComparatorIntEnable(uint32_t ui32Base, uint32_t ui32SequenceNum)

功能：使能采样序列的比较器中断。

入口参数：

ui32Base：ADC 的基地址。

ui32SequenceNum：采样序列发生器编号。

15. uint32_tADCComparatorIntStatus(uint32_t ui32Base)

功能：获取哪个比较器触发的中断。

入口参数：

ui32Base：ADC 的基地址。

返回值：

0x01：表示比较器 0 触发的中断；

0x02：表示比较器 1 触发的中断；

0x04：表示比较器 2 触发的中断；

0x08：表示比较器 3 触发的中断；

0x10：表示比较器 4 触发的中断；

0x20：表示比较器 5 触发的中断；

0x40：表示比较器 6 触发的中断；

0x80：表示比较器 7 触发的中断。

说明：每一个 ADC 模块有 8 个比较器，通过该函数可以获取是哪个比较器触发的中端。

16. voidADCIntEnableEx(uint32_t ui32Base, uint32_t ui32IntFlags)

功能：使能中断源。

入口参数：

ui32Base：ADC 的基地址。

ui32IntFlags 为中断源，在 TM4C123 系列中有如下中断源：

ADC_INT_SS0：使能 SS0 中断；

ADC_INT_SS1：使能 SS1 中断；

ADC_INT_SS2：使能 SS2 中断；

S3ADC_INT_SS3：使能 SS3 中断；

ADC_INT_DCON_SS0：使能 SS0 的比较器中断；

ADC_INT_DCON_SS1：使能 SS1 的比较器中断；

ADC_INT_DCON_SS2：使能 SS2 的比较器中断；

ADC_INT_DCON_SS3：使能 SS3 的比较器中断。

说明：该函数可以替代 ADCIntEnable()函数，ADCIntEnable()函数只是实现了宏定义 ADC_INT_SS0 到 ADC_INT_SS3 的功能。

17. uint32_tADCIntStatusEx(uint32_t ui32Base, bool bMasked)

说明：该函数可以替代 ADCIntStatus()函数，二者在功能上是相同的。

18. voidADCPhaseDelaySet(uint32_t ui32Base, uint32_t ui32Phase)

功能：配置采样相位。

入口参数：

ui32Base：ADC 的基地址。

ui32Phase：采样的相位，其值为 22.5°～337.5°。宏定义如下：

ADC_PHASE_0 表示 0°；

ADC_PHASE_22_5 表示 22.5°；

ADC_PHASE_45 表示 45°；

⋮

ADC_PHASE_337_5 表示 337.5°。

说明：该函数可用来实现 3.4.1 小节中相位控制部分的内容。

3.4.3　滑动变阻器控制 LED 暗亮实验

在本实验中，用 TM4C123GH6PM 内部的 ADC 采样滑动变阻器上中间抽头的电压，根据不同的电压值，由定时器输出占空比不同的 PWM 波来调整红色 LED 暗亮程度。实验代码如下所示。

```
#include <stdint.h>
#include <stdbool.h>
#include "inc/tm4c123gh6pm.h"
#include "inc/hw_memmap.h"
#include "inc/hw_gpio.h"
#include "driverlib/sysctl.h"
#include "drivrlib/timer.h"
#include "driverlib/pin_map.h"
#include "driverlib/gpio.h"
#include "driverlib/adc.h"
#include "driverlib/interrupt.h"
#include "ILI9320.h"
void main(void)
{
    unsigned int uintValue=0;
    unsigned int PrvUintValue=0;
    //设置系统时钟为 50 MHz
     SysCtlClockSet(SYSCTL_SYSDIV_4 | SYSCTL_USE_PLL | SYSCTL_XTAL_16MHz |
                 SYSCTL_OSC_MAIN);

    SysCtlPeripheralEnable(SYSCTL_PERIPH_ADC0);
    SysCtlPeripheralEnable(SYSCTL_PERIPH_GPIOE);
    SysCtlPeripheralEnable(SYSCTL_PERIPH_GPIOF);
    SysCtlPeripheralEnable(SYSCTL_PERIPH_TIMER0);

    GPIOPinTypeTimer(GPIO_PORTF_BASE, GPIO_PIN_1);
    GPIOPinConfigure(GPIO_PF1_T0CCP1 );
```

```
//配置 Timer0 为 PWM 模式
TimerConfigure(TIMER0_BASE, TIMER_CFG_SPLIT_PAIR |TIMER_CFG_B_PWM);
TimerControlLevel(TIMER0_BASE, TIMER_B, true);
//设置初始值
TimerLoadSet(TIMER0_BASE, TIMER_B, 8000);
TimerEnable(TIMER0_BASE, TIMER_B);


//配置 ADC
GPIOPinTypeADC(GPIO_PORTE_BASE, GPIO_PIN_2);    //for ADC
ADCSequenceConfigure(ADC0_BASE, 3, ADC_TRIGGER_PROCESSOR, 0); //设置为处理器触发
//配置 ADC0 中 SS3 的 step0，采样完成以后触发中断并且结束采样，选择通道 1(PE2)
ADCSequenceStepConfigure(ADC0_BASE, 3, 0, ADC_CTL_IE | ADC_CTL_END |
                         ADC_CTL_CH1);
ADCSequenceEnable(ADC0_BASE, 3);                    //使能 ADC0 的 SS3
ADCIntClear(ADC0_BASE, 3);
for(; ;)
{   //处理器触发 ADC
    ADCProcessorTrigger(ADC0_BASE, 3);
    //等待 ADC 采样完成
    while(!ADCIntStatus(ADC0_BASE, 3, false))
    {
    }
    //清除 ADC 中断标志
    ADCIntClear(ADC0_BASE, 3);


    //获取 ADC 采样的 12 位值
    ADCSequenceDataGet(ADC0_BASE, 3, &uintValue);
    if(uintValue!=PrvUintValue)
    {
        //调整占空比
        TimerMatchSet(TIMER0_BASE, TIMER_B, 2000+uintValue);
        PrvUintValue=uintValue;
    }
}
}
```

在实验板上含有五向导航按键，拨到五个方向时对应的电压值不同，可以通过 ADC 采样判断开关拨到了哪个方向。五向导航按键原理图如图 3.31 所示，读者可根据原理图自行编写程序。

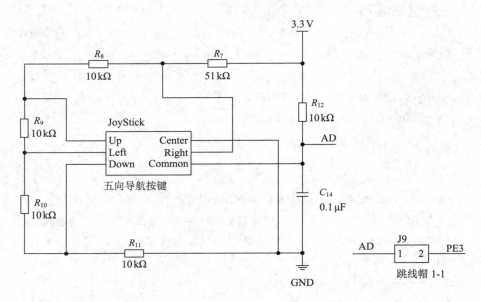

图 3.31　五向导航按键原理图

3.5　异步串行接口(UART)

　　串行通信接口作为设备间的简便通信方式，几乎所有的微控制器都集成了串行通信接口。简单且常用的串行通信只需要三根线(发送线、接收线和地线)，因此，串行通信是 CPU 与外界通信的简单方式之一。

　　TM4C123GH6PM 内部集成了 8 路 UART，可编程的波特率在常规速率下可达到 5 Mb/s，在高速模式下可达到 10 Mb/s。每个 UART 都有独立的接收和发送缓冲区 FIFO，且都为 16 字节。FIFO 的深度可调，并且接收和发送支持传统的单字节缓冲。FIFO 的触发深度可以是 1/8、1/4、1/2、3/4 和 7/8。其支持标准的串行通信位，有起始位、校验位和终止位，数据位可以是 5～8 位。TM4C123 系列微控制器的 UART 部分还支持其他的串行通信格式，同时也伴随有很多功能和特色。在本小节只讲解常用的异步串行通信。UART 部分对应的驱动库函数位于 driverslib\uart.c 中，头文件为 uart.h。

3.5.1　UART 概述

1. 异步串行通信数据的格式

　　在异步串行通信中，数据或者字符是一帧一帧传输的。帧定义为一个字符的完整通信格式，通常称为帧格式。每一帧的数据是一位一位传输的。帧格式一般由 4 部分组成：起始位、数据位、奇偶校验位和终止位。首先是一个起始位"0"，然后是低位在前的 5 到 8 个数据位，接下来是奇偶校验位，最后是终止位"1"，表示结束。终止位可以是 1 位或者 2 位。从起始位到终止位结束为一帧数据。串行通信帧格式如图 3.32 所示。

图 3.32　串行通信帧格式

在串行通信中，"0"代表数据线电平为低电平，"1"代表数据线电平为高电平。在空闲状态下，数据线电平为高电平"1"。发送器通过发送一个"0"，即数据线电平为低电平，表示开始传输一帧数据，随后是 5 到 8 个数据位。最后，发送器发送 1 到 2 个终止位表示结束。若要继续发送下一帧数据，则重新开始发送起始位。若不发送数据，数据线维持高电平"1"状态。

2. 串行通信的波特率

在传输过程中，每一位的传输，不管是高电平还是低电平，在数据线上都要维持一段时间，叫作位的持续时间。其倒数就是每秒内传输的位数，叫作波特率，单位为位/秒，记作 b/s(bit per second)。常用的波特率有 1200、4800、9600、38 400 和 115 200。波特率越高，传输速率越快，但是随着波特率的增加，其可靠的传输距离会变短。

3. 奇偶校验

奇偶校验是为了检测数据传输是否正确。在串行通信中，数据位和终止位之间加了一个校验位来检测数据传输是否正确。校验分为奇校验和偶校验。当使用奇校验时，若数据位中"1"的数目为偶数，则校验位为"1"；若"1"的数目为奇数，则校验位为"0"。当使用偶校验时，若数据位中"1"的数目为偶数，校验位为"0"；若数据位中"1"的数目为奇数，校验位为"1"。例如，传输的数据位为"10010101"，当使用奇校验时，校验位为"1"；当使用偶校验时，校验位为"0"。

4. 串行通信传输方式

在串行通信中，主要有三种传输方式，分别是单工、半双工和全双工。

(1) 单工：数据传输是单向的，一端发送，另一端接收。

(2) 半双工：数据传输是双向的，但在任何时刻只能由一方发送数据，另一方接收数据，不可以同时收发数据。

(3) 全双工：数据传输是双向的，并且可以同时发送和接收数据。

3.5.2　UART 的结构和原理

UART 在传输数据过程中要用到两根信号线，分别是接收信号线 RX 和发送信号线 TX。其对应的外部引脚分别为 UnRX 和 UnTX(其中 n 表示 0~7)，其引脚电平为 TTL 电平。例如，UART5 对应的两个外部引脚为 U5RX 和 U5TX。注意，TM4C123GH6PM 上电复位以后，将 U0RX 对应的 PA0 和 U0TX 对应的 PA1 初始化以后用于 UART 功能，不再是 GPIO。在 TM4C123GXL LaunchPad 上已经将 UART0 用于实现虚拟串口，将调试接口和 PC 用 USB 线相连，LaunchPad 和 PC 就可以实现异步串行通信。其他 UART 模块对应的 GPIO 在使用时必须先将 I/O 口配置成 UART 功能。其配置方法十分简单。例如，将 UART 对应的 PE0 和 PE1 设置为 UART 功能，代码如下：

```
GPIOPinConfigure(GPIO_PE0_U7RX);
GPIOPinTypeUART(GPIO_PORTE_BASE, GPIO_PIN_0);
GPIOPinConfigure(GPIO_PE1_U7TX);
GPIOPinTypeUART(GPIO_PORTE_BASE, GPIO_PIN_1);
```

TM4C123GH6PM 的每一个 UART 可以实现并行数据到串行数据转换和串行数据到并行数据转换，其功能类似于 16C550(一种 UART 控制器)。在 UART 部分中，通过配置 UARTCTL 寄存器中的 TXE 和 RXE 来允许接收和发送数据，其中 TXE 表示是否允许接收数据，RXE 表示是否允许发送数据。若 TXE 为 1，表示允许接收数据；反之，表示不允许接收数据。RXE 同理。在配置 UART 之前，一定要将对应的 UART 使能关掉。UART 部分结构如图 3.33 所示。

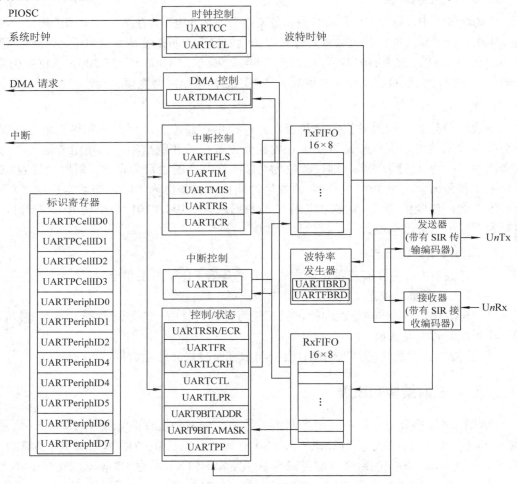

图 3.33　UART 部分结构

如图 3.33 所示，UART 部分的时钟可以由两方面提供：一个是系统时钟；另一个是 PIOSC。通过配置 UARTCC 寄存器中的 CS 控制位可以选择时钟的来源，在默认状态下是系统时钟。但是在实际使用时，调用库函数就可以方便地完成配置。例如配置 UART3 的时钟由系统时钟提供，其代码如下：

```
UARTClockSourceSet(UART3_BASE, UART_CLOCK_SYSTEM);
```

1. 发送和接收逻辑

发送逻辑控制器是将 FIFO 中的并行数据转换成串行数据，逻辑控制器将起始位、发送逻辑生成的串行数据、奇偶校验位和终止位输出。其中串行数据位数可以设置为 5～8 位，奇偶校验位可以输出，也可以取消。图 3.34 所示为 UART 模块的发送逻辑示意图。如果数据位为 8 位，没有奇偶校验位，加上一个起始位和一个终止位，一帧数据一共为 10 位。

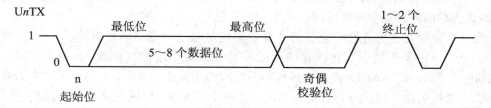

图 3.34　UART 模块的发送逻辑示意图

接收逻辑控制器是将数据帧格式的串行数据转化成并行数据，同时可以进行接收超时检测、奇偶校验以及帧错误检测，并将接收到的数据送入 FIFO。在上电以后，不管是接收还是发送，默认的数据位均为 5 位。而通常状况下数据位是 8 位，所以在使用的时候需要重新配置。

2. 波特率的产生

在异步串行通信中，只有发送方和接收方的波特率相同时才能正确地发送和接收数据。下面介绍 TM4C123 系列微控制器的波特率生成原理。

TM4C123 系列微控制器的波特率分频器一共有 22 位，其中包含 16 位的整数分频和 6 位的小数分频。波特率发生器利用这两个值组成的数值来决定每一位的电平持续时间。通过小数部分的分频 UART 可以产生所有标准的波特率。

16 位的整数分频存放在 UARTIBRD 寄存器中，6 位的小数分频存放在 UARTFBRD 寄存器中。波特率分频和 UART 部分的时钟关系如下：

$$BRD = BRDI + BRDF = \frac{UARTSysClk}{ClkDiv \times Baud\ Rate}$$

其中，BRD 为波特率分频数；BRDI 为分频值的整数部分；BRDF 为分频值的小数部分；UARTSysClk 表示 UART 部分的时钟；ClkDiv 表示将 UART 部分的时钟进行 8 分频或者 16 分频，当 UARTCTL 中的 HES 位为 0 时，ClkDiv 为 16，当 HES 位为 1 时，ClkDiv 为 8；Baud Rate 表示波特率。

在 UARTFBRD 存放的是波特率分频的小数部分，其计算方法如下：

$$UARTFBRD[DIVFRAC] = integer(BRDF \times 64 + 0.5)$$

波特率分频值小数部分乘以 64 再加上 0.5，结果的整数部分就是 UARTFBRD 寄存器中 DIVFRAC 的值。

　　UART 内部还要产生一个 8 倍或者 16 倍于波特率的波特率参考时钟，在发送数据时作为发送时钟，接收数据时用于错误检测等。其实在异步串行通信中，波特率是发送方和接收方所协定好的数据传输速率，但是 UART 内部还需要一个高于波特率的时钟，用于采样数据线的电平。例如，UART 在接收状态时，内部需要一个高于波特率的时钟来采样数据线上的电平，比如上面提到的 8 倍或者 16 倍于波特率的波特率参考时钟。数据线在空闲时为高电平，当它变为低电平时，波特率参考时钟要对数据线电平进行采样。当数据线低电平持续时间满足一定时间时，UART 认为是起始位，开始接收一帧数据。例如在本 UART 中，当波特率参考时钟为 8 倍的波特率，数据线上的低电平若保持 4 个时钟周期的波特率参考时钟时，认为是起始信号。当波特率参考时钟为 16 倍的波特率，数据线上的低电平若保持 8 个时钟周期的波特率参考时钟时，认为是起始信号。

　　关于波特率的计算方法看上去有点复杂，但是通过调用库函数来配置 UART 模块却变得十分简单。关于发送和接收逻辑以及波特率产生对应的库函数为 UARTConfigSet-ExpClk()，例如，在 UART3 模块的时钟和系统时钟相同的情况下，配置 UART3 的波特率为 9600，数据位为 8 位，没有奇偶校验位，有一个终止位，这时只需要一个函数就可以完成波特率、数据位长度、奇偶校验位以及终止位的配置。代码如下：

```
UARTConfigSetExpClk(UART3_BASE, SysCtlClockGet(), 9600,
UART_CONFIG_WLEN_8 |
UART_CONFIG_STOP_ONE | UART_CONFIG_PAR_NONE);
```

3. 数据传输

　　数据的发送和接收都是通过 16 字节的发送和接收缓冲区 FIFO 来进行的。在接收数据的时候，FIFO 不仅存放接收到的数据，还包含 4 位状态信息用于表示接收过程中发生的错误状态，如奇偶校验错误、帧错误等。在 UART 使能以后，根据设置好的参数，将写入 FIFO 的数据一帧一帧传输。在传输的过程中，只要缓冲区 FIFO 里有数据，UART 标志寄存器中的忙标志位 BUSY 位就会置为 1，直到将 FIFO 里的所有数据包括终止位都发送到移位寄存器，BUSY 位才清零。在库函数中，检测 UART 的 BUSY 函数为 bool UARTBusy()，若该函数返回 true，表示 UART 处于忙状态；反之，表示处于空闲状态。

　　在接收处于空闲状态时，UnRX 引脚为高电平。当 UnRX 线在波特率参考时钟为 16 倍的波特率时钟下维持了 8 个周期的波特率参考时钟，或者在波特率参考时钟为 8 倍的波特率时钟下维持了 4 个周期的波特率参考时钟，表示起始信号有效。在检测到起始信号以后，串行数据将被一位一位地接收，在波特率参考时钟为 16 倍的波特率时钟下，每一位被采样 16 个波特率参考时钟周期。在波特率参考时钟为 8 倍的波特率时钟下，每一位被采样 8 个波特率参考时钟周期。当接收到有效的终止位——高电平时，将数据和状态信息存到 FIFO 中。如果检测到错误，有效的终止位就会发生帧错误。

4. FIFO 操作

　　每一个 UART 模块都有 2 个 16 字节的 FIFO：一个用于接收数据，另一个用于发送数据。在模块中增加 FIFO，一方面可以缓冲数据，防止数据丢失，另一方面可以降低占用 CPU 的时间。在读写 FIFO 时，用的是同一个寄存器 UARTDR，读该寄存器时，不仅读取接收 FIFO 中接收到的数据，而且高 4 位还包含状态信息。在库函数中，对应的读取数据的库函数为 UARTCharGet()和 UARTCharGetNonBlocking()(二者的区别在 3.5.3 节中说明)，但是二者不能读取状态信息。写该寄存器时，是将数据写入发送 FIFO，对应的库函数为 UARTCharPut()和 UARTCharPutNonBlocking()。

上电复位以后，在默认情况下 FIFO 是不能使用的，而接收和发送都为 1 字节的缓冲区。在这种情况下，接收到数据后 CPU 需要立即响应，不然可能被后面接收到的数据覆盖掉。

要用到 FIFO 时，需要将 FIFO 使能，对应的使能函数为 UARTFIFOEnable()。在 UARTFR 寄存器中包含有 FIFO 的状态信息，包括 FIFO 的满标志和空标志。检测接收 FIFO 中是否有数据，用到的库函数为 UARTCharsAvail()，若该函数返回 true(真)时，说明接收 FIFO 中有数据，可以进行读取。检测发送 FIFO 中是否有空间时，用到的库函数为 UARTSpaceAvail()。同样，若该函数返回 true(真)时，说明发送 FIFO 中有空间并且可以写入数据。当不使用 FIFO 时，上述的两种状态表示深度为 1 的缓冲区状态。

在 UARTIFLS 寄存器中可以设定 FIFO 触发中断的门限值。在接收 FIFO 中，当接收的数据大于等于此门限值时，会触发中断。在发送 FIFO 中，当剩余的空间小于等于门限值时，会触发中断。两个 FIFO 可设定的门限值为 FIFO 的 1/8、1/4、1/2、3/4 和 7/8，而且两个 FIFO 相互独立。例如，将两个 FIFO 的门限值都设置为 1/4，在接收 FIFO 中收到 4 字节数据以后会触发中断，这时需要读取 FIFO 中的数据，以增加 FIFO 的空间。在发送 FIFO 中，如果剩余的空间小于等于 4 个，即发送 FIFO 中有大于等于 12 个数据时，就会触发中断，这时如果继续写入数据，就可能会造成溢出。门限值设定函数为 UARTFIFOLevelSet()，在此函数中可以分别设定发送和接收 FIFO 的门限值。例如，设定 UART3 的接收 FIFO 门限值为 7/8，发送 FIFO 的门限值为 1/2，其代码如下：

```
UARTFIFOLevelSet(UART3_BASE, UART_FIFO_TX4_8, UART_FIFO_RX7_8);
```

5. 中断

在 TM4C123 系列微控制器中，每一个 UART 模块都有独立的中断入口。UART 的中断源有很多种，除了接收和发送能触发中断外，在传输过程中出现的错误也可以触发中断。但是每一个 UART 只能向中断控制器发送一个中断请求，只能在中断服务程序里通过读取中断标志位来鉴别发生了什么样的中断。UART 的中断使能寄存器为 UARTIM，将相应的中断源置为 1 后就可以触发中断。库函数中对应的中断使能函数为 UARTIntEnable()，可以同时使能多个中断源。同样，中断标志寄存器也有两个，分别为 UARTRIS 和 UARTMIS 寄存器。二者的区别在于，如果在中断使能寄存器中将相应的中断源使能位置为 1，当中断源触发以后，两个寄存器的相应中断标志位都会置为 1；如果在中断使能寄存器中将相应的中断源使能位清零，当中断源触发以后，只有 UARTRIS 寄存器的相应标志位置为 1，而 UARTMIS 寄存器中相应的中断标志位仍然为 0。获取中断状态的函数为 UARTIntStatus()。

UART 模块有 7 种触发中断的条件，下面简要介绍一下各个中断源。

(1) 数据溢出错误(Overrun Error)：表示在 FIFO 满状态的情况下，接收到了新的数据，导致数据丢失。

(2) 中止错误(Break Error)：表示数据输入端低电平时间超出了传输完整的一帧数据所

用的时间。

(3) 奇偶校验错误(Parity Error)：接收到的奇偶校验位和期望的奇偶校验位不相符。在 TM4C123GH6PM 中，奇偶校验位还受到 UARTLCRH 寄存器的控制，除了本身具有奇偶校验功能以外，还可以规定奇偶校验位为"1"还是"0"，具体可参考 TM4C123GH6PM 数据手册或用户指南。

(4) 帧错误(Framing Error)：表示没有收到有效的终止位"1"。

(5) 接收超时(Receive Timeout)：表示在 FIFO 非空的情况下，超过了 32 个位时间(HSE = 0) 或者 64 个位时间(HSE = 1)没有收到数据。

(6) 发送中断(Transmit)：当发送 FIFO 的剩余空间小于等于所设定的阈值，或者在 UARTCTL 寄存器中 EOT 位置为 1 的情况下，将所有的数据包括终止位发送完成就会触发发送中断。

(7) 接收中断(Receive)：表示接收到的数据字节数超出了接收 FIFO 所设定的阈值，或者在不使用 FIFO 的情况下，完整地接收到了一帧数据就会触发接收中断。

中断源使能函数为 UARTIntEnable()，例如要使能 UART3 奇偶校验错误中断和接收中断，代码如下：

```
UARTIntEnable(UART3_BASE, UART_INT_PE | UART_INT_RX);
```

3.5.3　UART 的常用库函数

下面介绍 UART 部分的常用库函数。

1. voidUARTConfigSetExpClk(uint32_t ui32Base, uint32_t ui32UARTClk, uint32_t ui32Baud, uint32_t ui32Config)

功能：配置 UART，如波特率、数据传输格式等。

入口参数：

ui32Base：UART 的基地址。

ui32UARTClk：UART 模块的时钟大小。

ui32Baud：波特率。

ui32Config：数据格式配置参数，具体参数如下所述。

UART_CONFIG_WLEN_8：数据位长度为 8；

UART_CONFIG_WLEN_7：数据位长度为 7；

UART_CONFIG_WLEN_6：数据位长度为 6；

UART_CONFIG_WLEN_5：数据位长度为 5；

UART_CONFIG_STOP_ONE：一个终止位；

UART_CONFIG_STOP_TWO：两个终止位；

UART_CONFIG_PAR_NONE：不进行奇偶校验；

UART_CONFIG_PAR_EVEN：进行偶校验；

UART_CONFIG_PAR_ODD：进行奇校验；

UART_CONFIG_PAR_ONE：校验位为 1；

UART_CONFIG_PAR_ZERO：校验位为 0。

说明：UART 模块可以指定校验位。

2. voidUARTEnable(uint32_t ui32Base)

功能：使能 UART。

入口参数：

ui32Base：UART 的基地址。

3. voidUARTFIFOEnable(uint32_t ui32Base)

功能：使能 FIFO。

入口参数：

ui32Base 为 UART 的基地址。

4. voidUARTFIFOLevelSet(uint32_t ui32Base, uint32_t ui32TxLevel, uint32_t ui32RxLevel)

功能：设定 FIFO 阈值，包含接收和发送 FIFO。

入口参数：

ui32Base：UART 的基地址。

ui32TxLevel：发送 FIFO 的阈值。

ui32RxLevel：接收 FIFO 的阈值。

5. boolUARTCharsAvail(uint32_t ui32Base)

功能：检测接收 FIFO 中是否有数据。

入口参数：

ui32Base 为 UART 的基地址。

返回值：若为 true(真)，表明接收 FIFO 中有数据；若为 false(假)，表明接收 FIFO 中没有数据。

6. boolUARTSpaceAvail(uint32_t ui32Base)

功能：检测发送 FIFO 中是否有空间。

入口参数：

ui32Base 为 UART 的基地址。

返回值：若为 true(真)，表明发送 FIFO 中有空间，可以继续写入数据；若为 false(假)，表明发送 FIFO 中已满。

7. int32_tUARTCharGetNonBlocking(uint32_t ui32Base)

功能：接收数据。

入口参数：

ui32Base 为 UART 的基地址。

返回值：若接收 FIFO 中有数据，则读取接收 FIFO 并返回 FIFO 中存放的数据；若接收 FIFO 中没有数据，则返回−1。

8. int32_tUARTCharGet(uint32_t ui32Base)

功能：等待并且获取接收到的数据。

入口参数：

ui32Base 为 UART 的基地址。

返回值：从接收 FIFO 中读取接收到的数据。

说明：该函数首先要检测接收 FIFO 是否为非空。若为非空，则读取接收 FIFO 中的数据并且返回该值；若接收 FIFO 为空，则会一直等待，直到接收 FIFO 中有数据。如果永远接收不到数据，则会进入死循环，不会跳出该函数，使用时应注意。

9. boolUARTCharPutNonBlocking(uint32_t ui32Base, unsigned char ucData)

功能：向发送 FIFO 中写数据。

入口参数：

ui32Base：UART 的基地址。

ucData：所写的数据。

返回值：若返回 true(真)表明写入成功，反之则表明数据没有写入到发送 FIFO。

10. voidUARTCharPut(uint32_t ui32Base, unsigned char ucData)

功能：等待并且获取接收到的数据。

入口参数：

ui32Base：UART 的基地址。

ucData：所写的数据。

说明：该函数首先要检测发送 FIFO 是否有空间可以写入数据。若有空间，则写入数据；若没有空间，则会一直等待，直到将发送 FIFO 前面的数据发送出去，当前数据可以写入。如果发送 FIFO 一直为满状态，会进入死循环，不会跳出该函数，使用时应注意。

11. boolUARTBusy(uint32_t ui32Base)

功能：检测 UART 是否忙。

入口参数：

ui32Base 为 UART 的基地址。

返回值：若返回 true(真)，表明 UART 正在传输数据；反之则表明 UART 传输完成。

12. voidUARTIntEnable(uint32_t ui32Base, uint32_t ui32IntFlags)

功能：使能中断源。

入口参数：

ui32Base：UART 的基地址。

ui32IntFlags：中断源，部分参数如下所述。

UART_INT_OE：数据溢出错误中断；

UART_INT_BE：中止错误中断；

UART_INT_PE：奇偶校验错误中断；

UART_INT_FE：帧错误中断；

UART_INT_RT：接收超时中断；

UART_INT_TX：发送中断；

UART_INT_RX：接收中断。

使用示例如本小节的中断部分所示。

13. uint32_tUARTIntStatus(uint32_t ui32Base, bool bMasked)

功能：获取中断状态。

入口参数：

ui32Base：UART 的基地址。

bMasked：若该值为 true(真)，表明获取中断状态为对应中断源已经使能以后的中断状态；若该值为 false(假)，表明获取的中断状态对应的中断源没有被使能。

返回值：中断状态。

说明：返回值常与 UARTIntEnable()函数中 ui32IntFlags 所对应的参数进行掩模，从而区分是哪个中断源触发了中断。

14. voidUARTIntClear(uint32_t ui32Base, uint32_t ui32IntFlags)

功能：清中断标志位。

入口参数：

ui32Base：UART 的基地址。

ui32IntFlags：该参数与函数 UARTIntEnable()中 ui32IntFlags 参数相同，将写入的中断源中断标志位清零。

15. voidUARTClockSourceSet(uint32_t ui32Base, uint32_t ui32Source)

功能：选择 UART 模块时钟源。

入口参数：

ui32Base：UART 的基地址。

ui32Source：所选择的时钟源。可以有两种选择，其宏定义参数分别如下：

UART_CLOCK_SYSTEM：选择系统时钟作为 UART 模块钟；

UART_CLOCK_PIOSC：选择 PIOSC 作为 UART 模块时钟。

3.5.4　RS-232 接口通信实验

微控制器的输入输出引脚一般使用的是 TTL 电平，"1" 代表高电平，"0" 代表低电平，该电平适用于板内数据传输。而 RS232 采用的是负逻辑，即 –15～–3 V 表示逻辑 "1"，3～15 V 表示逻辑 "0"，所以，在使用 RS232 总线进行串行通信时，需要外接电路实现电平转化。目前市场上有很多电平转换芯片，本实验用到的转换芯片为 TRS3232E。

在 RS-232 早期的总线标准中，规定的标准连接器为 25 芯插头，但是在后来的使用中大多不再使用 25 芯线，逐渐改为使用 9 芯串行接口。目前，9 芯接口是最常用的，而且计算机上也有 1～2 个 9 芯接口，简称为 "串口"，其接口为 DB9 接头。9 芯串行接口的排列如图 3.35 所示，其引脚的含义如表 3.11 所示。在 RS-232 通信中，常常使用精简的 RS-232 通信，通信时只用到 3 根信号线，分别为 RXD、TXD 和 GND，其他为进行远程传输时连接调制解调器使用，有的也可以作为硬件握手信号，如 RTS 和 CTS 信号。初学时可以忽略这些信号的含义。

图 3.35　9 芯串行接口的排列

表 3.11　9 芯串行接口的引脚含义

引脚	缩写	描　　述
1	CD	载波检测
2	RXD	接收数据
3	TXD	发送数据
4	DTR	数据终端准备好
5	GND	信号地
6	DSR	通信设备准备好
7	RTS	请求发送
8	CTS	允许发送
9	RI	响铃指示器

　　在本实验中，一体化系统上为 DB9 母头，用 9 芯线连接到电脑的串口即可实现微控制器和计算机之间的通信。随着 USB 接口的普及，现在的 9 芯接口正逐渐从计算机、便携式电脑上消失，必要时可使用一根 RS232-USB 转换线通过 USB 接口虚拟一个 COM 口出来，然后在串口调试助手的调试下，通过串口接收和发送数据。

　　RS-232 实验原理图如图 3.36 所示。

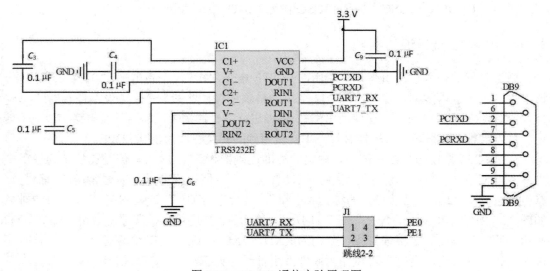

图 3.36　RS-232 通信实验原理图

在本实验中使用 TM4C123GH6PM 内部的 UART7，波特率为 9600 b/s，有 8 位数据位、一个终止位，没有校验位，也没有使用 FIFO。TM4C123GH6PM 接收到 PC 发送来的字符时，原样返回到 PC，其实验代码例程如下所示。

```c
/*
 * 说明：本程序采用 UART7 与 RS232 接口进行通信，具体接口如下：    PE0<---->RX
 *                                                                PE1<---->TX
 * 功能：通过串口调试助手进行试验，串口调试助手发什么字符，则 LaunchPad 发回什么字符。
 注意是字符！！
 */
#include <stdint.h>
#include <stdbool.h>
#include "inc/tm4c123gh6pm.h"
#include "inc/hw_types.h"
#include "inc/hw_memmap.h"
#include "driverlib/sysctl.h"
#include "driverlib/gpio.h"
#include "driverlib/uart.h"
#include "driverlib/interrupt.h"
#include "UART7PinsConfig.h"

void UART7IntHandler(void)
{
    unsigned long ulStatus;
    char ulChar;
    //获取中断状态
    ulStatus = UARTIntStatus(UART7_BASE, true);
    //清中断标志
    UARTIntClear(UART7_BASE, ulStatus);
    if(ulStatus==UART_INT_TX)
    {
        SysCtlDelay(200);
    }
    if(ulStatus==UART_INT_RX)
    {
        ulChar=UARTCharGet(UART7_BASE);
        while(UARTBusy(UART7_BASE));
        UARTCharPut(UART7_BASE, ulChar);
        while(UARTBusy(UART7_BASE));
    }
```

```
        }

    void main(void )
    {
        //设置系统时钟为 50 MHz
        SysCtlClockSet(SYSCTL_SYSDIV_4 | SYSCTL_USE_PLL | SYSCTL_XTAL_16MHz |
                    SYSCTL_OSC_MAIN);

        PortFunctionInit();    //配置端口
        //设置通信参数，波特率为 115 200, 8N1
        UARTConfigSetExpClk(UART7_BASE, SysCtlClockGet(), 38400,
        UART_CONFIG_WLEN_8 | UART_CONFIG_STOP_ONE | UART_CONFIG_PAR_NONE);
        SysCtlDelay(40);
        UARTFIFODisable(UART7_BASE);

        UARTIntEnable(UART7_BASE, UART_INT_RX);
        IntMasterEnable();
        IntEnable(INT_UART7);

        UARTCharPut(UART7_BASE, 'X');
        while(UARTBusy(UART7_BASE));
        UARTCharPut(UART7_BASE, 'D');
        while(UARTBusy(UART7_BASE));
        UARTCharPut(UART7_BASE, ': ');
        while(UARTBusy(UART7_BASE));
        for(; ;)
        {
        }
    }
```

3.6 同步串行接口(SSI)

3.6.1 SSI 功能描述

SSI 模块常用来接收外部器件的串行数据，并将串行数据转化成并行数据。每一个 SSI 模块既可以作为主机，也可以作为从机。发送和接收数据都通过 16 位宽、深度为 8 的 FIFO 进行的。SSI 模块的结构如图 3.37 所示。

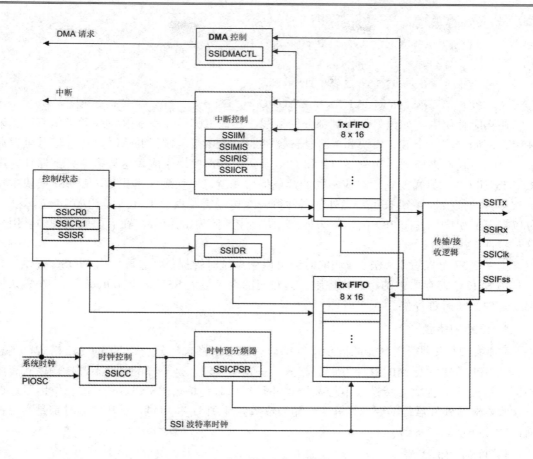

图 3.37　SSI 模块的结构

在发送数据时，将发送缓冲区 TX FIFO 中的数据经过发送逻辑一位一位地发送出去；接收数据时，接收逻辑将收到的数据送入 RX FIFO，供 CPU 读取。每一个 SSI 模块都需要占用 4 个信号线，引脚的名称是按照 TI 的 SSI 接口定义的，其他帧格式对应的引脚和 SSI 接口对应的引脚功能相似，分别如下：

SSITx：发送数据引脚；

SSIRx：接收数据引脚；

SSIClk：时钟信号线；

SSIFss：片选信号线，相当于 CS(Chip Select)。

根据每种传输格式的不同，在信号输入或者输出上略有差别。例如，将 SSI3 对应的引脚配置为 SSI 功能，其代码如下：

```
GPIOPinConfigure(GPIO_PD1_SSI3FSS);
GPIOPinTypeSSI(GPIO_PORTD_BASE, GPIO_PIN_1);


GPIOPinConfigure(GPIO_PD2_SSI3RX);
GPIOPinTypeSSI(GPIO_PORTD_BASE, GPIO_PIN_2);
```

```
GPIOPinConfigure(GPIO_PD0_SSI3CLK);
GPIOPinTypeSSI(GPIO_PORTD_BASE, GPIO_PIN_0);

GPIOPinConfigure(GPIO_PD3_SSI3TX);
GPIOPinTypeSSI(GPIO_PORTD_BASE, GPIO_PIN_3);
```

在实际使用中，如果只使用到部分信号线，其他引脚可以不配置，或者当作 GPIO 来使用。例如，同一个 SSI 模块和多个外部器件通过 SSI 接口进行通信时，片选信号可以通过 GPIO 用软件来控制，而 Rx、Tx 和 Clk 信号由 SSI 模块生成，这样多个外部器件共用 Rx、Tx 和 Clk，只需要它们对应不同的片选信号线就可以实现。再比如，在 SSI 模块中每一次传输的位数为 4 到 16 位，当外部器件每一次传输需要大于 16 位时，比如 24 位，这时，可以把 Fss 引脚当作 GPIO 由软件来控制，从而控制传输的位数，在后面的实例中会用到这一特性。

由图 3.37 可以看出，SSI 模块的时钟可以由系统时钟提供，也可以由 PIOSC 提供，具体是由 SSICC 寄存器中的相应位控制，其对应的库函数为 SSIClockSourceSet()，在默认情况下是由系统时钟提供。

1. 传输帧格式

TM4C123 系列微控制器的同步串行接口有三种帧格式，分别是 TI 的 SSI 格式、飞思卡尔的 SPI 格式以及 MICROWIRE 帧格式。三者在原理上是一样的，只不过传输格式有所不同，都是将并行数据转换成串行数据，并且根据时钟信号(SSIClk)，一位一位地发送或者接收。根据外部器件的要求，每次传输的位数为 4 到 16 位可调。每次传输时都是高位在前，低位在后。

1) TI 的 SSI 格式

TI 的 SSI 格式如图 3.38 所示，其中图 3.38(a)所示为单次传输，图 3.38(b)所示为连续传输。

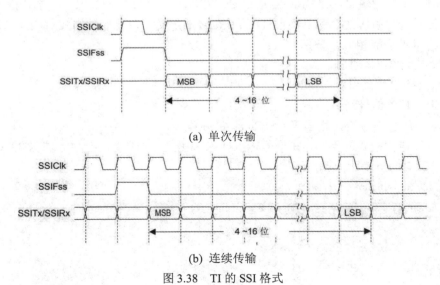

(a) 单次传输

(b) 连续传输

图 3.38　TI 的 SSI 格式

如图 3.38(a)所示，在该种模式下，SSIClk 和 SSIFss 在空闲状态呈低电平，SSITX 和 SSIRX 在空闲状态为三态。在传输数据时，SSIFss 只有在 SSIClk 第一个周期为高电平，SSIClk 的第二个周期从高位开始传输数据，在 SSIClk 时钟的上升沿 SSITx 或者 SSIRx 数据改变，在 SSIClk 时钟的下降沿 SSITx 和 SSIRx 数据要维持稳定，这时，不管是 SSI 还是外部器件都要在时钟下降沿时，将 SSITx 或者 SSIRx 信号线上电平代表的数据送入移位器。如图 3.38(b)所示，在连续传输时，最后一位的传输是在下一次传输的 SSIFss 为高电平期间。在连续传输过程中，每一个时钟周期都有数据传输。

2) 飞思卡尔的 SPI 格式

SPI 是一种常用的接口，大多数的外部器件如 A/D 转换器、D/A 转换器、LCD 控制器等都提供了 SPI 接口。在这里 SSIFss 引脚当作从机选择信号线(CS)。根据时钟信号线在空闲状态下的电平和数据线随时钟信号线改变情况又分为 4 种情况：在 SSI 模块中由 SPO 和 SPH 两位控制，当 SPO = 0 时，时钟信号线 SSIClk 在空闲状态下为低电平；当 SPO = 1 时，时钟信号线 SSIClk 在空闲状态下为高电平；当 SPH = 0 时，数据线在时钟上升沿时数据稳定；当 SPH = 1 时，数据线在时钟下降沿时数据稳定。

(1) 当 SPO = 0、SPH = 0 时：其数据帧传输格式如图 3.39 所示，其中图 3.39(a)所示为单次传输，图 3.39(b)所示为连续传输。

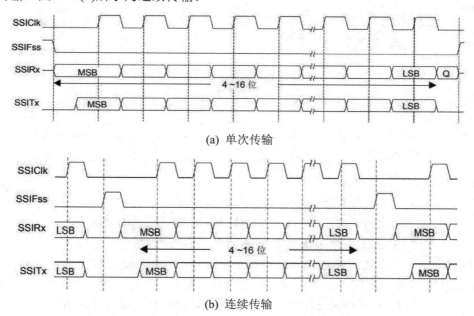

(a) 单次传输

(b) 连续传输

图 3.39　SPI 格式下当 SPO = 0、SPH = 0 时的数据帧格式(Q 表示未定义)

在该模式下，SSIClk 在空闲状态下为低电平，SSIFss 为高电平，SSITx 为低电平。当 SSI 模块为主机时，SSIClk 使能，并且控制时钟信号；当 SSI 模块配置为从机时，对时钟信号线 SSIClk 没有控制权，由外部的主机进行控制。此时，在 SSIClk 时钟信号上升沿时捕捉信号线 SSITx 和 SSIRx 上的电平。当开始传输数据时主机将 SSIFss 信号线拉低。传输数据位数可以是 4～16 位之间的任意值。

在连续传输时，每次传输完一帧数据 SSIFss 都会拉高，下一次传输时 SSIFss 重新置为低电平，也就是说，每次传输都是相互独立的，一次最多可传输 16 位数据。

(2) 当 SPO = 0、SPH = 1 时：其数据帧格式如图 3.40 所示。

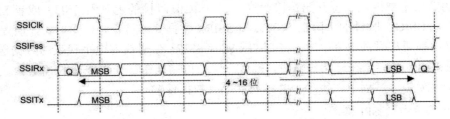

图 3.40　SPI 格式下当 SPO = 0、SPH = 1 时的数据帧格式(Q 表示未定义)

在此模式下，和 SPO = 0、SPH = 0 的模式稍微有一点不同，这时要求数据信号线在时钟信号线 SSIClk 下降沿是稳定的，在下降沿时要捕捉信号线上的电平。

(3) 当 SPO = 1、SPH = 0 时：其数据帧格式如图 3.41 所示，其中图 3.41(a)所示为单次传输，图 3.41(b)所示为连续传输。

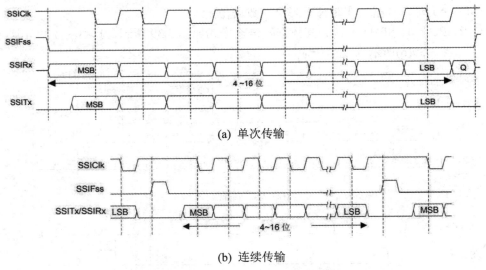

(a) 单次传输

(b) 连续传输

图 3.41　SPI 格式下当 SPO = 0、SPH = 0 时的数据帧格式(Q 表示未定义)

在该模式下，SSIClk 在空闲状态下为高电平，SSIFss 为高电平，SSITx 为低电平。当 SSI 模块为主机时，SSIClk 使能，并且控制时钟信号；当 SSI 模块配置为从机时，对时钟信号线 SSIClk 没有控制权，而是由外部的主机进行控制。此时在 SSIClk 时钟信号下降沿时捕捉信号线 SSITx 和 SSIRx 上的电平。当开始传输数据时，主机将 SSIFss 信号线拉低。传输数据位数可以是在 4～16 位之间的任意值。

在连续传输时，每次传输完一帧数据 SSIFss 都会拉高，下一次传输时 SSIFss 重新置为低电平，也就是说，每次传输都是相互独立的，一次最多传输 16 位数据。

(4) 当 SPO = 1、SPH = 1 时，其数据帧格式如图 3.42 所示。

在此模式下，和 SPO = 1、SPH = 0 稍微有一点不同，这时要求数据信号线在时钟信号线 SSIClk 上升沿时要稳定,在上升沿时要捕捉信号线上的电平并将捕捉到的数据送入移位器。

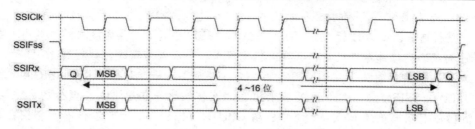

图 3.42　SPI 格式下当 SPO = 1、SPH = 1 时的数据帧格式(Q 表示未定义)

3) MICROWIRE 帧格式

MICROWIRE 帧格式如图 3.43 所示，图 3.43(a)所示为单次传输，图 3.43(b)所示为连续传输。

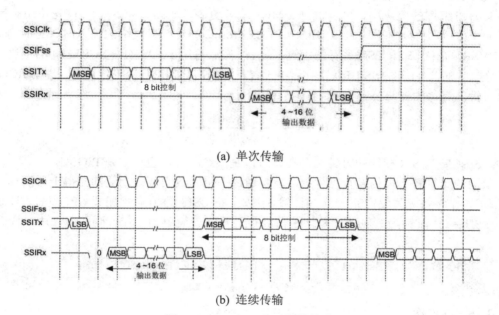

(a) 单次传输

(b) 连续传输

图 3.43　MICROWIRE 传输格式

MICROWIRE 帧格式和 SPI 格式非常相似，MICROWIRE 帧格式的前 8 位为控制位，后面的 4～16 位为数据位。主机首先将 SSIFss 拉低并且发送 8 位控制位到从机，在这过程中主机不会收到数据，直到将 8 位控制位传输完，再过上一个时钟周期，接着从机开始传输 4～16 位数据到主机，传输完成以后主机将 SSIFss 拉高。一次传输的数据帧长度为 13～25 位，不管是 8 位控制位还是 4～17 位数据位，都是高位在前，低位在后。在该模式下的空闲状态时，SSIFss 为高电平，SSIClk 为低电平，SSITx 为低电平。在传输过程中，数据线上的电平信号在 SSIClk 上升沿时被捕获，要读取该位为 "0" 还是 "1"，这说明在 SSIClk 上升沿时，SSITx 和 SSIRx 上的电平维持稳定，而在 SSIClk 下降沿时，SSITx 和 SSIRx 上的电平发生改变。

连续传输和单次传输方式相同，如图 3.43(b)所示，只不过在传输过程中 SSIFss 一直为低电平。主机在收到数据位以后紧接着开始发送下一次的 8 位控制位，中间没有时钟周期的间隔。

小结： 上面具体地分析了三种帧格式的传输过程，一般情况下微控制器作为主机和外部器件进行通信，如 A/D 转换器、D/A 转换器、EEPROM 等。具体使用哪种格式，要根据外部器件决定，看外部器件支持什么样的传输格式。当遇到传输的位数超过 16 位时，可将 SSIFss 对应的引脚配置为普通的 GPIO，让 CPU 控制其电平，时钟信号线 SSIClk、数据信号线 SSITx 和 SSIRx 仍然由 SSI 模块来控制，这样相比一些用 I/O 口模拟的办法实现的 SPI 通信仍然有很高的传输效率，而且占用 CPU 的时间很短，传输过程中不会独占 CPU。例如某外部 D/A 转换器为 24 位，这时如果用到 SPI 格式，可分成 3 次传输，每次传输 8 位，SSIFss 由 CPU 控制进行外部芯片的片选。

2. 位速率生成器

从上面的三种帧格式传输过程可以看出，每一位的传输都是随着时钟信号进行的。SSI 模块具有可编程的位速率，可以达到 2 Mb/s 或者更高。如图 3.38 所示，首先使用范围在 2～254 内的偶数分频值 CPSDVSR(SSI Clock Prescaler)对 SSI 模块的输入时钟进行分频，CPSDVSR 的值在 SSICPSR 寄存器中进行设置。然后再用 1～256(1 + SCR)之间的值进一步进行分频，SCR 的值在 SSICR0 寄存器中设置，经两次分频以后得到位速率，即 SSIClk 的输出时钟，具体的计算公式如下：

$$SSIClk = \frac{SysClk}{CPSDVSR \times (1 + SCR)}$$

其中，SysClk 为 SSI 模块的时钟源。在此可以是系统时钟，也可以是 PIOSC。

上面的计算看上去稍微有点复杂，但是通过调用函数实现该功能却显得十分简单。底层驱动库函数会帮助我们完成这些计算，例如，将 SSI3 的帧格式配置 SPI 模式，且 SPO = 0，SPH = 1，时钟为 2 Mb/s，每次传输 8 位，只需要简单的一句代码即可完成，代码如下：

```
SSIConfigSetExpClk(SSI3_BASE, SysCtlClockGet(), SSI_FRF_MOTO_MODE_1,
                   SSI_MODE_MASTER, 2000000, 8);
```

3. FIFO 操作

SSI 模块在发送数据时，先将数据写入 TX FIFO，然后经发送逻辑将并行数据转换成串行数据发送出去；在接收数据时，接收逻辑先将接收到的数据送入 RX FIFO，再将串行数据转化成并行数据。

(1) 发送 FIFO。发送 FIFO 是一个 16 位宽、深度为 8 的先进先出缓冲区，CPU 向 SSIDR 寄存器写数据将数据写入发送 FIFO，在被发送逻辑读走以前，数据会一直保存在发送 FIFO 中。当 TM4C123GH6PM 作为从机时，一定要确保发送 FIFO 中有有效的数据，外部的主机器件启动传输时，TM4C123GH6PM 通过发送逻辑将发送 FIFO 中的数据发送出去。

(2) 接收 FIFO。接收 FIFO 同样也是一个 16 位宽、深度为 8 的先进先出缓冲区，它将接收到的串行数据存储在接收 FIFO 中等待 CPU 读取，CPU 通过读取 SSIDR 寄存器将接收 FIFO 中的数据读走。当 TM4C123GH6PM 作为从机时，接收 FIFO 用于存储外部主机器件发送出的数据。

4. 中断

在 TM4C123 系列微控制器中，每一个 SSI 模块都有独立的中断入口。SSI 模块的中断源有很多种，但是每一个 SSI 模块只能向中断控制器发送一个中断请求，只能在中断服务程序里通过读取中断标志位来鉴别发生了什么样的中断。SSI 的中断使能寄存器为 SSIIM，将相应的中断源置为 1 以后才可以得到处理器的响应。库函数中对应的中断使能函数为 SSIIntEnable()，可以同时使能多个中断源。同样，中断标志寄存器也有两个，即 SSIRIS 和 SSIMIS 寄存器。二者的区别在于：如果在中断使能寄存器中将相应的中断源使能位置为 1，当中断源触发以后，两个寄存器的相应的中断标志位都会置为 1；如果在中断使能寄存器中将相应的中断源使能位清零，当中断源触发以后，只有 UARTRIS 寄存器的相应标志位置为 1，而 SSIMIS 寄存器中相应的中断标志位仍然为 0。获取中断状态的函数为 UARTIntStatus()。

SSI 模块有 7 种触发中断的条件，下面简要介绍一下部分中断源。

(1) 发送 FIFO 服务中断(Transmit FIFO service)：表示发送 FIFO 中剩余空间大于或等于 4 个时触发中断。

(2) 接收 FIFO 服务中断(Receive FIFO service)：表示接收到的数据占用接收 FIFO 的空间大于或等于 4 个时触发中断。

(3) 接收 FIFO 超时中断(Receive FIFO time-out)：接收 FIFO 超时时间为 32 个 SSIClk 时钟周期，并且从接收 FIFO 由空变为非空开始计时。如果在 32 个 SSIClk 时钟周期之内将接收 FIFO 中的数据读走，计时时间清零。如果超出 32 个 SSIClk 时钟周期没有收到数据，就会触发接收 FIFO 超时中断，只能在中断服务程序中将接收 FIFO 中的数据读取，并且通过向寄存器 SSIICR 中的 RTIC 位写"1"，将接收 FIFO 超时中断标志位清零。

(4) 接收 FIFO 溢出中断(Receive FIFO overrun)：表示在接收 FIFO 中数据为满的情况下又收到了新的数据，导致数据丢失。

(5) 传输结束中断(End of transmission)：表示在主机模式下，数据传输完成。由于数据的发送和接收是同时完成的，则通过此中断可以及时地将接收 FIFO 中断的数据读取，而不用等待接收超时。

SSI 模块的中断源使能函数为 SSIIntEnable()，例如，要使能 SSI3 的接收 FIFO 和发送 FIFO 中断，代码如下：

```
SSIIntEnable(SSI3_BASE, SSI_TXFF | SSI_RXFF);
```

3.6.2　SSI 模块的常用库函数

下面介绍 SSI 模块的部分常用库函数。

1. voidSSIConfigSetExpClk(uint32_t ui32Base, uint32_t ui32SSIClk, uint32_t ui32Protocol, uint32_t ui32Mode, uint32_t ui32BitRate, uint32_t ui32DataWidth)

功能：配置 SSI 模块，如帧格式、数据位长度和传输速率等。

入口参数：

ui32Base：SSI 的基地址。

ui32SSIClk：SSI 的时钟大小。

ui32Protocol：传输的帧格式。该参数有如下几种宏定义，分别代表了不同的帧格式：

SSI_FRF_MOTO_MODE_0：SPI(SPO=0 SPH=0)；

SSI_FRF_MOTO_MODE_1：SPI(SPO=0 SPH=0)；

SSI_FRF_MOTO_MODE_2：SPI(SPO=1 SPH=0)；

SSI_FRF_MOTO_MODE_3：PSI(SPO=1 SPH=1)；

SSI_FRF_TI：TI 的 SSI 模式；

SSI_FRF_NMW：MICROWAIE 模式。

ui32Mode：模式配置，只能为主机或者从机，主机时的参数宏定义为 SSI_MODE_MASTER，从机时的参数宏定义为 SSI_MODE_SLAVE。

ui32BitRate：传输速率。

ui32DataWidth：数据位长度，范围在 4～16 位之间。

2. voidSSIEnable(uint32_t ui32Base)

功能：使能 SSI。

入口参数：

ui32Base 为 SSI 的基地址。

3. voidSSIIntEnable(uint32_t ui32Base, uint32_t ui32IntFlags)

功能：使能 SSI 中断源。

入口参数：

ui32Base：SSI 的基地址。

ui32IntFlags：中断源。参数宏定义如下：

SSI_TXFF：发送 FIFO 中断；

SSI_RXFF：接收 FIFO 中断；

SSI_RXTO：接收 FIFO 超时中断；

SSI_RXOR：接收溢出中断。

4. uint32_tSSIIntStatus(uint32_t ui32Base, bool bMasked)

功能：获取 SSI 中断状态。

入口参数：

ui32Base：SSI 的基地址。

bMasked：若该值为 true(真)，表明获取中断状态为对应中断源已经使能以后的中断状态；若该值为 false(假)，表明获取的中断状态对应的中断源没有被使能。

返回值：中断状态。

说明：获取中断状态以后，和 SSIIntEnable()函数中 ui32IntFlags 参数对应的宏定义进行掩模可以鉴别是什么事件触发了中断。

5. voidSSIIntClear(uint32_t ui32Base, uint32_t ui32IntFlags)

功能：清除中断标志位。

入口参数：

ui32Base：SSI 的基地址。

ui32IntFlags：所清除的中断标志位和 SSIIntEnable()函数中 ui32IntFlags 参数对应的宏
定义相同。

6. voidSSIDataPut(uint32_t ui32Base, uint32_t ui32Data)

功能：向发送 FIFO 中写数据。

入口参数：

ui32Base：SSI 的基地址。

ui32Data：所写的数据。

说明：该函数在向发送 FIFO 中写数据时，首先要判断发送 FIFO 中是否有空间可以写
入数据，如果发送 FIFO 中的数据已满，则该函数会一直等待，直到发送 FIFO 有空间写入
数据。

7. int32_tSSIDataPutNonBlocking(uint32_t ui32Base, uint32_t ui32Data)

功能：向发送 FIFO 中写数据。

入口参数：

ui32Base：SSI 的基地址。

ui32Data：所写的数据。

返回值：写入成功时返回 1，失败时则返回 0。

说明：该函数和 SSIDataPut()稍微有一点不同，就是该函数在写之前同样会检测发送
FIFO 中是否有空间，但是如果发送 FIFO 已满，则该函数不会等待并且直接返回 –1。

8. voidSSIDataGet(uint32_t ui32Base, uint32_t *pui32Data)

功能：读取接收 FIFO 中的数据。

入口参数：

ui32Base：SSI 的基地址。

*pui32Data：变量地址，该变量用于存放读取的值。

说明：该函数在读取接收 FIFO 中的数据时，先要检测该函数接收 FIFO 中是否有数据，
若有数据，则直接去读取数据；若没有，则该函数会一直等待，直到接收 FIFO 中有数据，
然后读取接收 FIFO 中的数据。在实际使用时要注意，如果接收 FIFO 接收不到数据，却用
该函数读取数据时，会陷入死循环。

9. int32_tSSIDataGetNonBlocking(uint32_t ui32Base, uint32_t *pui32Data)

功能：读取接收 FIFO 中的数据。

入口参数：

ui32Base：SSI 的基地址。

*pui32Data：变量地址，该变量用于存放读取的值。

返回值：读取成功时返回 1，读取失败时返回 0。

说明：该函数在读取数据时同样会检测接收 FIFO 中是否有数据，若有，直接读取数
据；若没有，不会等待并且直接返回 –1。

10. boolSSIBusy(uint32_t ui32Base)

功能：检测 SSI 是否忙。

入口参数：

ui32Base 为 SSI 的基地址。

返回值：返回 true(真)时，表示 SSI 正在传输数据或者发送 FIFO 为非空，返回 false(假)时，表示 SSI 处于空闲状态。

11. voidSSIClockSourceSet(uint32_t ui32Base, uint32_t ui32Source)

功能：检测 SSI 是否忙。

入口参数：

ui32Base：SSI 的基地址。

ui32Source：时钟源。SSI 有两种时钟源，宏定义参数如下：

SSI_CLOCK_SYSTEM：选择系统时钟为 SSI 时钟；

SSI_CLOCK_PIOSC：选择 POISC 为 SSI 时钟。

3.6.3　基于 DAC8552 的 D/A 转换实验

TM4C123GH6PM 内部没有 D/A 模块，可以通过外部的 D/A 芯片将数字量转化成模拟量。本实验中用的是 DAC8552，该芯片通过 SPI 和主机通信，因此需要将 TM4C123GH6PM 内部的 SSI 模块配置为 SPI 模式来控制 DAC8552。DAC8552 是 16 位的双通道 D/A 转换器，可以产生两路的模拟量输出。在一体化系统中，DAC 模块的原理图如图 3.44 所示，图中使用 TM4C123GH6PM 内部的 SSI3 模块对 DAC8552 进行控制。

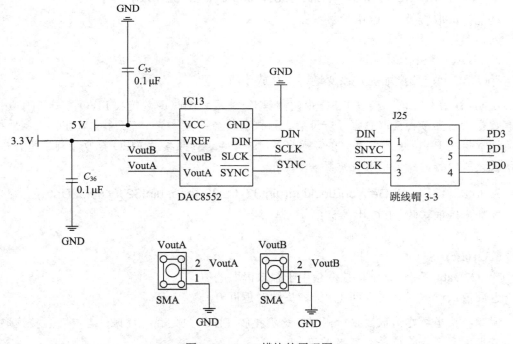

图 3.44　DAC 模块的原理图

由图 3.44 可以看出，DAC8552 在和主机通信时用到了 3 根信号线：其中 DIN 用于接收串行数据，SCLK 为时钟信号线，SNYC 相当于片选信号线。它们分别连接 TM4C123GH6PM 内部的 SSI3Tx(PD3)、SSI3CLK(PD0)和 SSI3Fss(PD1)。此处 D/A 的参考电压为 3.3 V。

将数据写入 DAC8552 时，需要一次写入 24 位串行数据，即需要 24 个时钟周期。DAC8552 串行数据时序如图 3.45 所示。由于传输时每次传输 24 位信息，所以将 Fss 引脚由 CPU 控制，剩余的 3 根信号线由 SSI 模块控制，每次传输 3 字节。DAC8552 数据输入格式如图 3.46 所示，图 3.46 显示了 24 位串行数据的每一位分别代表的信息。

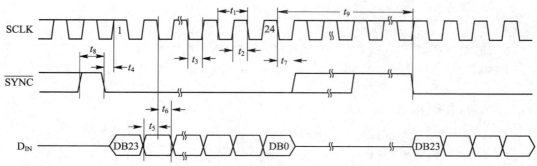

图 3.45　DAC8552 串行数据时序

在 DAC8552 中，VoutA 和 VoutB 对应的两个缓冲寄存器分别为 BufferA 和 BufferB，两个 DAC 寄存器分别为 RegisterA 和 RegisterB。SPI 传输的 16 位数据(图 3.46 中的 D0～D15)先写入到缓冲区 BufferA 或者 BufferB 中，然后通过控制图 3.46 中的 LDA 和 LDB 将缓冲区中的 16 位数据写入 DAC 寄存器 RegisterA 和 RegisterB 中，输出模拟电压。在图 3.46 中，Buffer Select 为缓冲区选择控制位，该位为 "0" 时将数据写入 BufferA；为 "1" 时，将数据写入 BufferB 中。PD0 和 PD1 为 DAC8552 模式控制位，具体可参考数据手册。

DB23   DB12

0	0	LDB	LDA	×	Buffer Select	PD1	PD0	D15	D14	D13	D12

DB11   DB0

D11	D10	D9	D8	D7	D6	D5	D5	D3	D2	D1	D0

图 3.46　DAC8552 数据输入格式

在本实验例程中，向 DAC8552 写入数据的函数如下所示。

```
/**********************************************************************
 *  名    称：DAC8552_Write
 *  功    能：将数据写入到 DAC8552 当中
 *  入口参数：ControlState   该参数可以设置为以下值，它们之间是逻辑与关系
 *           (1) Load_A       将 bufferA 的数据加载到 DAC 的 A 通道
 *               Load_B       将 bufferB 的数据加载到 DAC 的 B 通道
 *               Load_A_B     将 bufferA 和 bufferB 的数据同时加载到 DAC 的 A 和 B 通道
 *           (2) BufferSelcet_A   将数据存储到通道 A 的缓存区中
```

```
 *              BufferSelcet_B    将数据存储到通道 B 的缓存区中
 *         (3) Normal_Operation      正常模式
 *             Output_1K_To_GND      输出阻抗为 1 kΩ
 *             Output_100K_To_GND    输出阻抗为 100 kΩ
 *             High_Impendance       输出呈现高阻状态
 *             usValue               写入的值
 * 出口参数：无
 * 说    明：在 ControlState 的三个参数中，每种只能选择其一
 * 范    例：DAC8552_Write(Normal_Operation|BufferSelcet_A | Load_A, 0x7FFF);
 *
 ***************************************************************************/
void DAC8552_Write(unsigned char ControlState, unsigned short usValue)
{
    unsigned char H8Bit, L8Bit;
    L8Bit=usValue;
    H8Bit=usValue>>8;

    CS_Low;
    SSIDataPut(SSI3_BASE, ControlState);
    while(SSIBusy(SSI3_BASE));
    SSIDataPut(SSI3_BASE, H8Bit);
    while(SSIBusy(SSI3_BASE));
    SSIDataPut(SSI3_BASE, L8Bit);
    while(SSIBusy(SSI3_BASE));
    CS_HIGH

}
```

该实验的主函数部分程序如下所示，下载到实验板以后 **VoutB** 端输出锯齿波。

```
#include <stdint.h>
#include <stdbool.h>
#include "inc/tm4c123gh6pm.h"
#include "inc/hw_types.h"
#include "inc/hw_memmap.h"
#include "inc/hw_ssi.h"
#include "driverlib/sysctl.h"
#include "driverlib/gpio.h"
#include "driverlib/ssi.h"
#include "driverlib/interrupt.h"
#include "SSI3PinsConfig.h"
```

```
#include "DAC8552.h"
void main(void)
{
    unsigned short Value=0;
    SysCtlClockSet(SYSCTL_SYSDIV_4 | SYSCTL_USE_PLL | SYSCTL_XTAL_16MHz |
                   SYSCTL_OSC_MAIN);
    PortFunctionInit();
    SSIConfigSetExpClk(SSI3_BASE, SysCtlClockGet(), SSI_FRF_MOTO_MODE_1,
                       SSI_MODE_MASTER, 2000000, 8);
    SSIEnable(SSI3_BASE);
    while(1)
    {
        DAC8552_Write(Normal_Operation | BufferSelcet_B | Load_B, Value);
        Value+=1000;
        if(Value>60000)
        {
            Value=0;
        }
    }
}
```

3.7　I^2C 接口

I^2C(Inter-Integrated Circuit)是 Philips 公司推出的一种两线制的串行通信总线，主要用于同一块电路板内各个集成电路模块之间的通信。TM4C123GH6PM 中有 4 个 I^2C 模块，每一个 I^2C 模块既可以设置为主机，也可以设置为从机，通信速率最快可达到 3.3 Mb/s。I^2C 模块的驱动库函数在 driverslib\i2c.c 中，头文件为 i2c.h。

3.7.1　I^2C 模块的结构和原理

I^2C 模块由串行时钟线 SCL 和串行数据线 SDA 构成。在硬件结构上，串行时钟线 SCL 和串行数据线 SDA 都是漏极开路的，I^2C 通过上拉电阻接正电源。当总线空闲时，两根线均为高电平。连到总线上的任一器件输出的低电平都将使总线的信号变低，即各器件的 SDA 及 SCL 都是线"与"关系，利用这一特性可以实现总线仲裁。I^2C 的典型连接电路如图 3.47 所示。每个 I^2C 都有自己的地址，以供自身在从机模式下使用。在标准的 I^2C 中，从机地址包含 7 位。

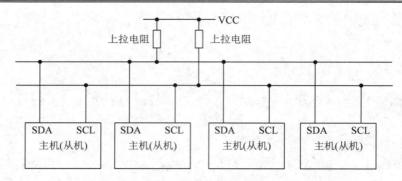

图 3.47　I²C 的典型连接电路

图 3.48 是 TM4C123GH6PM 内部 I²C 模块的结构简图。

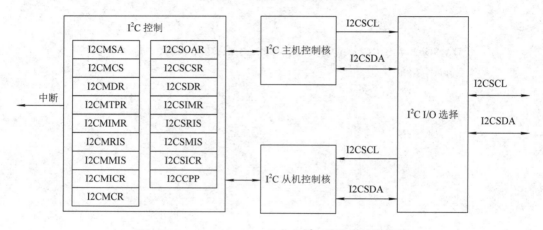

图 3.48　TM4C123GH6PM 内部 I²C 模块的结构简图

I²C 内部有一个主机控制核和一个从机控制核。二者通过 I2CSCL 和 I2CSDA 与外部器件相连，每个 I²C 模块对应的引脚为 I2CxSCL 和 I2CxSDA(x 为 0、1、2 和 3)，如 I²C0 对应的引脚为 I2C0SCL 和 I2C0SDA。在使用 I²C 时，需要将对应的引脚配置成为 I²C 功能引脚。例如，将 I²C3 对应的引脚配置为 I²C 功能，代码如下：

```
GPIOPinConfigure(GPIO_PD1_I2C3SDA);
GPIOPinTypeI2C(GPIO_PORTD_BASE, GPIO_PIN_1);
GPIOPinConfigure(GPIO_PD0_I2C3SCL);
GPIOPinTypeI2CSCL(GPIO_PORTD_BASE, GPIO_PIN_0);
```

I²C 模块的寄存器总体上分为主机部分和从机部分，分别控制在主机和从机模式下的状态和功能。

1. I²C 总线数据通信协议概述

1) 起始信号、终止信号和重新起始信号

I²C 总线协议定义了两种状态来表示传输开始和结束，分别是起始信号和终止信号。如图 3.49 所示，当 SCL 为高电平时，SDA 由高电平向低电平跳变，产生起始信号。当总线空闲(SCL 和 SDA 均为高电平)时，主机通过起始信号(START，通常记作 S)建立通信。当 SCL 为高电平时，SDA 由低电平向高电平跳变，产生终止信号(STOP，通常记作 P)。

主机通过产生终止信号来结束时钟信号和数据通信，并释放总线，此时 I^2C 总线呈空闲状态。

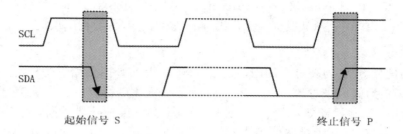

图 3.49　起始信号和终止信号

重新起始信号(Repeated Start)表示在 I^2C 总线上，主机可以不产生终止信号，而直接产生一个起始信号，进入下一次传输。当主机发送一个起始信号启动一次传输以后，在首次发送终止信号之前，主机通过发送重新起始信号可以转换当前的与从机的通信模式，或者切换到与另一个从机通信。当 SCL 为高电平，SDA 由高电平向低电平跳变时，产生一个重新起始信号，它本质上和起始信号是一样的。

TM4C123GH6PM 作为主机时，其起始信号、终止信号、重新起始信号和应答信号都由控制/状态寄存器 I2CMCS 控制。向该寄存器写入不同的值，可以产生不同的传输方式，以 及 起 始 信 号 、 终 止 信 号 、 重 新 起 始 信 号 和 应 答 信 号 。 其 对 应 的 库 函 数 为 I2CMasterControl()，通过调用该函数，可以很容易地控制 I^2C 模块的传输方式。

当 TM4C123GH6PM 作为从机时，可以通过读取 I2CSMIS 寄存器中的 STARTRIS 和 STOPRIS 位来检测起始信号和终止信号。在中断允许的情况下，在检测到起始信号和终止信号之后可以触发中断。

2) I^2C 总线上的数据格式

标准的 I^2C 通信由 4 部分组成：起始信号、从机地址、数据和终止信号。主机发送一个起始信号，并且启动 I^2C 通信，然后主机发出从机地址，对从机进行寻址，找到对应的从机以后开始在总线上传输数据。I^2C 总线上传输的每个字节均为 8 位，并且高位在前，每传输 1 字节以后必须跟随一个应答位，每次通信的数据字节数是没有限制的，传输完成以后由主机产生一个终止信号。I^2C 总线的通信格式如图 3.50 所示。

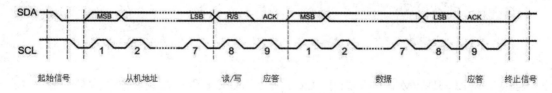

图 3.50　I^2C 总线的通信格式

主机发出起始信号以后，传输的第一个字节包含了从机地址和对从机设备的读写信息。其中，前 7 位为从机地址(高位在前)，只有当主机发出的从机地址和总线上挂载的从机设备地址相符时才能建立通信；第 8 位为对从机的读写控制位，当该位置为 0 时，表示主机写数据到从机，当该位置为 1 时，表示主机从从机读数据。当 TM4C123GH6PM 作为主机时，从机的地址和读写控制位需要写入 I2CMSA 寄存器，该寄存器有 8 位可用，高 7 位为从机地址，最后一位为读写位，对应的库函数为 I2CmasterSlaveAddrSet(uint32_t ui32Base, uint8_t ui8SlaveAddr, bool bReceive)。其中，ui8SlaveAddr 为写入的从机地址；bReceive 为 true(真)时，从从机读数据，为 false(假)时，写入数据到从机。

3) 数据有效性

在时钟信号 SCL 为高电平期间，数据线 SDA 上的数据必须保持稳定，数据线仅可在时钟线 SCL 为低电平时改变，如图 3.51 所示。在 I^2C 协议中，时钟信号的高电平有一定的时间限制，包括起始信号和终止信号，电平必须维持一段时间。用 GPIO 模拟 I^2C 时需要注意这些问题。但是在使用内部的 I^2C 控制器时，可以自动完成这些要求。

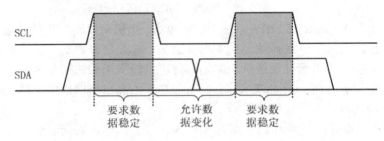

图 3.51　I^2C 总线上数据的有效性

4) 应答信号

接收数据的器件收到 8 个数据位以后要向发送数据的设备发出特定的低脉冲，表示已收到数据。应答信号是发送完 8 个数据位以后在第 9 个时钟周期出现的，这时，发送器必须释放 SDA 线，由接收设备拉低 SDA 电平来产生应答信号，或者由接收设备保持 SDA 为高电平来产生非应答信号，如图 3.52 所示。如果主机作为接收方，则在从机发送完数据以后，主机发送非应答信号表示数据传输结束。

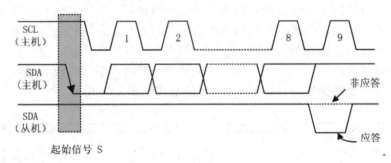

图 3.52　I^2C 总线的应答信号

当 TM4C123GH6PM 作为从机时，I2CSACKCTL 寄存器控制是否产生应答信号，对应的库函数为 I2CSlaveACKValueSet()。

5) 总线仲裁

在总线空闲状态下，当多个主机发出起始信号时，必须通过总线仲裁让一个主机获得总线控制权。在 I^2C 总线上，SDA 和 SCL 为线"与"逻辑。当 SCL 为高电平时，仲裁在 SDA 线发生，发出"0"的主机获得总线控制权，发出"1"的主机检测到总线和自己发出的电平不相符，进而被仲裁掉，转为接收状态。如图 3.53 所示，当两个主机发出起始信号以后，要逐位仲裁，在时钟线第 3 个周期的高电平期间，发出 DATA1 的主机检测到总线电平(低电平)和自己发出的电平(高电平)不相符而被仲裁掉，发出 DATA2 的主机获得总线控制权。仲裁会持续很多位，第一阶段比较 7 个地址位，如果地址位无法实现仲裁，会接着比较数据位，直到总线由一个主机控制为止。

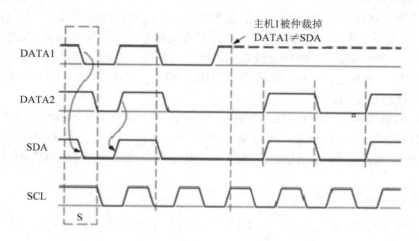

图 3.53　两个主机的仲裁过程

6) 时钟线低电平累计时间超时

从机可以通过延长 SCL 的低电平时间来降低每一位的传输速率，或者从机要完成一些其他功能(例如一个内部中断服务程序)后才能接收或发送下一个完整的数据字节，这时从机可以使时钟线 SCL 保持低电平，迫使主机进入等待状态，从而延长传输时间。I^2C 模块为主机时可以在一次传输过程中累计 SCL 低电平的时间，并且可以设定可接收的 SCL 低电平累计时间。I^2C 模块通过一个 12 位的计数器来累计时钟线被拉低的时间。12 位的计数器其高 8 位的计数值存放在 I2CMCLKOCNT 寄存器中，低 4 位的计数值为 0，并且是不可见的。发出起始信号以后，在每一个总线时钟的下降沿进行减计数，即使当 SCL 为低电平时，依然根据内部的总线时钟进行减计数，而不受 SCL 低电平的影响。这样可以累计 SCL 为低电平的时间。当计数值减到 0 以后发生溢出，主机通过产生终止信号强制结束传输，并且在中断允许的情况下产生中断，向 I2CMCLKOCNT 寄存器写入计数初始值的库函数为 I2CMasterTimeoutSet()。例如，在 I^2C 的传输速率为 100 kb/s，向 I2CMCLKOCNT 寄存器写入的值为 0x7D，那么总的计数值为 0x7D0。在这种情况下，可接收的 SCL 低电平累计时间为 2000/100 000 = 20 ms(0x7D0 的十进制数为 2000)。超出该时间，主机就会产生终止信号，强制结束传输。

2. 从机双地址模式

TM4C123 系列微控制器作为从机时支持双地址，寄存器 I2CSOAR 和 I2CSOAR2 用于存放从机的两个地址，其中 I2CSOAR 存放第一从机地址，I2CSOAR2 存放第二从机地址。在双地址模式下，如果主机发出的地址和其中的任意一个相匹配，TM4C123 微控制器就会发出一个应答信号。在使用双从机地址之前需要在 I2CSOAR2 寄存器(该寄存器低 7 位存

放第二从机地址，第 8 位为使能位)中使能第二从机地址。对应的库函数为
I2CSlaveAddressSet(uint32_t ui32Base, uint8_t ui8AddrNum, uint8_t ui8SlaveAddr)。当
ui8AddrNum 为 0 时，将第一从机地址写入 I2CSOAR 寄存器；当 ui8AddrNum 为 1 时，将
第二地址写入 I2CSOAR2 寄存器，并且使能第二从机地址。

3. 可用的时钟速率

I²C 总线的数据传输速率可以运行在标准模式(100 kb/s)、快速模式(400 kb/s)、超快速
模式(1 Mb/s)以及高速模式(3.33 Mb/s)下。这里只说明标准模式、快速模式和超快速模式。
在高速模式下，首先需要在 100 kb/s 或者 400 kb/s 下发送主机码，然后在高速模式下发送
从机地址和数据，读者如果要用到高速模式通信，可参考 TM4C123 系列微控制器的用户
指南和 I²C 总线协议说明。

决定 I²C 时钟速率的参数有 CLK_PRD、TIMER_PRD、SCL_LP 和 SCL_HP。其中，
CLK_PRD 为系统时钟周期; SCL_LP 为 SCL 时钟的低电平阶段(固定为 6); SCL_HP 为 SCL
时钟的高电平阶段(固定为 4); TIMER_PRD 在 I2C 主机定时器周期(I2CMTPR)寄存器中是
已设定的值。

I²C 时钟周期的计算如下:

$$SCL\_PERIOD = 2 \times (1 + TIMER\_PRD) \times (SCL\_LP + SCL\_HP) \times CLK\_PRD$$

其中，若 CLK_PRD = 50 ns，TIMER_PRD = 2，SCL_LP = 6，SCL_HP = 4，则得出的 SCL
频率为

$$\frac{1}{T} = 333 \text{ kHz}$$

表 3.12 给出了定时器周期、系统时钟和速率模式(标准或高速)的例子。通过库函数配
置传输模式将在 3.7.2 小节 I²C 的常用库函数部分说明。

表 3.12　主机定时器周期和速率示例

系统时钟/MHz	定时器周期	标准模式下的速率/(kb/s)	定时器周期	快速模式下的速率/(kb/s)	定时器周期	超快速模式下的速率/(kb/s)
4	0x01	100	—	—	—	—
6	0x02	100	—	—	—	—
12.5	0x06	89	0x01	312	—	—
16.7	0x08	93	0x02	278	—	—
20	0x09	100	0x02	333	—	—
25	0x0C	96.2	0x03	312	—	—
33	0x10	97.1	0x04	330	—	—
40	0x13	100	0x04	400	0x01	1000
50	0x18	100	0x06	357	0x02	833
80	0x27	100	0x09	400	0x03	1000

4. 中断

TM4C123 系列微控制器的 I²C 模块中断包含两部分，一部分是作为主机时的中断，另一部分作为从机时的中断，二者共用一个中断入口地址。当作为主机时，下列事件可以触发中断：

(1) 主机传输完成；

(2) 主机仲裁丢失；

(3) 主机传输错误；

(4) 总线超时。

当主机检测到上述事件以后就会触发中断，通过将 I2CMIMR 寄存器中的 IM 位置为 1 来使能中断。在状态/控制寄存器 I2CMCS 中包含了总线在传输过程中的状态信息和错误信息，其中，状态信息包括总线忙、总线空闲和 I²C 控制器忙等；错误信息包括仲裁丢失错误、地址应答错误和数据应答错误等。当中断触发以后，通过读取状态/控制寄存器 I2CMCS 可以查看发生了什么错误。另外，可通过向 I2CMICR 寄存器中的 IC 位写入 1，将中断标志位清零。

I²C 模块作为主机时的中断使能函数为 I2CMasterIntEnableEx(uint32_t ui32Base, uint32_t ui32IntFlags)。对于 TM4C123GH6PM 来说，ui32IntFlags 宏定义参数只能为 I2C_MASTER_INT_TIMEOUT 和 I2C_MASTER_INT_DATA，该微控制器不支持其他中断。获取错误信息的函数为 uint32_tI2CMasterErr(uint32_t ui32Base)，该函数通过读取状态/控制寄存器 I2CMCS 返回相应的错误信息。

当 I²C 模块作为从机时，下列事件可以触发中断：

(1) 从机接收完成；

(2) 从机传输请求；

(3) 检测到总线有起始信号；

(4) 检测到总线有终止信号。

从机的数据接收和传输请求中断使能是将 I2CSIMR 寄存器中的 DATAIM 位置为 1，当触发中断以后，通过检测从机状态/控制寄存器 I2CSCSR 中的 RREQ 和 TREQ 位来鉴别是接收到了数据还是数据发送请求。当 RREQ 位置为 1 时表示接收到了数据，这时需要读取 I2CSDR 寄存器接收到的数据；当 TREQ 位置为 1 时表示主机要求发送数据，此时需要将发送的数据写入 I2CSDR 寄存器。获取从机状态的函数为 uint32_tI2CSlaveStatus(uint32_t ui32Base)，该函数通过读取状态/控制寄存器 I2CSCSR 返回相应的从机状态信息。此外，I²C 模块作为从机时，当检测到总线上有起始信号或终止信号时也可以触发中断，通过将 I2CSIMR 寄存器中的 STARTIM 和 STOPIM 位置为 1，使能起始信号或终止信号中断。

从机的中断使能库函数为 I2CSlaveIntEnableEx(uint32_t ui32Base, uint32_t ui32IntFlags)。其中，ui32IntFlags 宏定义参数只能为 I2C_SLAVE_INT_STOP、I2C_SLAVE_INT_START 和 I2C_SLAVE_INT_DATA，TM4C123GH6PM 不支持其余中断。获取中断状态的函数为 I2CSlaveIntStatusEx()，该函数通过读取 I2CSRIS 寄存器或者 I2CSMIS 寄存器来获取中断状态。

5. 命令序列流程图

图 3.54～图 3.58 所示的流程图说明了 I^2C 模块作为主机和从机时的使用步骤。在实际使用时，要根据外部器件的传输要求选择合适的操作流程。其中的每一步都有对应的库函数，读者在根据流程图对外部器件进行操作时十分方便，只需根据流程图调用相应的库函数即可。

图 3.54 所示为主机单次发送命令序列流程图。图 3.55 所示为主机单次接收命令序列流程图。图 3.56 所示为主机发送多字节数据命令序列流程图。图 3.57 所示为主机接收多字节命令序列流程图。图 3.58 所示为从机命令序列流程图。

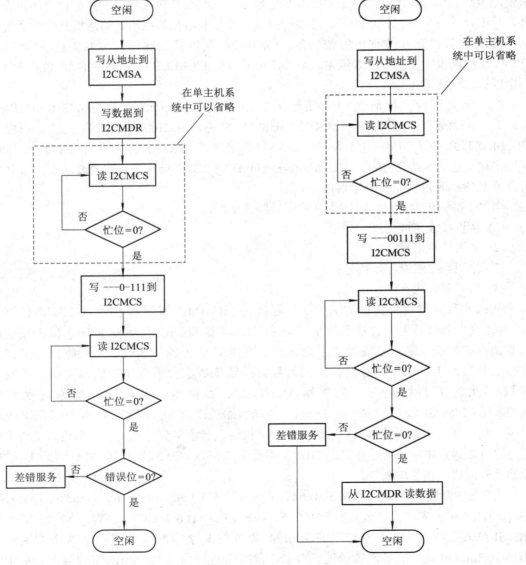

图 3.54 主机单次发送命令序列流程图   图 3.55 主机单次接收命令序列流程图

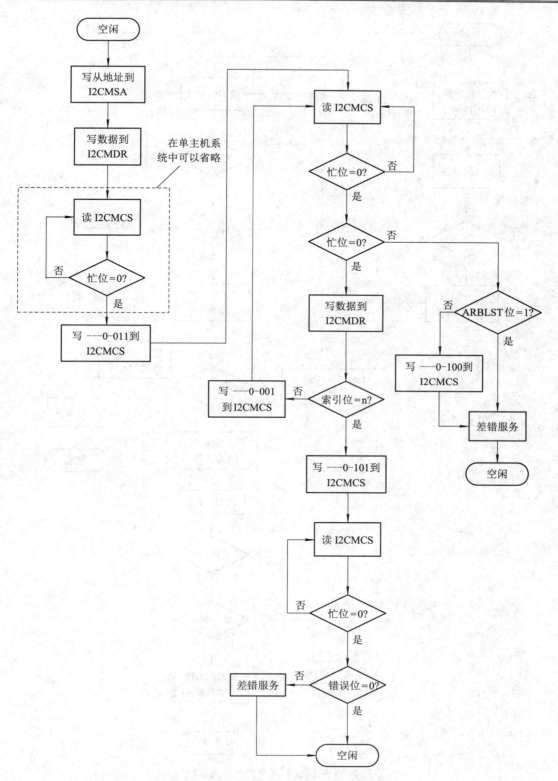

图 3.56　主机发送多字节数据命令序列流程图

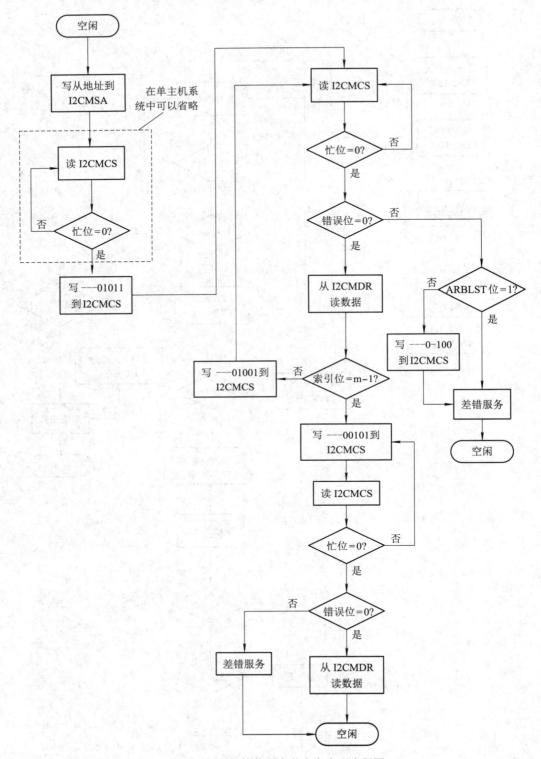

图 3.57　主机接收多字节命令序列流程图

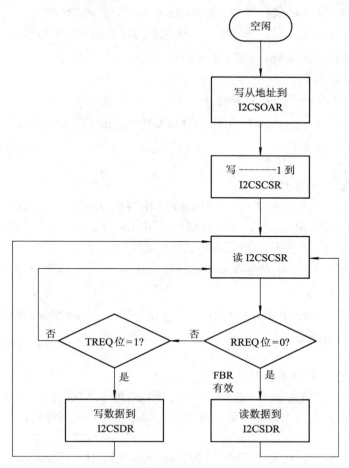

图 3.58　从机命令序列流程图

上面介绍了在不同传输情况下的命令序列流程，比如，对 I2CMDR 读写数据时可用函数 I2CMasterDataPut() 和 I2CMasterDataGet()，在向 I2CMCS 写命令时可用函数 I2CMasterControl()，根据所写的值可找到相应的宏定义，完全不用配置寄存器。

3.7.2　I^{2}C 的常用库函数

i2c.c 提供的库函数分为了两部分：一部分是作为主机时的相关库函数；另一部分是作为从机时的相关库函数。通常状况下，微控制器作为主机对外部的从机器件进行读写操作，所以本部分只介绍有关 I^{2}C 模块作为主机时的相关库函数，关于从机部分的库函数，读者可自行查看 i2c.c。

1. voidI2CMasterInitExpClk(uint32_t ui32Base, uint32_t ui32I2CClk, bool bFast)

功能：初始化主机。

入口参数：

ui32Base：I^{2}C 的基地址。

ui32I2CClk：I^{2}C 模块的时钟。在 TM4C123GH6M 中，它与系统时钟相同。

bFast：传输速率控制参数。当该参数为 true(真)时，表示 I²C 模块配置为快速模式(400 kb/s)；当该参数为 false(假)时，表示 I²C 模块配置为标准模式(100 kb/s)。

2. voidI2CMasterEnable(uint32_t ui32Base)

功能：使能 I²C 模块。

入口参数：ui32Base 为 I²C 的基地址。

3. voidI2CMasterIntEnableEx(uint32_t ui32Base, uint32_t ui32IntFlags)

功能：使能 I²C 中断源。

入口参数：

ui32Base：I²C 的基地址。

ui32IntFlags：中断源。在 TM4C123GH6PM 中该参数的宏定义只能为 I2C_MASTER_INT_TIMEOUT 和 I2C_MASTER_INT_DATA，其中 I2C_MASTER_INT_DATA 参数使能的中断包含主机传输完成、主机仲裁丢失和主机传输错误。

说明：触发中断以后，中断服务程序通过检测状态/控制寄存器 I2CMCS 来鉴别是什么事件。

4. uint32_tI2CMasterIntStatusEx(uint32_t ui32Base, bool bMasked)

功能：获取中断状态。

入口参数：

ui32Base：I²C 的基地址。

bMasked：若该参数为 true，则获取中断使能以后的中断状态；若该参数为 false，则获取中断未使能的中断状态，虽然中断没有使能，但是当有中断事件时，相应的标志位仍然置为 1。

返回值：中断状态，可与 I2CMasterIntEnableEx()函数中 ui32IntFlags 参数的宏定义相掩模来判断中断。

5. voidI2CMasterIntClearEx(uint32_t ui32Base, uint32_t ui32IntFlags)

功能：清中断标志位。

入口参数：

ui32Base：I²C 的基地址。

ui32IntFlags：中断源标志，该参数的宏定义和 I2CMasterIntEnableEx() 函数的 ui32IntFlags 参数的宏定义相同。

6. voidI2CMasterSlaveAddrSet(uint32_t ui32Base, uint8_t ui8SlaveAddr, bool bReceive)

功能：设置通信的从机地址。

入口参数：

ui32Base：I²C 的基地址。

ui8SlaveAddr：从机地址，为 7 位。

bReceive：该参数为 true 时表示从从机读数据；该参数为 false 时表示写数据到从机。

7. uint32_tI2CMasterLineStateGet(uint32_t ui32Base)

功能：获取 I²C 总线上 SDA 和 SCL 的电平。

入口参数：

ui32Base 为 I²C 的基地址。

返回值：在获取的 32 位值中，第 0 位表示 SCL 的电平，第 1 位表示 SDA 的电平。

8. boolI2CMasterBusy(uint32_t ui32Base)

功能：检测 I²C 主机是否忙。

入口参数：

ui32Base 为 I²C 的基地址。

返回值：该值为 true 时，表示 I²C 主机忙；该值为 false 时，表示 I²C 主机不忙。

9. boolI2CMasterBusBusy(uint32_t ui32Base)

功能：检测 I²C 总线是否忙。

入口参数：

ui32Base 为 I²C 的基地址。

返回值：该值为 true 时，表示 I²C 总线忙，该值为 false 时，表示 I²C 总线不忙。

10. voidI2CMasterControl(uint32_t ui32Base, uint32_t ui32Cmd)

功能：I²C 主机状态控制。

入口参数：

ui32Base：I²C 的基地址。

ui32Cmd：状态命令。

说明：该函数实际上是向 I2CMCS 寄存器写入值的函数，在命令序列流程图中通过向该寄存器写入不同的值来实现不同方式的传输。在实际使用时，要根据命令序列流程图写入 I2CMCS 寄存器的值，应先找到相应的宏定义参数，再通过该寄存器写入该值。宏定义参数数在 i2c。

11. voidI2CMasterDataPut(uint32_t ui32Base, uint8_t ui8Data)

功能：写数据到主机。

入口参数：

ui32Base：I²C 的基地址。

ui8Data：数据。

说明：该函数将数据写入 I2CMDR 寄存器。

12. uint32_tI2CMasterDataGet(uint32_t ui32Base)

功能：从主机读取数据。

入口参数：

ui32Base 为 I²C 的基地址。

返回值：读取的数据。

说明：该函数从 I2CMDR 寄存器读取数据。

13. uint32_tI2CMasterErr(uint32_t ui32Base)

功能：获取错误状态。

入口参数：

ui32Base 为 I²C 的基地址。

返回值：错误状态，包括地址应答错误、数据应答错误、主机仲裁丢失错误和没有错误。通过和下列宏定义相掩模可以鉴别错误类型：

I2C_MASTER_ERR_NONE：没有错误；

I2C_MASTER_ERR_ADDR_ACK：地址应答错误；

I2C_MASTER_ERR_DATA_ACK：数据应答错误；

I2C_MASTER_ERR_ARB_LOST：主机仲裁丢失错误。

3.7.3　基于 I²C 总线的外部 EEPROM 存取实验(AT24C08)

本小节利用 TM4C123 系列微控制器内部的 I²C 模块对存储器 AT24C08 进行读写操作，其中 TM4C123 微控制器作为主机，AT24C08 作为从机。AT24C08 提供 8192 位的串行电可擦写可编程存储器(EEPROM)，一共有 1 KB 的存储空间，可以将数据保存 100 年。内部将 1 KB 的存储空间分成 64 页，每页 16 B。AT24C08 引脚图如图 3.59(a)所示。SCL 和 SDA 接到 I²C 总线上，A0、A1、A2 用于设定从机地址。在 AT24C08 中只用到了 A2。AT24C08 设定的从机地址格式如图 3.59(b)所示，前 4 位固定为 1010，P0 和 P1 在写从机地址时由软件设定。当 A2 接高电平时，该位为 "1"；当 A2 接低电平时，该位为 "0"。由此可以看出，一个 I²C 总线上只能接 2 片 AT24C08。

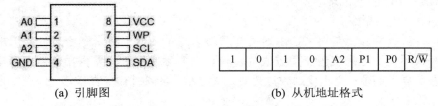

(a) 引脚图　　　　　　　(b) 从机地址格式

图 3.59　AT24C08 实验模块的引脚图和设定的从机格式

AT24C08 实验模块的原理图如图 3.60 所示。

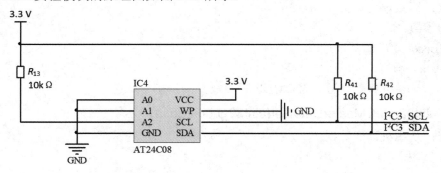

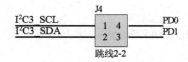

图 3.60　AT24C08 实验模块的原理图

在本实验中，将 A2 接到了 VCC，所以设定从机地址中的 A2 位对应的是"1"。本实验使用 TM4C123GH6PM 内部的 I²C3 模块对其进行读写操作。实验时，先将数据写入 AT24C08，再读取该数据。在进行 I²C 通信时，主机要根据从机的读写要求设定传输方式。写数据到 AT24C08 的过程如图 3.61 所示，首先传输的是从机地址，然后是 8 位的存储地址，最后是 1 B 的数据。AT24C08 有 1 KB 的存储空间，那么 8 位存储地址是不够用的，这时要用到设定从机地址时的 P0 和 P1，与 8 位存储地址组成 10 位地址，对 1 KB 的存储空间进行寻址。

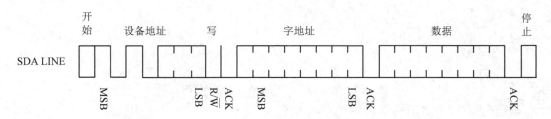

图 3.61　写数据到 AT24C08 的过程

该过程对于主机来说是一个多字节发送的过程，需要按照图 3.56 所示的主机发送多字节数据命令序列流程图来编写程序。写 1 B 到 AT24C08 的函数如下：

```
void AT24C08_WriteByte(unsigned int uiSlaveAddress, unsigned int uiDataAddress,
                       unsigned int uiData)
{
    I2CMasterSlaveAddrSet(I2C3_BASE, uiSlaveAddress, false);
    //如果为 true 则为读，如果为 false 则为写
    I2CMasterDataPut(I2C3_BASE, uiDataAddress);        //写数据地址
    while(I2CMasterBusy(I2C3_BASE));                   //检测是否忙
    I2CMasterControl(I2C3_BASE, I2C_MASTER_CMD_BURST_SEND_START);
    while(I2CMasterBusy(I2C3_BASE));                   //检测是否忙

    I2CMasterDataPut(I2C3_BASE, uiData);               //写数据

    I2CMasterControl(I2C3_BASE, I2C_MASTER_CMD_BURST_SEND_FINISH);
    while(I2CMasterBusy(I2C3_BASE));                   //检测是否忙
}
```

在写数据的过程中，函数 I2CMasterControl() 用于向图 3.56 中的 I2CMCS 寄存器写控制命令，函数的参数也是根据图 3.56 所示的值写入的，只不过程序中用 I2C_MASTER_CMD_BURST_SEND_START、I2C_MASTER_CMD_BURST_SEND_FINISH 等宏定义替代。

随机读取 AT24C08 的 1 字节的过程如图 3.62 所示。该过程可分成两部分：第一部分为写地址，第二部分为读数据。对于主机来说，第一部分是一个单字节发送的过程，如图

3.54 所示，第二部分为单字节接收的过程，如图 3.55 所示。

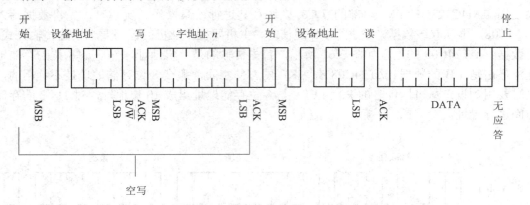

图 3.62　随机读取 AT24C08 的 1 字节的过程

随机读取一个字节的函数如下：

```
unsigned int AT24C08_RandomReadByte(unsigned int uiSlaveAddress, unsigned int uiDataAddress)
{   //写数据地址，单字节写入过程
    I2CMasterSlaveAddrSet(I2C3_BASE, uiSlaveAddress, false);
    I2CMasterDataPut(I2C3_BASE, uiDataAddress);
    while(I2CMasterBusy(I2C3_BASE));
    I2CMasterControl(I2C3_BASE, I2C_MASTER_CMD_SINGLE_SEND);
    While(I2CMasterBusy(I2C3_BASE));


    //读数据，单字节接收过程
    I2CMasterSlaveAddrSet(I2C3_BASE, uiSlaveAddress, true);
    while(I2CMasterBusy(I2C3_BASE));
    I2CMasterControl(I2C3_BASE, I2C_MASTER_CMD_SINGLE_RECEIVE);
    while(I2CMasterBusy(I2C3_BASE));
    return(I2CMasterDataGet(I2C3_BASE));

}
```

上面两个读写函数在 AT24C08.c 中。在主函数中，先向地址 0x0F 写入 0xA5，然后读出，写入数据到读取数据之间需要 5 ms 的延时。主函数的程序如下：

```
#include <stdint.h>
#include <stdbool.h>
#include "inc/tm4c123gh6pm.h"
#include "inc/hw_types.h"
#include "driverlib/sysctl.h"
#include "inc/hw_memmap.h"
#include "driverlib/gpio.h"
#include "driverlib/i2c.h"
#include "I2C3PinsConfig.h"
```

```
#include "AT24C08.h"

#define SlaveAddress    0x54            //从机地址，在此 P1、P0 均为 0

void main(void)
{   unsigned int uiData=0;
    //设置系统时钟为 50 MHz
    SysCtlClockSet(SYSCTL_SYSDIV_4 | SYSCTL_USE_PLL | SYSCTL_XTAL_16MHZ |
                   SYSCTL_OSC_MAIN);
    PortFunctionInit();
    I2CMasterInitExpClk(I2C3_BASE , SysCtlClockGet(), false);         //100 kb/s
    AT24C08_WriteByte(SlaveAddress, 0x0F, 0xA5);
    SysCtlDelay(SysCtlClockGet()/300);
    //两次写入数据到读取数据之间需要 5 ms 以上的延迟，此处延时为 10 ms
    uiData=AT24C08_RandomReadByte(SlaveAddress, 0x0F);
    while(1);
}
```

3.8　控制局域网 CAN 控制器

　　CAN(Controller Area Network)是一种多主串行数据通信总线，也是应用最广泛的现场总线之一。CAN 最先出现于汽车领域，由德国 Robert Basch 公司以及几个半导体集成电路制造商开发。CAN 通过 ISO11898(高速场合)及 ISO11519(低速场合)进行了标准化。TM4C123GH6PM 微控制器内部集成了两个 CAN2.0 A/B 模块，分别是 CAN0 和 CAN1，二者在功能上完全相同。硬件驱动库函数为 driverlib/can.c，头文件为 driverlib/can.h。

3.8.1　CAN 总线简介

　　一般来说，CAN 总线上的单元由 CAN 控制器和 CAN 收发器两部分组成。CAN 总线通过采用差分电压传输信号，物理信号线分别为 CAN_H 和 CAN_L。CAN 收发器通过判断 CAN_H 和 CAN_L 的电位差来判断总线电平。在总线上有两种电平：一种是显性电平，另一种是隐性电平。总线必须处于两种电平之一。在总线上执行逻辑线"与"，显性电平的逻辑值为"0"，隐性电平的逻辑值为"1"。显性电平"优先于"隐性电平，只要在总线上有一个单元输出显性电平，总线就为显性电平，即"0"和"1"相与时为"0"。只有所有的都输出隐性电平，总线才为隐性电平。

　　CAN 总线构成的网络有两种形式：一种是环路模式，用于高速场合，两端加 120 Ω 电阻，如图 3.63(a)所示；另一种是开环模式，用于低速场合，终端加 120 Ω 的电阻，如图 3.63(b)所示。其中，环路模式为常用模式。

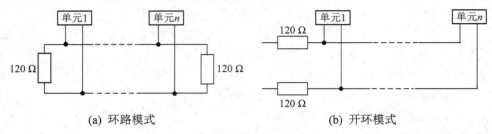

图 3.63 CAN 总线的网络形式

1. CAN 协议

在 CAN 总线上，有 5 种帧类型，分别为数据帧、远程帧、错误帧、过载帧和间隔帧。其中，数据帧和远程帧有标准格式和扩展格式两种，标准格式有 11 位标识符(Identifier,ID)，扩展格式有 29 位标识符。CAN 各帧的用途如表 3.13 所示。

表 3.13 CAN 各帧的用途

帧名称	帧 用 途
数据帧	用于发送单元向接收单元传送数据的帧
远程帧	用于接收单元向具有相同 ID 的发送单元请求数据的帧
错误帧	用于当检测出错误时向其他单元通知错误的帧
过载帧	用于接收单元通知其尚未做好接收准备的帧，提供附加延时
间隔帧	用于将数据帧及远程帧与前面的帧分离开来的帧

在本部分只说明常用的数据帧和远程帧，其他帧类型读者可自行查阅相关资料。数据帧和远程帧的格式基本相同，只是远程帧没有数据信息，即没有数据段。

1) 数据帧

数据帧由 7 段构成，如图 3.64 所示。

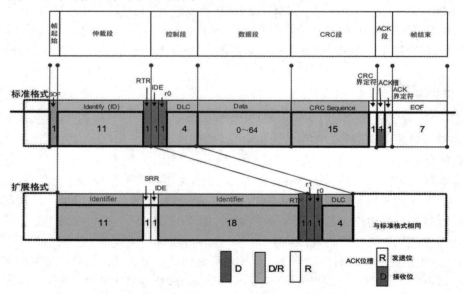

图 3.64 数据段构成(D 表示显性位，R 表示隐性位)

各段具体说明如下：

帧起始：表示数据帧的开始，在总线上表现为一个显性电平。

仲裁段：表示该帧的优先级，并不表示目的地址。标准格式的仲裁段有 11 位，从 ID28 到 ID18 依次发送，并且禁止高 7 位都为隐性，形如 ID = 1111111xxxx 等形式。扩展格式有 29 位，扩展 ID 用 ID17 到 ID0 表示，同样禁止高 7 位都为隐性。当多个单元同时开始传输数据时，仲裁段会仲裁掉优先级较低的单元。

控制段：控制段由 6 位包含了数据的字节数以及保留位组成，如图 3.65 所示。保留位必须全部以显性电平发送，但接收方可以接收显性电平和隐性电平任意组合的电平。数据长度码 DLC 决定传输的字节数，控制段中长度码顺序依次为[DLC3 DLC2 DLC1 DLC0]，数据长度码和字节数如表 3.14 所示。

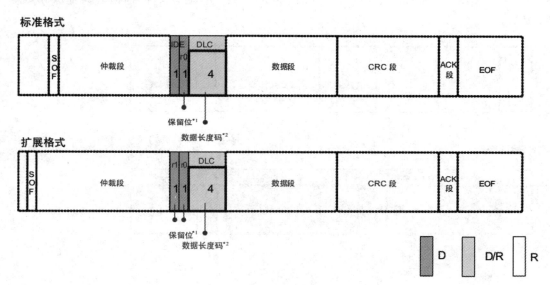

图 3.65　数据帧的控制段

表 3.14　数据长度码和字节数

数据字节数	数 据 长 度 码			
	DLC3	DLC2	DLC1	DLC0
0	D	D	D	D
1	D	D	D	R
2	D	D	R	D
3	D	D	R	R
4	D	R	D	D
5	D	R	D	R
6	D	R	R	D
7	D	R	R	R
8	R	D	D	D

其中，D 为显性电平，R 为隐性电平。

数据段：包含 0 到 8 字节的数据，每字节包含 8 位，从最高位开始传输。

CRC 段：用于检查帧的传输错误。

ACK 段：用来确认是否正常接收，发送单元发送两个隐性位时，接收单元在 ACK 段发送一个显性位，则表示正常接收。

帧结束：每一个数据帧和远程帧的标志序列界定，由 7 个隐性位组成。

2) 远程帧

远程帧为接收单元向发送单元请求发送数据所用的帧。远程帧由 6 段组成，不包含数据帧的数据段，如图 3.66 所示。CAN 控制器通过仲裁段的 RTR 位来区别远程帧和数据帧，数据帧的 RTR 位为显性位，远程帧的 RTR 位为隐性位。远程帧的其他段和数据帧相同。

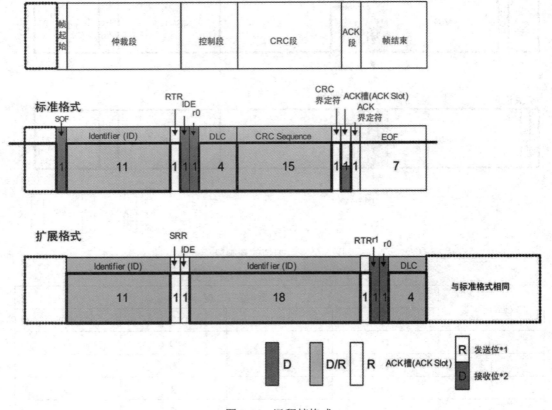

图 3.66　远程帧格式

2. 优先级决定

在总线空闲时，最先开始发送消息的单元获得总线控制权，当多个单元同时开始发送时，各个发送单元从仲裁段的第一位开始逐位仲裁，连续输出显性电平最多的单元可以获得总线控制权，如图 3.67 所示。最终由单元 2 获得总线控制权。

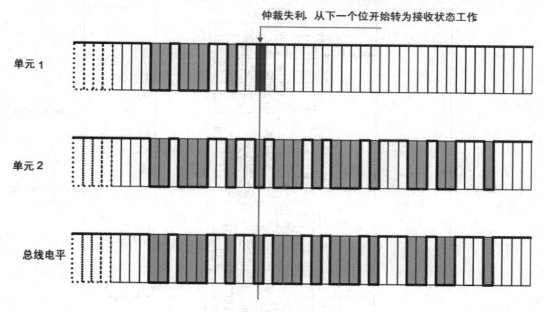

图 3.67　仲裁过程

如果数据帧和远程帧有相同的 ID, 并且在总线上竞争时, 仲裁段的最后一位 RTR 为显性位的数据帧获得优先发送权, 可以继续发送数据。

当标准格式的帧类型和扩展格式的帧类型在总线上同时传输时, 标准格式的 RTR 位为显性位时, 具有最高的优先权, 可以继续发送数据, 其他的被仲裁掉。

3. 位填充

位填充是为了防止突发错误而设定的功能。在总线上, 同样的电平持续 5 个位时添加一个反向的位, 例如, 总线上持续了 5 个显性位, 那么第 6 个就要发送隐性位。

发送单元在发送数据帧和远程帧时, 在起始段和 CRC 段之间的数据, 其相同的电平持续了 5 个位, 在下一位就要插入一个反向的电平。接收单元在接收数据帧和远程帧时, 对于起始段和 CRC 段之间的数据, 如果相同的电平持续了 5 个位, 那么就需要删除下一位, 如果第 6 个位和前 5 个位电平相同, 则被视为错误并发送错误帧。

其实上面说的这些只是 CAN 协议规定的部分内容, 在实际使用过程中, 是通过 CAN 控制器实现这些功能的, 即不用人为地去干预, 只需要操作 CAN 模块即可, CAN 模块会自动完成这些功能, 如将信息包装成相应的帧类型发送到总线上以及实现位填充功能等。

3.8.2　CAN 模块的结构和功能

TM4C123GH6PM 微控制器内部集成了两个独立的 CAN 模块, 最快的位速率可以达到 1 Mb/s, 包含了 32 个报文对象, 每一个报文对象都有自己的标识符屏蔽码。CAN 模块的结构如图 3.68 所示。

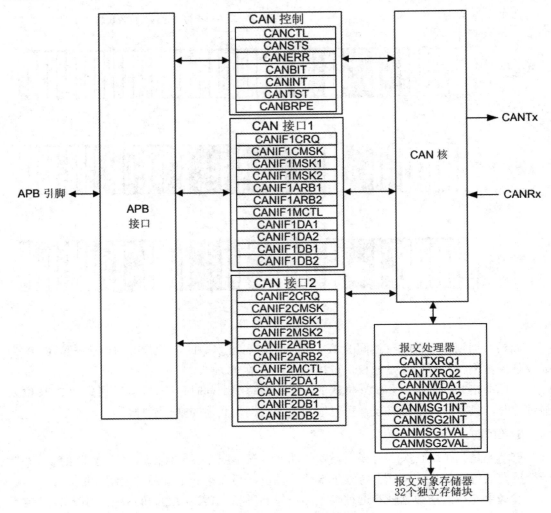

图 3.68　CAN 模块的结构图

CAN 模块通过 CANTx 和 CANRx 与外部的 CAN 收发器相连，在使用 CAN 时需要将相应的 GPIO 配置为具有 CAN 功能的引脚，例如，将 CAN0 对应的引脚 PE4、PE5 配置为 CAN 功能引脚，代码如下：

```
GPIOPinConfigure(GPIO_PE4_CAN0RX);
GPIOPinTypeCAN(GPIO_PORTE_BASE, GPIO_PIN_4);
GPIOPinConfigure(GPIO_PE5_CAN0TX);
GPIOPinTypeCAN(GPIO_PORTE_BASE, GPIO_PIN_5);
```

图 3.68 中的 CAN 控制器支持 CAN2.0 A/B 协议，支持具有 11 位标识符(标准格式)或者 29 位标识符(扩展格式)的数据帧和远程帧，以及错误帧和过载帧。TM4C123 系列微控制器的 CAN 模块主要由 3 部分组成：CAN 协议控制器和报文处理器、报文对象存储器以及 CAN 寄存器接口。

CAN 协议控制器负责从 CAN 总线发送和接收串行数据，并且将数据传送到报文处理器，然后报文处理器根据当前的滤波和标识符，把信息存放到合适的报文对象中。同时，报文处理器会根据总线上的事件触发中断。

报文对象存储器由 32 个独立的存储块构成，每一个存储块用于存储一个报文对象的配置、状态和数据，通过 CAN 报文接口寄存器访问这些存储块。

CAN 接口寄存器(如图 3.68 中的 CAN 接口 1 和 CAN 接口 2 寄存器组)是用于访问报文对象的寄存器。当报文对象中有新的信息需要处理时，CAN 接口寄存器可以并行地访问 CAN 控制器的报文对象。在通常状况下，一个 CAN 接口寄存器组用于发送数据，另一个 CAN 接口寄存器用于接收数据。

在该部分内容中，力求使读者从整体上认识 CAN 模块，通过调用驱动库函数来使用 CAN 模块，而不必去关心通过配置寄存器来实现 CAN 的每一项功能。其实，驱动库函数可以完成复杂的寄存器配置，使用者因此省去了很多麻烦。

1. 报文对象

报文对象(Message Object)在 CAN 模块中就像是一个"小单元"，CAN 模块在发送和接收报文都是通过报文对象进行的。CAN 模块中有 32 个独立的报文对象(1 到 32)，只是优先级不同，报文对象 1 的优先级最高，报文对象 32 的优先级最低。比如两个报文对象同时有中断请求时，优先级高的报文对象会先触发中断。

在前面说到 CAN 总线协议中有数据帧和远程帧等帧类型，那么报文对象在使用之前，也要将报文对象配置为相应的类型才可以完成各种帧的发送和接收。在 TM4C123 系列微控制器的 CAN 模块中，报文对象可配置为如下类型：

(1) 发送类型的报文对象，在库函数中对应的宏定义为 MSG_OBJ_TYPE_TX。

(2) 发送远程帧请求类型的报文对象，在库函数中对应的宏定义为 MSG_OBJ_TYPE_REMOTE。

(3) 接收类型的报文对象，在库函数中对应的宏定义为 MSG_OBJ_TYPE_RX。

(4) 接收远程请求类型的报文对象，在库函数中对应的宏定义为 MSG_OBJ_TYPE_RX_REMOTE。

(5) 接收到远程帧自动发送类型的报文对象，在库函数中对应的宏定义为 MSG_OBJ_TYPE_RXTX_ROMOTE。

每一个报文对象都可以设置自己独立的 ID，它们在接收和发送状态下有所不同。在发送数据帧或者远程帧时，二者仲裁段的识别符为本报文对象的标识符，在接收数据帧或者远程帧时，根据标识符位屏蔽功能接收相匹配的帧。

2. 位屏蔽功能

位屏蔽功能也称为滤波功能。发送单元发出的数据帧和远程帧都包含有 11 位或者 29 位的 ID，而接收单元可以根据本报文对象的屏蔽功能选择性地接收某些 ID 的数据帧或者远程帧。注意，被滤除掉的"垃圾"报文不予接收。

前面说到，每一个报文对象都可以设置 11 位或者 29 位的 ID，相应的屏蔽信息也包含 11 位或者 29 位的 ID 和本报文对象的 ID 一一对应，二者结合起来可以滤除掉某些 ID 的报文。当屏蔽信息的某一位为 1 时，接收到报文的 ID 对应的位必须和本报文对象对应 ID 的对应位相同才可以接收；当屏蔽信息的某一位为 0 时，ID 中对应的位不同也可以接收，即接收报文 ID 对应的位和本报文对象 ID 对应的位即使不同也可以接收。

　　下面通过一个例子来说明位屏蔽功能。假设报文对象的 ID 为 0x400，屏蔽位信息为 0x7F8，屏蔽位信息除了低 3 位(0 到 2 位)为 0 以外，其余的位(3 到 11 位)全部为 1，在接收过程中，接收到报文 ID 的 3 到 11 位必须和 0x400 中的 3 到 11 位相同，而接收到报文的 ID 的低 3 位可以和 0x400 的低 3 位不同，符合这样条件的报文才可以接收。在本例中，报文 ID 在 0x400 到 0x407 范围之间的报文才可以接收。如果屏蔽信息为 0，则接收所有报文。

　　在库函数中，报文对象的配置被封装在一个结构体中，配置起来非常简单，略去了配置寄存器的复杂性。其实，报文对象的 ID 和屏蔽位信息都有对应的寄存器，通过使用库函数可以不用去关心那些寄存器。结构体名称为"tCANMsgObject"，具体成员如下：

　　ui32MsgID：报文对象的 ID，可以为 11 位或者 29 位；

　　ui32MsgIDMask：屏蔽位信息；

　　ui32Flags：标志信息，该标志信息在发送和接收状态下有所不同，在库函数予以说明；

　　ui32MsgLen：数据长度；

　　pui8MsgData：指向包含 8 字节数据缓冲区的首地址。

　　该结构体中的 pui8MsgData 在发送报文时，指向的是发送数据的首地址，在接收时，表示以 pui8MsgData 为首地址的 8 字节缓冲区中的数据为接收到的数据。

　　该结构体配置好以后，通过调用函数 CANMessageSet()对报文对象进行配置，例如，CAN0 报文对象 5 用于发送数据帧，报文对象结构体名称为 sMsgObjectTx(在调用之前需要对该结构体成员配置)，代码如下：

```
CANMessageSet(CAN0_BASE, 5, &sMsgObjectTx, MSG_OBJ_TYPE_TX | CAN_INT_MASTER);
```

　　在接收报文时，调用 CANMessageGet()函数，该函数同样需要调用 tCANMsgObject 结构体类型参数，但是，pui8MsgData 为首地址的 8 字节缓冲区中的数据为接收到的数据。

　　3. 中断和状态信息

　　CAN 模块中引起中断的事件分为两种：一种是错误和状态引起的中断，另一种是报文对象引起的中断(报文对象在接收或者发送完成以后在中断允许的情况下会触发中断)。二者可以通过读取 CANINT 寄存器来鉴别，其中错误和状态引起的中断有最高的优先级。对应的读取中断事件的库函数为 CANIntStatus(uint32_t ui32Base, tCANIntStsReg eIntStsReg)，当 eIntStsReg 的参数为 CAN_INT_STS_CAUSE 时，该函数的返回值可以判别是什么事件引起了中断。若该函数返回值为 1 到 32 时，表示由报文对象引起了中断，如返回值为 2 时，表示报文对象 2 引起了中断，此时清除中断标志的库函数为 CANIntClear()。当返回值为 0x8000 时，由状态或错误引起了中断，此时要结合状态寄存器 CANSTS 来判断具体的中断事件，获取状态或者错误的库函数为 CANStatusGet()，在调用该函数获取 CAN 控制器状态信息时，同时可以清除标志。其实库函数 CANStatusGet()不仅可以获取状态或者错误信息，还可以根据入口参数的不同获取报文对象的相关状态信息，具体可参考 CANStatusGet()函数的说明。

　　对于错误和状态中断以及报文对象中断，在使能时有所不同。在使能错误和状态中断时，调用 CANIntEnable()函数，而使能报文对象中断需要 tCANMsgObject 结构体的 ui32Flags 成员，如果二者中断同时打开，当接收到报文或者发送报文完成时，会两次进入中断函数：

第一次是因为优先级较高的发送或者接收完成状态而进入中断；第二次是因为报文对象产生的中断。在调用 CANIntStatus()函数获取中断类型时，第一次返回值为 0x8000，第二次返回值为 32。

CAN 控制器的状态信息包含如下几种，每一种状态出现时，状态寄存器 CANSTS 中的相应位就会置为 1。

(1) 脱离总线(Bus-Off Status)。

(2) 错误计数警告(Warning Status)，表示发送或者接收错误计数值达到了 96。关于 CAN 协议的错误计数可请参考相关文献。

(3) 错误超值(Error Passive)，表示发送或者接受错误计数值超出了 127。

(4) 接收成功(Received a Message Successfully)，表示成功接收了报文。

(5) 发送成功(Transmitted a Message Successfully)，表示成功发送了报文。

以下是一些错误状态信息，由状态寄存器 CANSTS 中的 LEC 段表示。LEC 段一共有 3 位，每一种错误对应 LEC 中的一个值，其错误状态和 LEC 段的值对应如下：

(1) 无错误，对应的 LEC 段的值为 0x0。

(2) 位填充错误(Stuff Error)，在接收报文时，有 5 个以上相同的电平在总线上出现，对应的 LEC 段的值为 0x1。

(3) 帧错误(Format Error)，接收到固定格式的帧有格式错误，对应的 LEC 段的值为 0x2。

(4) 应答错误(ACK Error)，发送单元没有收到有效的应答信号，对应的 LEC 段的值为 0x3。

(5) Bit1 错误(Bit 1 Error)，表示发送单元发送了逻辑 1，而数据线为低电平，此时引起 Bit 1 错误，对应的 LEC 段的值为 0x4。

(6) Bit 0 错误(Bit 0 Error)，表示发送单元发送了逻辑 0，而数据线为高电平，此时引起 Bit 0 错误，对应的 LEC 段的值为 0x5。

(7) CRC 校验错误(CRC Error)。

上述所说明的 5 种状态和 7 种错误在库函数中都有对应的宏定义，读者在使用时，使用宏定义即可，具体可参考 CANStatusGet()函数部分的说明。

报文对象的状态包含报文对象中是否有新数据、报文对象是否有效、报文对象是否有发送数据请求以及报文对象是否处于中断挂起 4 种状态。这 4 种状态分别对应两个寄存器(每个寄存器 16 位，共 32 位，可获取每一个报文对象的 4 种状态)。如图 3.69 所示，包含报文对象状态的寄存器共 8 个，位于 Message Object Registers 部分，同样可以通过调用 CANStatusGet()函数获取报文对象的状态信息。

4. CAN 模块初始化以及位时间设置

在使用 CAN 模块之前必须先经过初始化，或者脱离总线时，也需要初始化。通过软件将 CANCTL 寄存器中的 INIT 置位开始初始化，INIT 位置为 1 以后，CAN 模块不会发送数据到 CAN 总线上，也不会从 CAN 总线上接收数据，同时 CANTx 信号线被拉成高电平。进入初始化状态以后，不会改变 CAN 控制器、报文对象和错误计数值的配置。除了将 INIT 位置为 1 以外，还需要对报文对象进行初始化，其过程比较复杂，但是调用库函数却会变得十分简单，初始化库函数为 CANInit()，只需要调用该函数，即可完成所有的初始化过程。

在 CAN 模块使能之前，除了初始化，还要对位时间进行设置。关于位时间的说明可参考数据手册或者 CAN 协议说明。在实际使用时，只需要调用相关的库函数进行配置即可。配置位时间以及位速率的库函数为 CANBitTimingSet() 和 CANBitRateSet()。例如将位速率设置为 500 kb/s，代码如下：

```
CANBitRateSet(CAN0_BASE, SysCtlClockGet(), 500000);
```

3.8.3　CAN 模块的常用库函数

调用库函数可以略去 CAN 模块底层复杂的寄存器配置，使用起来十分简单。下面介绍常用的库函数以及其相关的说明。

1. voidCANInit(uint32_t ui32Base)

功能：初始化 CAN 模块。

入口参数：

ui32Base 为 CAN 模块基地址。

2. voidCANEnable(uint32_t ui32Base)

功能：使能 CAN 模块。

入口参数：

ui32Base 为 CAN 模块基地址。

3. uint32_tCANBitRateSet(uint32_t ui32Base, uint32_t ui32SourceClock, uint32_t ui32BitRate)

功能：根据位速率来配置位时间。

入口参数：

ui32Base：CAN 模块基地址。

ui32SourceClock：CAN 模块时钟频率，TM4C123GH6PM 中 CAN 模块时钟频率和系统时钟频率相同。

ui32BitRate：位速率大小。

4. voidCANIntEnable(uint32_t ui32Base, uint32_t ui32IntFlags)

功能：使能 CAN 模块中断。

入口参数：

ui32Base：CAN 模块基地址。

ui32IntFlags：所使能的中断源。该参数的宏定义有如下 3 种，这 3 种宏定义可以通过位操作同时作为入口参数：

CAN_INT_ERROR：使能控制器错误中断；

CAN_INT_STATUS：使能传输完成中断或者总线错误中断；

CAN_INT_MASTER：允许 CAN 控制器触发中断。

说明：ui32IntFlags 三种宏定义参数通过"或"操作可以同时作为入口参数。

5. uint32_tCANIntStatus(uint32_t ui32Base, tCANIntStsReg eIntStsReg)

功能：获取 CAN 模块的中断状态。

入口参数：

ui32Base：CAN 模块基地址。

eIntStsReg：选择读取的寄存器。该参数的宏定义有 2 个，分别为

CAN_INT_STS_CAUSE：鉴别中断的原因；

CAN_INT_STS_OBJECT：获取所处于中断挂起的报文对象。

返回值：

(1) 当 eIntStsReg 参数为 CAN_INT_STS_CAUSE 时，返回值有两种情况，若返回值为 0x8000，表示是状态中断，需要调用 CANStatusGet()函数进一步确认是什么状态的中断；若返回值在 1~32 之间，表示最高优先级的报文对象触发了中断。

(2) 当 eIntStsReg 参数为 CAN_INT_STS_OBJECT 时，返回一个 32 位宽的值，其中为 1 的位对应的报文对象处于中断挂起状态，例如返回值为 0x00000006 时，表示报文对象 2 和报文对象 3 处于中断挂起状态。

6. voidCANIntClear(uint32_t ui32Base, uint32_t ui32IntClr)

功能：清除报文对象触发的中断。

入口参数：

ui32Base：CAN 模块基地址。

ui32IntClr：报文对象，该参数为 1 到 32。

7. voidCANRetrySet(uint32_t ui32Base, bool bAutoRetry)

功能：当检测到错误时，自动重新发送。

入口参数：

ui32Base：CAN 模块基地址。

bAutoRetry：该参数若为 true，则表示当检测到错误时，自动重新发送；若为 false，则表示当检测到错误时，不重新发送。

8. uint32_tCANStatusGet(uint32_t ui32Base, tCANStsReg eStatusReg)

功能：获取 CAN 控制器的中断状态。

入口参数：

ui32Base：CAN 模块基地址。

eStatusReg：选择要读的寄存器。该参数有 4 个宏定义，分别代表读取 4 个不同的寄存器，列举如下：

CAN_STS_CONTROL：通过读取 CANSTS 寄存器获取主控制器的状态，具体可参考 3.8.2 节的中断和状态信息部分；

CAN_STS_TXREQUEST：获取所有有发送请求的报文对象，获取的值为 32 位宽，为 1 的位表示相应的报文对象有发送数据请求；

CAN_STS_NEWDAT：获取所有接收到新数据的报文对象，获取的值为 32 位宽，其中为 1 的位表示相应的报文对象接收到了新数据，但是还没有被读取；

CAN_STS_MSGVAL：检验获取的报文对象是否有效，获取的值同样也为 32 位宽，为

1 的位表示相应的报文对象配置有效。

说明：当 eStatusReg 的入口参数为 CAN_STS_CONTROL，即读取主控制器的状态时，可以同时清除由主控制器的状态触发的中断标志。

9. voidCANMessageSet(uint32_t ui32Base, uint32_t ui32ObjID, tCANMsgObject
　　*psMsgObject, tMsgObjType eMsgType)

功能：配置报文对象。

入口参数：

ui32Base：CAN 模块基地址。

ui32ObjID：报文对象编号。

*psMsgObject：报文对象设置结构体(tCANMsgObject)的指针，对于结构体 tCANMsgObject 成员参数的意义，请参考 3.8.2 节的位屏蔽功能部分，在此仅说明成员 ui32Flags 在设置报文对象时的意义。在设置报文对象时，ui32Flags 有如下 3 种宏定义参数，三者通过"或"操作可同时作为入口参数：

MSG_OBJ_TX_INT_ENABLE：使能报文对象发送中断；

MSG_OBJ_RX_INT_ENABLE：使能报文对象接收中断；

MSG_OBJ_USE_ID_FILTER：使能位屏蔽功能，若不用该功能，成员 ulMsgIDMask 的参数无效。

eMsgType：报文对象的类型，请参考本小节的报文对象部分。

10. voidCANMessageGet(uint32_t ui32Base, uint32_t ui32ObjID, tCANMsgObject
　　　*psMsgObject, bool bClrPendingInt)

功能：从报文对象获取报文。

入口参数：

ui32Base：CAN 模块基地址。

ui32ObjID：报文对象编号。

*psMsgObject：报文对象结构体(tCANMsgObject)的指针，通过该函数使用该结构体时，不再是对报文对象进行配置，而是利用该结构体读取数据和状态信息。读取的数据在以 pui8MsgData 为首地址的 8 字节缓冲区中，而 ui32Flags 包含了报文对象的状态信息，若返回的 ui32Flags 和宏定义参数 MSG_OBJ_NEW_DATA 相"与"为真时，表示获取的是新数据，为假时，表示该数据已经被读取过。如果返回的 ui32Flags 和宏定义参数 MSG_OBJ_DATA_LOST 相"与"为真时，表示报文对象有数据丢失，即新接收的数据将未读取的数据覆盖掉。

bClrPendingInt：判断相关的报文对象中断是否被清除，若为 true，则相关的中断被清除；若为 false，则不清除。

11. voidCANMessageClear(uint32_t ui32Base, uint32_t ui32ObjID)

功能：释放不再使用的报文对象。

入口参数：

ui32Base：CAN 模块基地址。

ui32ObjID：报文对象编号。

说明： 该函数用于释放不再使用的报文对象，报文对象一旦被释放，就再也不会自动发送报文和触发中断。

3.8.4　CAN 接口通信实验

本节利用 CAN 总线实现了两个一体化集成系统板之间的通信：一个系统板用于发送数据，按下 LaunchPad 上左右两个按键发送不同的数据；另一个系统板用于接收数据，在接收到数据以后，根据接收到的数据点亮或者熄灭 LaunchPad 上的红色 LED。在一体化集成系统中，所用的 CAN 收发器为 SN65HVD232(TI)，两个一体化板 CAN 总线连接简图如图 3.69 所示。

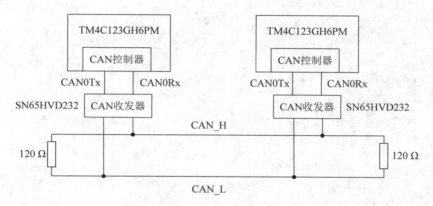

图 3.69　两个一体化板 CAN 总线连接简图

由于两个一体化板一个用于接收数据，另一个用于发送数据，所以此部分的代码分成两部分，发送报文时，ID 为 0x7F9，每次发送 8 字节数据，按下 LaunchPad 上左边的按键时，第一个字节数据为 1，按下 LaunchPad 上右边的按键时，第一个字节数据为 0。下面为发送部分的主代码：

```
#include <stdint.h>
#include <stdbool.h>
#include "inc/tm4c123gh6pm.h"
#include "inc/hw_types.h"
#include "inc/hw_memmap.h"
#include "inc/hw_can.h"
#include "driverlib/sysctl.h"
#include "driverlib/interrupt.h"
#include "driverlib/pin_map.h"
#include "driverlib/gpio.h"
#include "driverlib/can.h"
#include "driverlib/timer.h"
#include "CAN0PinsConfig.h"
```

```
#include "buttons.h"

#define NUM_BUTTONS              2
#define LEFT_BUTTON              GPIO_PIN_4
#define RIGHT_BUTTON             GPIO_PIN_0
#define ALL_BUTTONS              (LEFT_BUTTON | RIGHT_BUTTON)
void CAN0IntHandler(void)                         // CAN0 中断函数
{
    unsigned long ulStatus;
    ulStatus = CANIntStatus(CAN0_BASE, CAN_INT_STS_CAUSE);   //读取引起 CAN 的中断
    if(ulStatus == CAN_INT_INTID_STATUS)          //检测是否为状态中断
    {  //读取状态中断寄存器，同时清状态中断
        ulStatus = CANStatusGet(CAN0_BASE, CAN_STS_CONTROL);
    }
    //检测是否为报文对象 2 触发中断
    if(ulStatus == 3)
    {  //清报文对象 2 中断
        CANIntClear(CAN0_BASE, 3);
    }
}
void main(void)
{
    tCANMsgObject sCANMessageTx;                  //接收结构体
    unsigned char ucMsgData[8];                   //用于存放数据
    unsigned char ucCurButtonState, ucPrevButtonState;

    //设置系统时钟为 50 MHz
    SysCtlClockSet(SYSCTL_SYSDIV_4 | SYSCTL_USE_PLL | SYSCTL_XTAL_16MHz |
                SYSCTL_OSC_MAIN);
    SysCtlPeripheralEnable(SYSCTL_PERIPH_GPIOF);  //打开 GPIOF 外设
    PortFunctionInit();                           //配置 CAN 引脚
    ButtonsInit();                                //初始化按键 I/O 设置

    CANInit(CAN0_BASE);                           //初始化 CAN0
    CANBitRateSet(CAN0_BASE, SysCtlClockGet(), 500000);   //根据时钟设置位速率为 500 kb/s
    CANRetrySet(CAN0_BASE, true);    //当检测到错误时，自动重新发送
    //开启 CAN0 具体中断类型
    CANIntEnable(CAN0_BASE, CAN_INT_MASTER | CAN_INT_ERROR | CAN_INT_STATUS);
```

```
    IntEnable(INT_CAN0);                              //使能 CAN0 中断
    IntMasterEnable();                                //开启全局中断
    CANEnable(CAN0_BASE);

    sCANMessageTx.ui32MsgID = 0x7F9;                  // CAN 标识符为 0x7F8
    sCANMessageTx.ui32MsgIDMask =0;                   //全 0 表示不进行 ID 位屏蔽
    sCANMessageTx.ui32Flags= MSG_OBJ_TX_INT_ENABLE;   //使能报文对象发送中断
    sCANMessageTx.ui32MsgLen = 8;
    sCANMessageTx.pui8MsgData = ucMsgData;
    //按照设置配置报文对象 3 为发送类型报文对象
    // CANMessageSet(CAN0_BASE, 3, &sCANMessageTx, MSG_OBJ_TYPE_TX);

    while(1)
    {   //扫描按键信息
        ucCurButtonState = ButtonsPoll(0, 0);
        if(ucCurButtonState != ucPrevButtonState)
        {
            ucPrevButtonState = ucCurButtonState;
            if((ucCurButtonState & ALL_BUTTONS) != 0)
            {
                if((ucCurButtonState & ALL_BUTTONS) == LEFT_BUTTON)
                {
                    ucMsgData[0]=1;
                    //发送数据
                    CANMessageSet(CAN0_BASE, 3, &sCANMessageTx, MSG_OBJ_TYPE_TX);
                }
                else if((ucCurButtonState & ALL_BUTTONS) == RIGHT_BUTTON)
                {
                    ucMsgData[0]=0;
                    //发送数据
                    CANMessageSet(CAN0_BASE, 3, &sCANMessageTx, MSG_OBJ_TYPE_TX);
                }
            }
        }
        SysCtlDelay(180000);                          //延时
    }
}
```

下面为接收部分的代码，使用报文对象 2，并且开启位屏蔽功能，使能接收中断。当接收到数据时，判断第一个字节的数据，若为 1，点亮 LED；若为 0，熄灭 LED。

```c
#include <stdint.h>
#include <stdbool.h>
#include "inc/tm4c123gh6pm.h"
#include "inc/hw_types.h"
#include "inc/hw_memmap.h"
#include "inc/hw_can.h"
#include "driverlib/sysctl.h"
#include "driverlib/interrupt.h"
#include "driverlib/pin_map.h"
#include "driverlib/gpio.h"
#include "driverlib/can.h"
#include "driverlib/timer.h"
#include "CAN0PinsConfig.h"

volatile unsigned long g_bRXFlag = 0;                //设置接收成功标志
void CAN0IntHandler(void)                            //CAN0 中断函数
{
    unsigned long ulStatus;
    ulStatus = CANIntStatus(CAN0_BASE, CAN_INT_STS_CAUSE); //读取引起 CAN 的中断
    if(ulStatus == CAN_INT_INTID_STATUS)             //检测是否为状态中断
    {
        //读取状态中断寄存器，同时清状态中断
        ulStatus = CANStatusGet(CAN0_BASE, CAN_STS_CONTROL);
    }
    //检测是否为报文对象 2 触发中断
    if(ulStatus == 2)
    {
        //清报文对象 2 中断
        CANIntClear(CAN0_BASE, 2);
        g_bRXFlag = 1;
    }
}
void main(void)//主函数
{
    tCANMsgObject sCANMessageRx;                     //接收结构体
    unsigned char ucMsgData[8];                      //用于存放数据
    //设置系统时钟为 50 MHz
    SysCtlClockSet(SYSCTL_SYSDIV_4 | SYSCTL_USE_PLL | SYSCTL_XTAL_16MHz |
            SYSCTL_OSC_MAIN);
```

```
PortFunctionInit();                                          //配置 CAN0 引脚
SysCtlPeripheralEnable(SYSCTL_PERIPH_GPIOF);                 //打开 GPIOF 外设
GPIOPinTypeGPIOOutput(GPIO_PORTF_BASE, GPIO_PIN_1);  //设置 PF1 为输出
CANInit(CAN0_BASE);                                          //初始化 CAN0
//根据时钟设置位速率为 500 kb/s
CANBitRateSet(CAN0_BASE, SysCtlClockGet(), 500000);
//使能 CAN0 具体中断类型
CANIntEnable(CAN0_BASE, CAN_INT_MASTER | CAN_INT_ERROR | CAN_INT_STATUS);

IntEnable(INT_CAN0);                                         //使能 CAN0 中断
CANEnable(CAN0_BASE);                                        //打开 CAN0 总中断
IntMasterEnable();                                           //开启全局中断
//配置报文对象结构体
sCANMessageRx.ui32MsgID = 0x7F8;                             // CAN 标识符为 0x7F8
//屏蔽位信息为 0xFF8，接收范围为 0x0x7F8 到 0x7FF
sCANMessageRx.ui32MsgIDMask = 0x7F8;

//打开报文对象接收中断，使用位屏蔽功能
sCANMessageRx.ui32Flags= MSG_OBJ_RX_INT_ENABLE | MSG_OBJ_USE_ID_FILTER;
sCANMessageRx.ui32MsgLen = 8;
sCANMessageRx.pui8MsgData = ucMsgData;
//按照设置，配置报文对象 2
CANMessageSet(CAN0_BASE, 2, &sCANMessageRx, MSG_OBJ_TYPE_RX);

while(1)                                                     //主循环
{
    if(g_bRXFlag == 1)                                       //接收成功
    {
        CANMessageGet(CAN0_BASE, 2, &sCANMessageRx, 0);   //读取收到的数据
        if(ucMsgData[0]==1)
        { //点亮 LaunchPad 上红色 LED
            GPIOPinWrite(GPIO_PORTF_BASE, GPIO_PIN_1, GPIO_PIN_1);
        }
        if(ucMsgData[0]==0)
        { //熄灭 LaunchPad 上红色 LED
            GPIOPinWrite(GPIO_PORTF_BASE, GPIO_PIN_1, 0);
        }
        g_bRXFlag = 0;                                       //清除接收成功标志
    }
```

```
        }
    }
```

上面两部分程序中，都将错误和状态中断以及报文对象中断全部打开，当完成接收或者发送数据时，会两次进入中断函数：第一次为接收或者发送成功状态中断，第二次为报文对象中断。关于 CAN0 的引脚配置代码和按键配置代码可参考具体的工程。将程序下载到两个一体化系统中，把 CAN_H 和 CAN_L 用导线相连，按下发送一体化板 LaunchPad 上的左右两个按键时，会观察到接收一体化板 LaunchPad 上的红色 LED 进行暗灭变化。

第 4 章　Tiva C TM4C123 系列微处理器应用实践

本章主要是使用 TM4C123 系列微控制器控制外部芯片完成数据的读写等操作。用微控制器控制外部芯片完成特定的功能，首先要阅读芯片的数据手册或者用户指南，详细了解其实现过程；其次要找出专用芯片和 MCU 的接口方式，如 SPI、I^2C 等(此时需要注意一些细节，比如 SPI 是上升沿有效还是下降沿有效，这些细节决定了 MCU 用什么样的方式去操作芯片)；然后读者可以编写外部芯片的寄存器读写函数，找一个可读写的寄存器(标有 R/W 的寄存器)将数据写进去，再读出来，看是否正确(前提是芯片完成了复位、启动等过程)。只有该部分正确完成，才能保证后续的正确处理。后续的代码都是调用最底层的读写函数，所以读者在调试初期一定要保证这部分正确。

4.1　基于 SHT10 的数字温湿度采集与显示实验

SHT10 是瑞士 Sensirion 公司推出的一款低功耗、抗干扰能力强、长期稳定性突出的数字温湿度传感器。该传感器采用 CMOSens 技术，将温湿度传感器、A/D 转换器和串行接口电路集成到同一芯片上。

该传感器采用两线制的串行接口和微控制器的连接，十分简单。图 4.1 所示为温湿度实验原理图。图中，SHT10 的 DATA 为数据信号线，SCK 为时钟信号线。

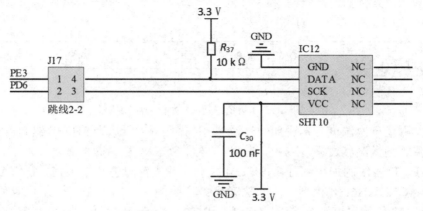

图 4.1　温湿度实验原理图

4.1.1 实验原理描述

SHT10 的两线制串行接口和第 3 章的 I^2C 总线非常相似，但是与标准的 I^2C 总线并不兼容，所以需要用 GPIO 模拟实现两线制的串行通信，SCK 用于微控制器和 SHT10 通信时的时钟同步，DATA 用于输入/输出数据，并且在 SCK 时钟下降沿时使数据发生改变，而在上升延时要求数据保持稳定，每一个 SCK 时钟传输一位数据。总的来说，就是按照 SHT10 时序的要求改变 GPIO 的电平(写数据)，或者用微控制器获取 GPIO 引脚上的电平(读数据)。

在每次开始测量时，SHT10 均需要一个传输启动过程。SHT10 启动时序如图 4.2 所示。

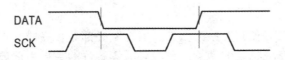

图 4.2　SHT10 启动时序

只要按图 4.2 所示的时序改变 TM4C123GH6PM 的 PE3 和 PD6 电平，即可启动一次传输。完成传输启动以后需要向 SHT10 传输命令，决定是测量温度还是湿度等信息。详细信息如表 4.1 所示。然后等待 SHT10 测量完成数据，并且返回相应的测量值和 8 位校验值。一次测量过程如图 4.3 所示。

表 4.1　SHT10 命令表

命令码	命令码的含义
00011	测量温度
00101	测量湿度
00111	读状态寄存器
00110	写内部状态寄存器
11110	复位命令，使内部寄存器恢复到默认值，下一次命令前至少等待 11 ms
其他	保留

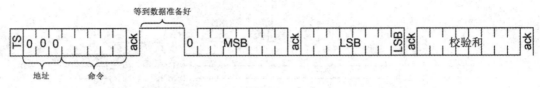

图 4.3　SHT10 测量序列(TS 为传输启动信号)

这里以测量一次湿度为例说明上述测量序列。图 4.4 所示为 SHT10 温湿度测量时序，是一个完整的测量湿度过程。其中，时钟信号线 SCK 一直由微控制器 TM4C123GH6PM 控制；DATA 信号线的加粗部分由 SHT10 控制，输出测量值和校验值，DATA 线的其余部分由 TM4C123GH6PM 控制。在本次例程中，命令为 00101，由表 4.1 可以看出它是测量湿度信息，12 位的湿度数据(SCK 为上升沿时的 DATA 线电平)为 0000 1001 0011 0001b。

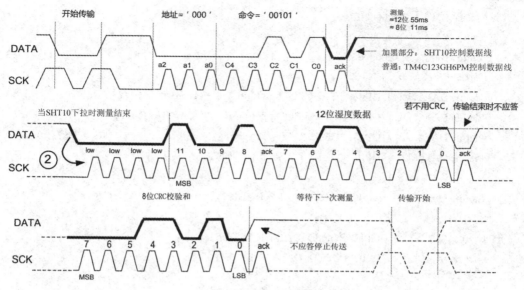

图 4.4　SHT10 温湿度测量时序

读取到 SHT10 输出的数据以后，经过计算以及校准就可以得到湿度数据。SHT10 输出的温湿度数据都需要经过计算和校准，具体的计算公式可参考 SHT10 的数据手册中温湿度的计算方法。另外，由于是用 GPIO 模拟串行接口，所以对 SCL 和 DATA，包括前面讲述的传输启动时序 SCK 和 DATA 信号线的电平变化，都有一定的时间要求，需要符合 SHT10 的时钟要求才能正常通信，写代码时需要注意时间不要过短。

4.1.2　实验代码例程

了解了 SHT10 的读写时序以后，就可以按照时序的要求编写驱动程序了。其实驱动程序就是按照 4.1.1 节所说的时序编写出来的，接口编程的关键代码如下所示，剩余部分代码可参考工程文件下的 SHT10.c 文件。

```
#include <stdint.h>
#include <stdbool.h>
#include "inc/tm4c123gh6pm.h"
#include "inc/hw_types.h"
#include "inc/hw_memmap.h"
#include "driverlib/sysctl.h"
#include "driverlib/gpio.h"

#define BIT0    0x00000001
#define BIT1    0x00000002
#define BIT2    0x00000004
#define BIT3    0x00000008
#define BIT4    0x00000010
```

```
#define BIT5        0x00000020
#define BIT6        0x00000040
#define BIT7        0x00000080
//引脚以及高低电平的定义
#define DATA_IN      GPIOPinTypeGPIOInput(GPIO_PORTE_BASE, GPIO_PIN_3)
#define DATA_OUT  GPIOPinTypeGPIOOutput(GPIO_PORTE_BASE, GPIO_PIN_3)
#define DATA_H       GPIO_PORTE_DATA_R |= BIT3
#define DATA_L       GPIO_PORTE_DATA_R&= ~BIT3


#define DATA        (GPIO_PORTE_DATA_R&BIT3)


#define SCK_H        GPIO_PORTD_DATA_R |= BIT6
#define SCK_L        GPIO_PORTD_DATA_R&= ~BIT6


#define noACK        0
#define ACK          1
                     //地址        命令       1 读/0 写
#define STATUS_REG_W    0x06    //000     0011       0
#define STATUS_REG_R    0x07    //000     0011       1
#define MEASURE_TEMP    0x03    //000     0001       1
#define MEASURE_HUMI    0x05    //000     0010       1
#define RESET           0x1e    //000     1111       0


enum {TEMP, HUMI};


//--------------------------------------------------------------------------
char s_write_byte(unsigned char value)
//--------------------------------------------------------------------------
//向总线写 1 字节，并且检测应答信号
{
    DATA_OUT;
    unsigned char i, error=0;
    for (i=0x80; i>0; i/=2)          //利用 i 逐次取出 value 的每一位进行发送(由高到低)
    {
        if (i & value) {DATA_H;}     //与 i 进行掩模处理，将数据写入总线
        else {DATA_L;}
        SCK_H;
        SysCtlDelay(100);
        //_NOP();_NOP();               //延时等待至少 5 μs
```

```
        SCK_L;
        SysCtlDelay(100);
    }
    DATA_H;                     //释放 DATA-line
    SysCtlDelay(10);
    DATA_IN;
    SysCtlDelay(10);
    SCK_H;                      //为应答信号写一个时钟信号
    SysCtlDelay(10);
    if(DATA)    {error=1;}      //检测应答信号(DATA 线被 SHT11 拉低)
    SCK_L;
    return error;              //未检测到应答信号时返回 error=1
}


//-----------------------------------------------------------------------------
char s_read_byte(unsigned char ack)
//-----------------------------------------------------------------------------
//从 SHT10 读取 1 字节，并且在需要给出应答(即 ack=1)的情况下给出应答信号
{
    unsigned char i, val=0;
    DATA_OUT;                   //DATA 设为输出
    DATA_H;                     //释放 DATA-line
    SysCtlDelay(10);
    DATA_IN;                    //DATA 设为输入
    for (i=0x80; i>0; i/=2)     //对 i 进行移位，逐位取出数据(由高到低)
    {
        SCK_H;                  //为总线提供时钟信号
        SysCtlDelay(100);
        if (DATA) val=(val | i); //读取 1 位数据
        SCK_L;
        SysCtlDelay(100);
    }
    DATA_OUT;
    if(ack) {DATA_L;}           //在 "ack==1" 时拉低 DATA-Line，提供应答信号
    SCK_H;                      //为应答信号提供时钟信号
    SysCtlDelay(100);
    //_NOP();_NOP();            //延时等待至少 5 μs
    SCK_L;
    DATA_H;                     //释放 DATA-line
```

```
        return val;
    }


//------------------------------------------------------------------------
void s_transstart(void)
//------------------------------------------------------------------------
//生成启动传输信号，时序如下所示
//            _____            _____
// DATA:          |_____|
//              ___     ___
// SCK : ___|    |__|    |_____
    {

        DATA_OUT;                       //DATA 设为输出

        DATA_H; SCK_L;                  //初始化数据线和时钟线
        SysCtlDelay(100);
        SCK_H;
        SysCtlDelay(100);
        DATA_L;
        SysCtlDelay(100);
        SCK_L;
        SysCtlDelay(100);
        SCK_H;
        SysCtlDelay(100);
        DATA_H;
        SysCtlDelay(100);
        SCK_L;
    }
//---------------------------------------------------------------------
void s_connectionreset(void)
//---------------------------------------------------------------------
//传输复位: DATA-line=1 (数据线拉高)持续 9 个时钟周期，然后开始启动传输信号
//_____     _____
// DATA:                                                        |_____|
//        _   _   _   _   _   _   _   _   _                       ___     ___
// SCK : _| |_| |_| |_| |_| |_| |_| |_| |_| |_                   |__|    |_____
    {
        DATA_OUT;                       //DATA 和 SCK 设为输出
```

```
        unsigned char i;
        DATA_H; SCK_L;                    //初始化数据线和时钟线
        for(i=0; i<9; i++)                // 9 个时钟信号(9 SCK cycles)
        {
            SCK_H;
            SysCtlDelay(100);
            SCK_L;
            SysCtlDelay(100);
        }
        s_transstart();                    //启动传输
        }
```

　　主函数部分的代码如下所示，首先通过 SHT10 测量温湿度数据，然后通过液晶显示温湿度数据。

```
#include <stdint.h>
#include <stdbool.h>
#include "inc/tm4c123gh6pm.h"
#include "inc/hw_types.h"
#include "inc/hw_memmap.h"
#include "driverlib/sysctl.h"
#include "driverlib/gpio.h"
#include "SHT10.h"
#include "ILI9320.h"


char    *StringTEM={"Temperature: "};
char    *StringHUM={"Humidity: "};

typedef union
{
    unsigned int i;
    float f;
} value;


//-------------------------------------------------------------------------
//枚举变量
//-------------------------------------------------------------------------
enum {TEMP, HUMI};


void main(void)
```

```
{
    value humi_val, temp_val;
    unsigned char flag, checksum;
    int temperature, humidity;
    unsigned char TemData[2], HunData[2];

    SysCtlClockSet(SYSCTL_SYSDIV_4 | SYSCTL_USE_PLL | SYSCTL_XTAL_16MHz |
                SYSCTL_OSC_MAIN);
    //使能 GPIOE
    SysCtlPeripheralEnable(SYSCTL_PERIPH_GPIOE);
    //使能 GPIOD
    SysCtlPeripheralEnable(SYSCTL_PERIPH_GPIOD);
    GPIOPinTypeGPIOOutput(GPIO_PORTD_BASE, GPIO_PIN_6);//设置 GPIOD6(SCK)为输出

    LCD_GPIOEnable();
    LCD_ILI9320Init();                          //初始化 LCD
    LCD_Clear(White);                           //将背景填成白色

    LCD_PutString(0, 5, StringTEM, Red, White);
    LCD_PutString(0, 30, StringHUM, Red, White);

    LCD_PutString(120, 5, "C", Red, White);
    LCD_PutString(120, 30, "%RH", Red, White);

    //LCD_PutChar8x16(0, 50, 0x46, Red, White);
    while(1)                                    //主循环
    {
        flag=0;
        flag+=s_measure( &humi_val.i, &checksum, HUMI);    //测量湿度，测量正常 flag 为 0
        flag+=s_measure( &temp_val.i, &checksum, TEMP);    //测量温度，测量正常 flag 为 0

        if(flag!=0) s_connectionreset();            //如果错误，重新连接
        else
        {
            humi_val.f=(float)humi_val.i;           //把 int 转化为 float，用于下一步计算
            temp_val.f=(float)temp_val.i;           //把 int 转化为 float，用于下一步计算
            calc_sth11(&humi_val.f, &temp_val.f);   //计算温湿度数据
        }
        //下面为显示部分(未列出)，温湿度数据已经保存在变量 humi_val.f 和 temp_val.f 中
```

```
      :

              SysCtlDelay(5000000);              //延时

      }

  }
```

4.2　光照度采集

本实验利用硅光电池采集外界光照度，即将外界光信号转化成微控制器能够处理的电压信号，使用 TM4C123GH6PM 内部 ADC 模块测量输出的电压信号。

4.2.1　实验原理描述

1. 硅光电池

要想测得环境中光照强度的值，必须要有一定的感光元件，硅光电池就是用得比较多的一种感光元件(即传感器)。

光电池是一种特殊的半导体二极管，能将可见光转化为直流电。有的光电池还可以将红外光和紫外光转化为直流电。本次设计所使用的光电池是型号为 SP-10A 的二脚直插式硅光电池，其外形如图 4.5 所示。

图 4.5　型号为 SP-10A 的二脚直插式硅光电池

在图 4.5 所示的硅光电池中，顶部"E"型方块区域即为受光区，改变这部分的光通量即会改变光电池的电动势。一般情况下，"E"型右侧为正极，左侧为负极。读者可用万用表自行检测，并通过遮挡不同程度的受光区来观察光电池的输出电压有何变化。

2. 光电转换与信号调理电路

一个线性度好、稳定度高的光电转换与信号放大电路对于整个测试系统是至关重要的。它直接影响着整个系统的测量精度、灵敏度、稳定性及系统的测试速度等指标。因此，本实验选择失调电压(典型值为 250 μV)和偏置电流(典型值为 2.5 pA)较低的单电源运放 TLV2472。

前面已经多次提到硅光电池作为测量元件使用时应当作电流源，但是微控制器能够识别的是电压信号,因此需要将硅光电池的输出电流转换成电压,这就需要使用 I/V 转换器(即电流/电压转换器)。I/V 转换电路如图 4.6 所示。

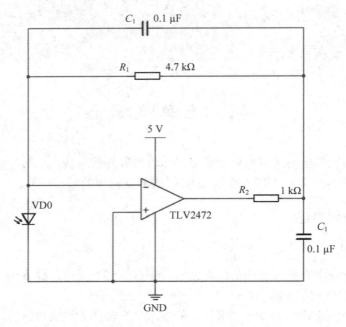

图 4.6　I/V 转换电路

图 4.6 中,硅光电池的电流方向为从上到下,由运放的"虚断"特性可知该电流全部流经电阻 R_1,因此在 R_1 上会产生一个压降,又由运放的"虚短"特性可得到运放的−端和+端电势相同,所以输出为 R_1 上的压降。所以输出电压 U_o 为

$$U_o = I \times R_1$$

式中,I 为光电池的电流。由上式可知,运放输出电压 U_o 是硅光电池的短路电流放大 R_1 倍的结果。另外,此电压也与光照度成正比。根据以上推导过程可以得到:光照度与 I/U 转换后输出的电压成正比关系。因此,光照度的计算公式可由下式表示:

$$L_x = U_o \times x$$

式中,L_x 为所要显示的光照度,x 为比例系数。

4.2.2　实验代码例程

本实验中使用的 TM4C123GH6PM 内部 ADC0 的 SS3,选择通道 1 作为 ADC 输入端口,其代码例程如下所示。

```
#include <stdint.h>
#include <stdbool.h>
#include "inc/tm4c123gh6pm.h"
#include "inc/hw_types.h"
#include "inc/hw_memmap.h"
```

```c
#include "driverlib/sysctl.h"
#include "driverlib/adc.h"
#include "driverlib/pin_map.h"
#include "driverlib/gpio.h"
#include "driverlib/interrupt.h"
#include "ILI9320.h"

char    *String={"The Light is: "};
char    *StringUint={"LX"};
unsigned char MeasureSuccess=0;
void ADC0_S3_ISR(void)
{
    ADCIntClear(ADC0_BASE, 3);
    MeasureSuccess=1;
}
void main(void)
{
    unsigned int ulValue;
    unsigned int ulValueSum=0;

    float light;
    unsigned char ShowNumber[6]={0, 0, 0, 0, 0, 0};
    //设置时钟为 50 MHz
    SysCtlClockSet(SYSCTL_SYSDIV_4 | SYSCTL_USE_PLL | SYSCTL_XTAL_16MHz |
                SYSCTL_OSC_MAIN);

    SysCtlPeripheralEnable(SYSCTL_PERIPH_ADC0);
    SysCtlPeripheralEnable(SYSCTL_PERIPH_GPIOE);
    ADCHardwareOversampleConfigure(ADC0_BASE, 64);      //硬件 64 平均

    LCD_GPIOEnable(); //配置 LCD 所需的 I/O 端口、GPIOA 和 GPIOB、方向和使能寄存器
    LCD_ILI9320Init();                                  //初始化 LCD
    LCD_Clear(White);                                   //将背景填成白色

    GPIOPinTypeADC(GPIO_PORTE_BASE, GPIO_PIN_2);
    //处理器触发 ADC 采样
    ADCSequenceConfigure(ADC0_BASE, 3, ADC_TRIGGER_PROCESSOR, 0);
    //ADC0 的 SS3, 第 0 步, 通道 1
```

```
ADCSequenceStepConfigure(ADC0_BASE, 3, 0, ADC_CTL_IE | ADC_CTL_END |
                    ADC_CTL_CH1);


ADCSequenceEnable(ADC0_BASE, 3);
ADCIntEnable(ADC0_BASE, 3);
ADCIntClear(ADC0_BASE, 3);


IntEnable(INT_ADC0SS3);
IntMasterEnable();                              //开全局中断


LCD_PutString(0, 10, String, Red, White);
LCD_PutString(153, 10, StringUint, Red, White);


while(ADCSequenceDataGet(ADC0_BASE, 3, &ulValue));
ADCProcessorTrigger(ADC0_BASE, 3);
while(1)
{
    if(MeasureSuccess==1)
    {
        ADCSequenceDataGet(ADC0_BASE, 3, &ulValue);
        ulValueSum=ulValue;
        MeasureSuccess=0;
        //计算光照强度
        light=(((((float)ulValueSum)/4096)*3.3)/4700)*50000000;
        //显示计算
        ShowNumber[5]=(unsigned char)(light/100000.0);
        light=light-ShowNumber[5]*100000.0;
        ShowNumber[4]=(unsigned char)(light/10000.0);
        light=light-ShowNumber[4]*10000.0;
        ShowNumber[3]=(unsigned char)(light/1000.0);
        light=light-ShowNumber[3]*1000.0;
        ShowNumber[2]=(unsigned char)(light/100.0);
        light=light-ShowNumber[2]*100.0;
        ShowNumber[1]=(unsigned char)(light/10.0);
        light=light-ShowNumber[1]*10.0;
        ShowNumber[0]=(unsigned char)light;     //低位

        LCD_PutChar8x16(105, 10, ShowNumber[5] + '0', Red,White);
```

```
        LCD_PutChar8x16(113, 10, ShowNumber[4] + '0', Red,White);
        LCD_PutChar8x16(121, 10, ShowNumber[3] + '0', Red,White);
        LCD_PutChar8x16(129, 10, ShowNumber[2] + '0', Red,White);
        LCD_PutChar8x16(137, 10, ShowNumber[1] + '0', Red,White);
        LCD_PutChar8x16(145, 10, ShowNumber[0] + '0', Red, White);

        ulValueSum=0;
        SysCtlDelay(SysCtlClockGet() / 10);
        ADCProcessorTrigger(ADC0_BASE, 3);
    }
   }
 }
```

实验过程中，可以通过改变硅光电池附近的光照强度来观察光强的变化程度。

4.3　简易正弦波测频实验

本节利用迟滞比较器将正弦波整形为同频率的方波，然后用 TM4C123GH6PM 微控制器中的定时器测量频率的大小。

4.3.1　实验原理描述

本实验中所用的反向迟滞比较器实验电路如图 4.7 所示，输入的正弦波信号经过电容耦合到 3.3 V 等分压之后的 1.65 V 上，由 TLC272 产生一个 1.65 V 的基准源，即 u_{ref} 为 1.65 V。

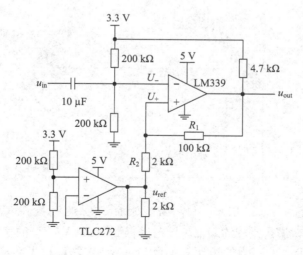

图 4.7　测频实验电路

首先假定 U_+ 为恒定的 1.65 V，当 U_- 小于 1.65 V 时，u_{out} 为 3.3 V；当 U_- 大于 1.65 V 时，u_{out} 为 0 V，也可以实现比较，但是在实际中 u_{in} 会叠加一些小干扰信号，U_- 在 1.65 V 附近时，会使 u_{out} 输出跳变，出现如图 4.8 所示的情况，导致在这段区域以内 u_{out} 会在 0～3.3 V 之间变化几次。

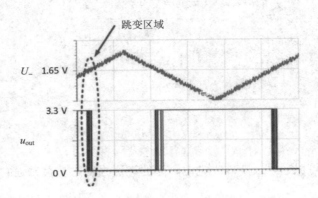

图 4.8　未使用迟滞的情况

为了克服上述情况，在图 4.9 中使用了迟滞比较器，当 U_- 小于 U_+ 时，u_{out} 为 3.3 V。由图 4.9 可以计算出此时 U_+ 端的电压为

$$U_+ = u_{ref} + (u_{out} - u_{ref}) \times \frac{R_2}{R_1 + R_2} = 1.682 \text{ V}$$

此时要略大于 1.65 V，即 U_- 的电压大于 1.682 V 时，u_{out} 才会变为 0 V。随着 U_- 的增大，当 U_- 大于 U_+ 时，u_{out} 为 0 V，此时 U_+ 端的电压为

$$U_+ = u_{ref} \times \frac{R_2}{R_1 + R_2} = 1.618 \text{ V}$$

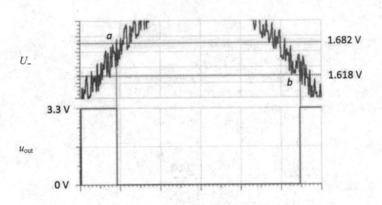

图 4.9　引入迟滞以后的比较波形

U_+ 变为 1.618 V，那么比较的阈值也同时降低到 1.618 V，U_- 的值在 1.682 V 附近，即使叠加上一定的干扰，也不会低于比较的阈值 1.618 V，所以不会出现图 4.8 所示的跳变情况。当 U_- 小于 1.618 V 时，u_{out} 为 3.3 V，此时比较的阈值 U_+ 变为 1.682 V，U_- 在

1.618 V 附近叠加上一定的干扰也不会超过 1.682 V，所以也不会出现图 4.8 所示的跳变情况。引入迟滞以后的波形如图 4.9 所示。在 a 点附近只要 U_- 第一次大于 1.682 V，比较的门限值就会变为 1.618 V，如此即使是 U_- 上叠加了小干扰信号也不会低于 1.618 V，比较的门限值会一直维持到 b 点，这样 u_{out} 由 3.3 V 到 0 V 跳变一次，可克服图 4.8 所示的问题。同样，在 b 点也是如此，只不过比较的门限值再次变为 1.682 V，如此往复。读者可以发现比较的门限值范围由 R_1 和 R_2 决定，如果干扰信号较大，可通过适当地改变 R_1 和 R_2 的值来改变比较时的上下门限值，从而避免出现图 4.8 所示的跳变情况。

　　经过迟滞比较器的整形，将正弦波信号转化为同频率的方波信号，此时就可以用 TM4C123GH6PM 内部的定时器模块测量方波信号的频率了。

4.3.2　实验代码例程

　　本实验的代码只是用到了定时器，将定时器设置为边沿计时模式，即可测量方波信号的周期，从而计算出正弦波信号的频率。其程序如下所示。

```
#include <stdint.h>
#include <stdbool.h>
#include "inc/tm4c123gh6pm.h"
#include "inc/hw_memmap.h"
#include "inc/hw_gpio.h"
#include "driverlib/sysctl.h"
#include "driverlib/timer.h"
#include "driverlib/pin_map.h"
#include "driverlib/gpio.h"
#include "driverlib/adc.h"
#include "driverlib/interrupt.h"
#include "WTimer3PinsConfig.h"
#include "ILI9320.h"


unsigned long ulTimes1=0;
unsigned long ulTimes2=0;
unsigned int    ulFlag=0;
unsigned char CaptuerSuccess=0;
unsigned char CaptuerFalse=0;
char    *FreqString={"Frequency is: "};


void WTimer3A_ISR_CAP(void)
{
    unsigned long IntState;
```

```
        IntState=TimerIntStatus(WTIMER3_BASE, true);

    if(IntState&TIMER_TIMA_TIMEOUT)
    {
        SysCtlDelay(40);
    }
    if(IntState&TIMER_CAPA_EVENT)
    {
        TimerIntClear(WTIMER3_BASE, IntState);
        if( ulFlag==0)
        {
            ulTimes1=TimerValueGet(WTIMER3_BASE, TIMER_A);
            ulFlag=1;
        }
        else
        {
            ulTimes2=TimerValueGet(WTIMER3_BASE, TIMER_A);
            TimerIntDisable(WTIMER3_BASE, TIMER_CAPA_EVENT);
            TimerDisable(WTIMER3_BASE, TIMER_A);
            TimerIntDisable(WTIMER1_BASE, TIMER_TIMA_TIMEOUT);
            TimerDisable(WTIMER1_BASE, TIMER_A);

            TimerLoadSet(WTIMER3_BASE, TIMER_A, 900000000);
            ulFlag=0;
            CaptuerSuccess=1;
        }
    }
}


void WTimer1A_ISR(void)                 //设置 1 s 的时间检测捕获是否超时
{
    unsigned long IntState;

    IntState=TimerIntStatus(WTIMER1_BASE, true);
    TimerIntClear(WTIMER1_BASE, TIMER_TIMA_TIMEOUT);
    if(IntState&TIMER_TIMA_TIMEOUT)
    {
        CaptuerSuccess=0;
        CaptuerFalse=1;
```

```
        TimerIntDisable(WTIMER3_BASE, TIMER_CAPA_EVENT);
        TimerDisable(WTIMER3_BASE, TIMER_A);


        TimerIntDisable(WTIMER1_BASE, TIMER_TIMA_TIMEOUT);
        TimerDisable(WTIMER1_BASE, TIMER_A);
    }
}
void main(void)
{
    float Period, Freq;
    unsigned char ShowNumber[6]={0, 0, 0, 0, 0, 0};

    //设置系统时钟为 50 MHz
    SysCtlClockSet(SYSCTL_SYSDIV_4 | SYSCTL_USE_PLL | SYSCTL_XTAL_16MHz |
                SYSCTL_OSC_MAIN);

    PortFunctionInit();
    SysCtlPeripheralEnable(SYSCTL_PERIPH_WTIMER1);        //使能 WT1
    LCD_GPIOEnable();

    //捕获频率配置
    TimerConfigure(WTIMER3_BASE, TIMER_CFG_SPLIT_PAIR |
                TIMER_CFG_A_CAP_TIME);
    TimerControlEvent(WTIMER3_BASE, TIMER_A, TIMER_EVENT_POS_EDGE);
    TimerLoadSet(WTIMER3_BASE, TIMER_A, 90000000);
    TimerIntDisable(WTIMER3_BASE, TIMER_CAPA_EVENT | TIMER_TIMA_TIMEOUT);
    IntEnable(INT_WTIMER3A);                              //使能 NVIC 中断控制器

    TimerIntDisable(WTIMER3_BASE, TIMER_CAPA_EVENT);
    TimerDisable(WTIMER3_BASE, TIMER_A);

    //配置捕获 timeout 定时器
    TimerDisable(WTIMER1_BASE, TIMER_A);
    TimerConfigure(WTIMER1_BASE, TIMER_CFG_SPLIT_PAIR | TIMER_CFG_A_PERIODIC);
    TimerLoadSet(WTIMER1_BASE, TIMER_A, SysCtlClockGet());
    IntEnable(INT_WTIMER1A);
    TimerIntDisable(WTIMER1_BASE, TIMER_TIMA_TIMEOUT);
    TimerEnable(WTIMER1_BASE, TIMER_A);
```

```
TimerDisable(WTIMER1_BASE, TIMER_A);

//开全局中断
IntMasterEnable();

LCD_ILI9320Init();                          //初始化 LCD
LCD_Clear(White);                           //将背景填成白色
LCD_PutString(0, 50, FreqString, Red, White);
LCD_PutString(155, 50, "Hz", Red, White);

TimerIntEnable(WTIMER3_BASE, TIMER_CAPA_EVENT);
TimerEnable(WTIMER3_BASE, TIMER_A);

TimerIntEnable(WTIMER1_BASE, TIMER_TIMA_TIMEOUT);
TimerEnable(WTIMER1_BASE, TIMER_A);
while(1)
{
    if(CaptuerSuccess==1)                   //频率捕捉成功
    {
        Period=(ulTimes1-ulTimes2)*0.00000002;
        Freq=(1/Period);

        CaptuerSuccess=0;

        ShowNumber[5]=(unsigned char)(Freq/100000.0);
        Freq=Freq-ShowNumber[5]*100000.0;
        ShowNumber[4]=(unsigned char)(Freq/10000.0);
        Freq=Freq-ShowNumber[4]*10000.0;
        ShowNumber[3]=(unsigned char)(Freq/1000.0);
        Freq=Freq-ShowNumber[3]*1000.0;
        ShowNumber[2]=(unsigned char)(Freq/100.0);
        Freq=Freq-ShowNumber[2]*100.0;
        ShowNumber[1]=(unsigned char)(Freq/10.0);
        Freq=Freq-ShowNumber[1]*10.0;
        ShowNumber[0]=(unsigned char)Freq;      //低位

        LCD_PutChar8x16(106, 50, ShowNumber[5] + '0', Red, White);
        LCD_PutChar8x16(114, 50, ShowNumber[4] + '0', Red, White);
        LCD_PutChar8x16(122, 50, ShowNumber[3] + '0', Red, White);
```

```
            LCD_PutChar8x16(130, 50, ShowNumber[2] + '0', Red, White);
            LCD_PutChar8x16(138, 50, ShowNumber[1] + '0', Red, White);
            LCD_PutChar8x16(146, 50, ShowNumber[0] + '0', Red, White);

            TimerIntEnable(WTIMER3_BASE, TIMER_CAPA_EVENT);
            TimerEnable(WTIMER3_BASE, TIMER_A);

            TimerLoadSet(WTIMER1_BASE, TIMER_A, SysCtlClockGet());
            TimerIntEnable(WTIMER1_BASE, TIMER_TIMA_TIMEOUT);
            TimerEnable(WTIMER1_BASE, TIMER_A);
        }
    if(CaptuerFalse==1)            //频率捕捉失败
    {
        CaptuerFalse=0;

            LCD_PutChar8x16(106, 50, '0', Red, White);
            LCD_PutChar8x16(114, 50, '0', Red, White);
            LCD_PutChar8x16(122, 50, '0', Red, White);
            LCD_PutChar8x16(130, 50, '0', Red, White);
            LCD_PutChar8x16(138, 50, '0', Red, White);
            LCD_PutChar8x16(146, 50, '0', Red, White);

            TimerIntEnable(WTIMER3_BASE, TIMER_CAPA_EVENT);
            TimerEnable(WTIMER3_BASE, TIMER_A);

            TimerLoadSet(WTIMER1_BASE, TIMER_A, SysCtlClockGet());
            TimerIntEnable(WTIMER1_BASE, TIMER_TIMA_TIMEOUT);
            TimerEnable(WTIMER1_BASE, TIMER_A);
        }
    }
}
```

4.4　三轴陀螺三轴加速度测量

　　本节采用 MPU6050 完成对三轴加速度和三轴陀螺仪的测量。MPU6050 是一款数字式三轴陀螺三轴加速度传感器，提供了标准的 I^2C 接口。本实验将 TM4C123 系列微控制器作为主机，使用内部的 I^2C 模块完成对 MPU6050 的读写。

4.4.1　MPU6050 介绍及实验原理

MPU6050 集成了三轴 MEMS 陀螺仪、三轴 MEMS 加速度计以及一个可扩展的数字运动处理器 DMP(Digital Motion Processor)，可用 I²C 接口连接一个第三方的数字传感器。MPU6050 对陀螺仪和加速度计分别用了 3 个 16 位的 ADC 进行测量，再将其测量的模拟量转化为可输出的数字量。为了精确跟踪快速和慢速运动，MPU6050 的测量范围可以由用户进行设定，陀螺仪可测范围为 ±250(°)/s、±500(°)/s、±1000(°)/s、±2000(°)/s，加速度计可测范围为 ±2 g、±4 g、±8 g 及 ±16 g。

MPU6050 提供了高达 400 kb/s 的 I²C 接口，从机地址由引脚 AD0 决定。若 AD0 为逻辑 "1"，则从机地址为 0x69；若 AD0 为逻辑 "0"，则从机地址为 0x68。该部分使用到了 TM4C123GH6PM 内部的 IIC3 模块。三轴加速度和三轴陀螺测量原理图如图 4.10 所示。

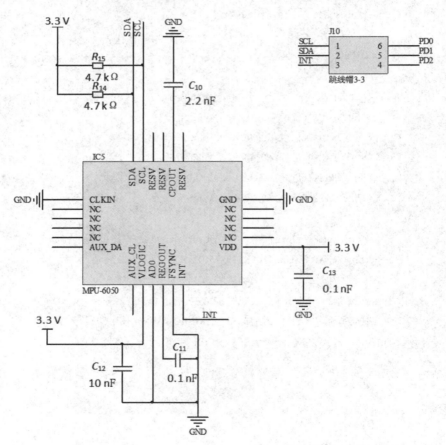

图 4.10　三轴加速度和三轴陀螺测量原理图

由于 MPU6050 是数字式传感器，它将测量的 16 位数据保存到了内部的寄存器当中，其关键部分是微控制器通过 I²C 总线访问其内部寄存器，将测量好的数据通过 I²C 总线读取到处理器中，然后进行相应的数据处理，得到测量结果。三轴加速度和三轴陀螺对应的寄存器地址分别如表 4.2 和表 4.3 所示，关于其他寄存器的地址读者可参考 MPU6050 寄存器映射表，在这里不进行一一说明。

表 4.2　三轴加速度对应的寄存器地址

寄存器 (Hex)	寄存器 (Decimal)	bit7	bit6	bit5	bit4	bit3	bit2	bit1	bit0
3B	59	ACCEL_XOUT[15:8]							
3C	60	ACCEL_XOUT[7:0]							
3D	61	ACCEL_XOUT[15:8]							
3E	62	ACCEL_XOUT[7:0]							
3F	63	ACCEL_XOUT[15:8]							
40	64	ACCEL_XOUT[7:0]							

表 4.3　三轴陀螺对应的寄存器地址

寄存器 (Hex)	寄存器 (Decimal)	bit7	bit6	bit5	bit4	bit3	bit2	bit1	bit0
43	67	GYRO_XOUT[15:8]							
44	68	GYRO_XOUT[7:0]							
45	69	GYRO_XOUT[15:8]							
46	70	GYRO_XOUT[7:0]							
47	71	GYRO_XOUT[15:8]							
48	72	GYRO_XOUT[7:0]							

　　由表 4.2 可以看出，每个轴上的 16 位加速度数据保存到了两个寄存器中。例如，在 X 轴上，高 8 位存储在地址为 0x3B 的寄存器中，低 8 位保存在地址为 0x3C 的寄存器中，微控制器通过 I^2C 总线访问这些寄存器就可以获取相应轴上的测量数据，三轴陀螺也是如此。MPU6050 的方位与 X、Y、Z 三轴的关系如图 4.11 所示。

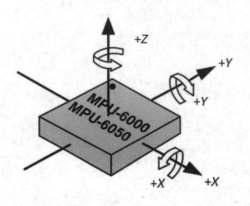

图 4.11　MPU6050 的方位图

4.4.2　实验代码例程

在程序部分，需要根据 MPU6050 的读写过程来设置和操作 TM4C123GH6PM 内部的 I^2C 模块，本例程以单字节写入和单字节读出为例实现对 MPU6050 的读写。MPU6050 单字节写入过程如图 4.12 所示，上面的主机"Master"表示 TM4C123GH6PM，下面的从机"Slave"表示 MPU6050。由主机开始发出起始信号"S"，接下来的"AD + W"表示 MPU6050 的从机地址和写标志位(7 位从机地址 + 1 位写控制位)，"RA"表示内部寄存器的地址，"DATA"表示写入 MPU6050 寄存器的数据。

主机(Master)	S	AD+W		RA		DATA		P
从机(Slave)			ACK		ACK		ACK	

图 4.12　MPU6050 单字节写入过程

图 4.13 所示为 MPU6050 单字节读出过程。读出过程分为两部分：前面部分是写入从机地址和寄存器地址，后面部分是读取寄存器中的数据，中间由一个重新启动信号隔开。其中"AD + R"表示从机地址和读标志位(7 位从机地址 + 1 位读控制位)。

主机(Master)	S	AD+W		RA	S	AD+R			NACK	P
从机(Slave)			ACK				ACK	DATA		

图 4.13　MPU6050 单字节读出过程

对于 MPU6050 的读写函数以及初始化函数都编写在 MPU6050.c 从下面，方便读者在其他工程下的移植。具体代码如下：

```
#include <stdint.h>
#include <stdbool.h>
#include "inc/tm4c123gh6pm.h"
#include "inc/hw_memmap.h"
#include "driverlib/i2c.h"
#include "driverlib/sysctl.h"
#include "MPU6050.h"
#include "defs.h"

#define SLAVE_ADDRESS    0x68            //MPU6050 作为 MPU6050 的地址

void MPU6050_SingleByteWrite(unsigned char ucAddress, unsigned char ucValue)
{    //写数据到指定寄存器
    I2CMasterSlaveAddrSet(I2C3_BASE, SLAVE_ADDRESS, false);
```

```
    I2CMasterDataPut(I2C3_BASE, ucAddress);
    while (I2CMasterBusy(I2C3_BASE));

    I2CMasterControl(I2C3_BASE, I2C_MASTER_CMD_BURST_SEND_START);
    while (I2CMasterBusy(I2C3_BASE));

    I2CMasterDataPut(I2C3_BASE, ucValue);

    I2CMasterControl(I2C3_BASE, I2C_MASTER_CMD_BURST_SEND_FINISH);
    while (I2CMasterBusy(I2C3_BASE));
}
unsigned char MPU6050_SingleByteRead(unsigned char ucAddress)
{
    unsigned char ucData;

    //写地址
    I2CMasterSlaveAddrSet(I2C3_BASE, SLAVE_ADDRESS, false);
    I2CMasterDataPut(I2C3_BASE, ucAddress);
    while(I2CMasterBusy(I2C3_BASE));

    I2CMasterControl(I2C3_BASE, I2C_MASTER_CMD_SINGLE_SEND);
    while(I2CMasterBusy(I2C3_BASE));

    //读数据
    I2CMasterSlaveAddrSet(I2C3_BASE, SLAVE_ADDRESS, true);
    while(I2CMasterBusy(I2C3_BASE));
    I2CMasterControl(I2C3_BASE, I2C_MASTER_CMD_SINGLE_RECEIVE);
    while(I2CMasterBusy(I2C3_BASE));
    ucData = I2CMasterDataGet(I2C3_BASE);

    return (ucData);
}

unsigned char MPU6050_Inti(void)
{
    unsigned int uintData;
    MPU6050_SingleByteWrite(MPU6050_O_PWR_MGMT_1, 0x00);
```

```
    SysCtlDelay(200000);
    MPU6050_SingleByteWrite(MPU6050_O_SMPLRT_DIV, 0x07);
    SysCtlDelay(200000);
    MPU6050_SingleByteWrite(MPU6050_O_CONFIG, 0x06);
    SysCtlDelay(200000);
    MPU6050_SingleByteWrite(MPU6050_O_GYRO_CONFIG, 0x18);      //+/-2000°/s
    SysCtlDelay(200000);
    MPU6050_SingleByteWrite(MPU6050_O_ACCEL_CONFIG, 0x00);     //+/-4 g
    SysCtlDelay(400000);


    uintData=MPU6050_SingleByteRead(MPU6050_O_WHO_AM_I);
    //验证一个寄存器
    uintData=MPU6050_SingleByteRead(MPU6050_O_CONFIG);


    return uintData==0x06?SUCCESS:FAILED;
}
```

上述程序中，MPU6050_SingleByteWrite()函数和 MPU6050_SingleByteRead()函数中的参数 ucAddress 表示 MPU6050 内部的寄存器地址，即图 4.12 和图 4.13 中的"RA"，而不是从机地址。当硬件电路设计好以后，MPU6050 的从机地址是固定不变的，在本例程中其从机地址为 0x68，程序中每次写入固定的从机地址。

通过调用 MPU6050_SingleByteWrite()函数和 MPU6050_SingleByteRead()函数，读者就可以读写 MPU6050 内部寄存器的数据。下面主函数部分为测量 X、Y、Z 三轴的加速度、角速度以及片内温度的程序。

```
#include <stdint.h>
#include <stdbool.h>
#include "inc/tm4c123gh6pm.h"
#include "inc/hw_types.h"
#include "inc/hw_memmap.h"
#include "driverlib/sysctl.h"
#include "driverlib/gpio.h"
#include "driverlib/i2c.h"
#include "I2C3PinsConfig.h"
#include "MPU6050.h"
#include "math.h"
#include "defs.h"
void main(void)
{
```

```
short int ucData=0;
float A_X=0, A_Y=0, A_Z=0, G_X=0, G_Y=0, G_Z=0;
float Temp, Angle;
//设置系统时钟为 50 MHz
SysCtlClockSet(SYSCTL_SYSDIV_4 | SYSCTL_USE_PLL | SYSCTL_XTAL_16MHz |
            SYSCTL_OSC_MAIN);
PortFunctionInit();                           //配置 IIC3 对应的 I/O 口
I2CMasterInitExpClk(I2C3_BASE, SysCtlClockGet(), false);
                                //此函数已经开启主机使能，I²C 速率为 100 kb/s
if(MPU6050_Inti()==FAILED)          //初始化 MPU6050
{
    while(1);
}


//测量 MPU6050 片内温度
ucData=MPU6050_SingleByteRead(MPU6050_O_TEMP_OUT_H );
ucData=ucData<<8;
ucData=ucData+MPU6050_SingleByteRead(MPU6050_O_TEMP_OUT_L);
Temp=(ucData )/ 340+36.53;


while(1)
{
/***************加速度测量***************/
ucData=MPU6050_SingleByteRead(MPU6050_O_ACCEL_XOUT_H );
ucData=ucData<<8;
ucData=ucData | MPU6050_SingleByteRead(MPU6050_O_ACCEL_XOUT_L);
A_X=ucData*0.00059875;

ucData=MPU6050_SingleByteRead(MPU6050_O_ACCEL_YOUT_H );
ucData=ucData<<8;
ucData=ucData | MPU6050_SingleByteRead(MPU6050_O_ACCEL_YOUT_L);
A_Y=ucData *0.00059875;

ucData=MPU6050_SingleByteRead(MPU6050_O_ACCEL_ZOUT_H );
ucData=ucData<<8;
ucData=ucData | MPU6050_SingleByteRead(MPU6050_O_ACCEL_ZOUT_L);
A_Z=ucData *0.00059875;
```

```
/****************角速度测量****************/
ucData=MPU6050_SingleByteRead(MPU6050_O_GYRO_XOUT_H);
ucData=ucData<<8;
ucData=ucData | MPU6050_SingleByteRead(MPU6050_O_GYRO_XOUT_L);
G_X=ucData/16.4;

ucData=MPU6050_SingleByteRead(MPU6050_O_GYRO_YOUT_H);
vucData=ucData<<8;
ucData=ucData | MPU6050_SingleByteRead(MPU6050_O_GYRO_YOUT_L);
G_Y=ucData/16.4;

ucData=MPU6050_SingleByteRead(MPU6050_O_GYRO_ZOUT_H);
ucData=ucData<<8;
ucData=ucData | MPU6050_SingleByteRead(MPU6050_O_GYRO_ZOUT_L);
 G_Z=ucData/16.4;
...
    }
}
```

在上述例程中，将读取的加速度、角速度以及温度数据保存到了 A_X、A_Y、G_X、Temp 等变量中，读者还可以使用上述测量结果计算出 X、Y、Z 轴的倾斜角度等。关于角度的计算会在后面的章节中说明。

4.5　RS485 接口通信实验

RS485 是工业上常用的一种总线。由于 RS485 只规定了物理层的电气特性，所以本节使用的还是 TM4C123 系列微控制器内部的 UART 模块，这里只需要在外部通过相应的芯片微控制器将 TTL 转化成 RS485 的差分电平进行传输即可。

4.5.1　电路设计与系统连接

本实验中使用的电平转化芯片为半双工的 SN65HVD75，其特性如下：
(1) 总线 I/O 保护。
① ±15 kV 的人体模型(HBM)保护；
② ±12 kV IEC61000-4-2 接触放电；
③ ±12 kV IEC61000-4-2 空气间隙放电。
(2) 扩展的工业温度范围为 −40～125 ℃。
(3) 用于抑制噪声的接收器滞后较大(80 mV)。

(4) 低单位负载可实现超过 200 个节点的连接。

(5) 低功耗。低待机电源电流 $<2\,\mu A$；运行期间静态电流 $I_{CC}<1\,mA$。

(6) 与 3.3 V 或者 5 V 控制器兼容的 5 V 耐压为逻辑输入。

SN65HVD75 的引脚分布、逻辑框图以及驱动功能表如图 4.14 所示。

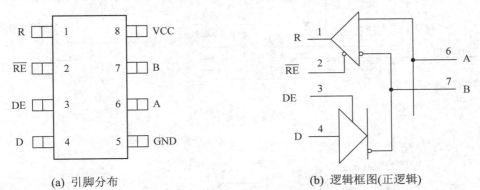

(a) 引脚分布　　　　　　　　　　　　　　(b) 逻辑框图(正逻辑)

输入	使能	输出		
D	DE	A	B	
H	H	H	L	驱动总线呈现高电平
L	H	L	H	驱动总线呈现低电平
×	L	Z	Z	禁止驱动
×	OPEN	Z	Z	禁止驱动(默认)
OPEN	H	H	L	禁止总线高电平(默认)

差分输入	使能	输出	
$U_{ID}=U_A-U_B$	RE	R	
$U_{IT+}<U_{ID}$	L	H	接收有效总线高电平
$U_{IT-}<U_{ID}<U_{IT+}$	L	?	不确定总线状态
$U_{ID}<U_{IT-}$	L	L	接收有效总线低电平
×	H	Z	禁止接收
×	OPEN	Z	禁止接收(默认)
Open-circuit bus	L	H	
Short-circuit bus	L	H	自动防止故障装置输出高电平
Idle(terminated)bus	L	H	

(c) 驱动功能表

图 4.14　SN65HVD 的引脚分布、逻辑框图以及驱动功能表

RS485 接口电路如图 4.15 所示。

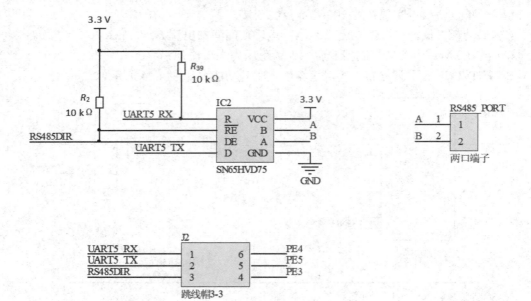

图 4.15　RS485 接口电路

4.5.2　实验代码例程

由于 SN65HVD75 是一种半双工的芯片，所以在本实验的例程当中将发送模块和接收模块的程序分成了两部分。由图 4.15 可以看出，该电路使用的是 TM4C123GH6PM 的 UART5 模块，PE3 控制收发使能，因此需要对 UART5 进行配置。在本实验中，传输的波特率为 9600 b/s，有 8 个数据位、1 个终止位，没有检验位。发送部分的程序如下所示。

```
#include <stdint.h>
#include <stdbool.h>
#include "inc/tm4c123gh6pm.h"
#include "inc/hw_types.h"
#include "inc/hw_memmap.h"
#include "driverlib/sysctl.h"
#include "driverlib/gpio.h"
#include "driverlib/uart.h"
#include "driverlib/interrupt.h"
#include "UART5PinsConfig.h"
#include "buttons.h"

#define NUM_BUTTONS             2
#define LEFT_BUTTON             GPIO_PIN_4
#define RIGHT_BUTTON            GPIO_PIN_0
```

```
#define ALL_BUTTONS              (LEFT_BUTTON | RIGHT_BUTTON)

void main(void)
{
    unsigned char ucCurButtonState, ucPrevButtonState;

    SysCtlClockSet(SYSCTL_SYSDIV_4 | SYSCTL_USE_PLL | SYSCTL_XTAL_16MHz |
            SYSCTL_OSC_MAIN);
    PortFunctionInit();
    ButtonsInit();

    GPIO_PORTE_DIR_R |= 0x08;
    GPIO_PORTE_DEN_R |= 0x08;
    GPIO_PORTE_DATA_R |= 0x08;
    //设置通信参数，波特率为 115 200，18 个数据位，没有校验位，1 个终止位
    UARTConfigSetExpClk(UART5_BASE, SysCtlClockGet(), 9600,
    UART_CONFIG_WLEN_8 | UART_CONFIG_STOP_ONE | UART_CONFIG_PAR_NONE);
    SysCtlDelay(40);
    UARTFIFODisable(UART5_BASE);
    while(1)
    {
        //扫描按键
        ucCurButtonState = ButtonsPoll(0, 0);
        //检测上一次的状态是否和本次的状态相同
        if(ucCurButtonState != ucPrevButtonState)
        {
            ucPrevButtonState = ucCurButtonState;

            //确认按键是否按下
            if((ucCurButtonState & ALL_BUTTONS) != 0)
            {
                if((ucCurButtonState & ALL_BUTTONS) == LEFT_BUTTON)
                {
                    while(UARTBusy(UART5_BASE));
                    UARTCharPut(UART5_BASE, 'A'); //发送字符 'A'

                }
                else if((ucCurButtonState & ALL_BUTTONS) == RIGHT_BUTTON)
                {
```

```
            while(UARTBusy(UART5_BASE));
            UARTCharPut(UART5_BASE, 'B');    //发送字符 'B'
        }
        }
    }
    SysCtlDelay(180000);
  }
}
```

在接收部分使用中断接收发送端发来的字符，UART5 使用与发送端一样的方式配置，接收部分的程序如下所示。

```
#include <stdint.h>
#include <stdbool.h>
#include "inc/tm4c123gh6pm.h"
#include "inc/hw_types.h"
#include "inc/hw_memmap.h"
#include "driverlib/sysctl.h"
#include "driverlib/gpio.h"
#include "driverlib/uart.h"
#include "driverlib/interrupt.h"
#include "UART5PinsConfig.h"

void UART5IntHandler(void)
{
    unsigned long ulStatus;
    unsigned char ulData=0;
    //获取中断状态
    ulStatus = UARTIntStatus(UART5_BASE, true);

    //清中断标志
    UARTIntClear(UART5_BASE, ulStatus);
    if(ulStatus==UART_INT_RX)
    {
        ulData=UARTCharGet(UART5_BASE);
        SysCtlDelay(40);
        GPIO_PORTF_DATA_R ^= 0x02;
    }
    if(ulStatus==UART_INT_TX)
    {
        SysCtlDelay(40);
```

```
    }
}
void main(void)
{   //配置时钟
    SysCtlClockSet(SYSCTL_SYSDIV_4 | SYSCTL_USE_PLL | SYSCTL_XTAL_16MHz |
                   SYSCTL_OSC_MAIN);
    PortFunctionInit();                //配置引脚功能

    SysCtlPeripheralEnable(SYSCTL_PERIPH_GPIOF);
    GPIO_PORTF_DIR_R |= 0x02;
    GPIO_PORTF_DEN_R |= 0x02;

    GPIO_PORTE_DIR_R |= 0x08;
    GPIO_PORTE_DEN_R |= 0x08;
    GPIO_PORTE_DATA_R &= ~(0x08);

    UARTConfigSetExpClk(UART5_BASE, SysCtlClockGet(), 9600,
    UART_CONFIG_WLEN_8 | UART_CONFIG_STOP_ONE | UART_CONFIG_PAR_NONE);
    //设置通信参数，波特率为 115 200，8N1
     SysCtlDelay(40);
    UARTFIFODisable(UART5_BASE);
    IntEnable(INT_UART5);
    UARTIntEnable(UART5_BASE, UART_INT_RX);
    IntMasterEnable();

    for(; ;);
}
```

在实验过程中需要将两块一体化系统 RS485 接口的 A 和 B 接口使用两根导线对应相连，当按下发送一体化系统的 LaunchPad 上的按键时，观察到接收一体化系统的 LaunchPad 的红色 LED 进行暗亮交替变化。

4.6　GPS 模块实验

GPS(Global Positioning System)是全球定位系统的英文简称，是由美国建立的一个卫星导航定位系统。目前，GPS 的应用十分广泛，如语音报站、同步授时、农田测量、汽车导航、汽车保全系统、车辆监控及其他卫星定位应用等。本节所用到的 GPS 信号接收机为 BS-280，该接收机将接收到的 GPS 信号转化成标准格式输出，微控制器用 UART 接收。其实在这部分中，首先要了解 GPS 模块输出的协议，然后在微控制器中将相应协议的信号解析出来，得到所需要的经纬度和时间信息等。

4.6.1　GPS 模块介绍

本实验用到的 GPS 模块为 BS-280 GPS 有源天线一体化模块，如图 4.16 所示。该模块的输入电压为 2.8～6.0 V，TTL 电平，可直接输出到微控制器上，输出 GPS 信号的频率为 1 Hz。

图 4.16　GPS 模块

GPS 模块输出引脚说明如表 4.4 所示。

表 4.4　GPS 模块输出引脚说明

序号	名称	I/O	描　　述	特　　性
1	1PPS	O	1PPS 脉冲，定位前为低电平，定位后周期为 1 s，高电平位以 100 ms 的秒脉冲输出	脉冲可用于同步或者授时，不用时应悬空
2	GND	G	接地	接地
3	TX	O	UART 接口，GPS 定位数据输出端口，TTL 电平	数据输出引脚
4	RX	I	UART 接口，GPS 接收命令及数据端口，TTL 电平	数据输入引脚
5	VCC	I	一体化模块主电源，直流输入	DC 2.8～6.0 V，推荐 3.3 或者 5.0 V
6	BOOT	I	正常工作时应悬空	正常工作时应悬空

该模块的 TX 和 RX 接 TM4C123GH6PM 的 UARTnRX 和 UARTnTX。当定位成功以后，模块上的 D2 不停地闪烁，周期为 1 s，点亮时间为 100 ms。该 GPS 模块上电以后只通过 TX 输出信号，不接收信号，输出 GGA、GLL、GSA、GSV、RMC 等协议信号，并且 5 种协议信号按顺序全部输出。输出的 5 种协议类型中，GPS 模块均以字符的形式输出，最后的<CR> <LF>为回车和换行，表示这一帧消息的结束。本实验主要解析 RMC 协议类型的数据。下面简要介绍其中的 RMC 协议类型的内容，关于其他 4 种协议信号，读者可查阅相关资料，读者只要掌握其中的一种，其他协议类型的信号就可以按照其约定的数据格式进行解析。RMC 格式的协议信号可以获取时间、日期、位置、速度等常用信息。

RMC 标准格式如下所示，相邻字段之间用字符"，"隔开，最后的<CR><LF>为回车和换行。

$GPRMC，<1>，<2>，<3>，<4>，<5>，<6>，<7>，<8>，<9>，<10>，<11>，

<12>*hh<CR><LF>

RMC 格式协议数据中每个字段的含义如下:

$GPRMC:RMC 协议帧头。

<1>:UTC 时间,hhmmss.ss 格式;

<2>:定位状态,A = 有效定位,V = 无效定位;

<3>:纬度 ddmm.mmmm(度分)格式(前面的 0 也将被传输);

<4>:纬度,N(北半球)或 S(南半球);

<5>:经度 dddmm.mmmm(度分)格式(前面的 0 也将被传输);

<6>:经度,E(东经)或 W(西经);

<7>:地面速率(000.0°~999.9°,前面的 0 也将被传输);

<8>:地面航向(000.0°~359.9°,以正北为参考基准,前面的 0 也将被传输);

<9>:UTC 日期,ddmmyy(日月年)格式;

<10>:磁偏角(000.0°~180.0°,前面的 0 也将被传输);

<11>:磁偏角方向,E(东)或 W(西);

<12>:模式指示(仅 NMEA0183 3.00 版本输出,A=自主定位,D=差分,E=估算,N=数据无效);

hh:校验和;

<CR><LF>:表示消息结束。

本实验使用的 GPS 模块的 12 个字段的信息并不是都输出,未输出的直接字符","跳过,具体示例如下:

$GPRMC, 204522.00, A, 2233.94321, N, 11402.42498, E, 0.013, , 121213, , , A*79

上述 RMC 协议类型的数据以字符的形式通过 UART 一个字节一个字节地输出,微控制器接收到信息以后,通过协议头解析判断是否是 RMC 协议类型,当 UART 接收到连续 5 字节数据分别为字符 GPRMC 时,表示下面的数据是 RMC 类型协议数据,直到接收到消息结束标识符,表示 RMC 协议类型数据传输结束。

4.6.2　GPS 模块与系统连接

本 GPS 模块实验用到了 TM4C123GH6PM 内部的 UART2,如图 4.17 所示,因此只需要将 GPS 模块的 TX 和 RX 分别与 TM4C123GH6PM 的 U2RX(PD6)和 U2TX(PD7)相连即可,该模块同样采用锂电池供电的方式。

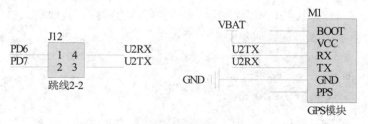

图 4.17　GPS 实验模块原理图

4.6.3　实验代码例程

在本实验中，虽然 GPS 模块能够输出 5 种协议类型的数据，但是在该部分的程序中只解析 RMC 协议类型数据，其他协议可由读者自行编写程序解析。

由于 GPS 模块通过 UART 输出数据，波特率为 9600 b/s，有 8 位数据位，无校验位，所以需要对微控制器进行相应的配置，并且不使用 TM4C123GH6PM 内部 UART 模块的 FIFO，只是配置为单字节接收和发送。具体的初始化代码如下所示。

```
SysCtlPeripheralEnable(SYSCTL_PERIPH_UART2);      //在系统控制中使能 UART2
SysCtlPeripheralEnable(SYSCTL_PERIPH_GPIOD);//在系统控制中使能 GPIOD，因为
                                              UART2 用到了 PD6 和 PD7

//将 PD7 解锁
HWREG(GPIO_PORTD_BASE + GPIO_O_LOCK) = GPIO_LOCK_KEY;
HWREG(GPIO_PORTD_BASE + GPIO_O_CR) = 0x80;

//配置 PD7 为 UART2 使用
GPIOPinConfigure(GPIO_PD7_U2TX);
GPIOPinTypeUART(GPIO_PORTD_BASE, GPIO_PIN_7);

//配置 PD6 为 UART2 使用
GPIOPinConfigure(GPIO_PD6_U2RX);
GPIOPinTypeUART(GPIO_PORTD_BASE, GPIO_PIN_6)

//设置通信参数，波特率 9600，8N1
UARTConfigSetExpClk(UART2_BASE, SysCtlClockGet(), 9600,
    UART_CONFIG_WLEN_8 | UART_CONFIG_STOP_ONE | UART_CONFIG_PAR_NONE);
UARTFIFODisable(UART2_BASE);                      //不使用 FIFO
UARTIntEnable(UART2_BASE, UART_INT_RX);           //使能 UART2 接收中断
IntMasterEnable();         //开全局中断
IntEnable(INT_UART2);      //使能 UART2 中断
```

下面为中断部分代码。在中断服务程序中，接收到"$"字符以后，逐个字节判断接收到的 ASCII 码，只有与"GPRMC"相符时才接收剩下的数据，其他格式数据不予接收。

```
unsigned char const GPRMC_ProHeader[]={'G', 'P', 'R', 'M', 'C'};
static unsigned char GPRMC_ProHeader_Num;
static unsigned char RecState=0x01;       //初始化为等待头部状态
static unsigned char RecDataNum;

#define     WaitForProtocolHeader  0x01
#define     RecProtocolHeader      0x02
```

```c
#define    ReceiveGPRMCdata    0x03
#define    ReceiveChecksum     0x04
void UART2IntHandler(void)
{
    unsigned long ulStatus;
    unsigned char temp;

    //获取中断状态
    ulStatus = UARTIntStatus(UART2_BASE, true);

    //清中断标志
    UARTIntClear(UART2_BASE, ulStatus);
    if(ulStatus==UART_INT_RX)          //判断是否为接收中断
    {
        temp=UARTCharGet(UART2_BASE);
        if(Flag_FrameDealing)
        return;                        //前一帧数据未处理完, 不再接收
        switch(RecState)
        {
          case WaitForProtocolHeader:    //等待帧起始标志符 "$"
            if(temp == '$')
            {
                RecState = RecProtocolHeader;
                GPRMC_ProHeader_Num = 0;
            };
            break;
          case RecProtocolHeader:        //接收并判断特定的数据帧标志
            if(temp == GPRMC_ProHeader[GPRMC_ProHeader_Num])
            {
                GPRMC_ProHeader_Num++;
                if(GPRMC_ProHeader_Num == 5)
                {
                    RecState = ReceiveGPRMCdata;
                    RecDataNum = 0;
                }
            }
            else
            {
                RecState = WaitForProtocolHeader;
```

```
                        GPRMC_ProHeader_Num = 0;
                    }
                    break;
                    case ReceiveGPRMCdata:                  //开始接收 GPRMC 数据帧
                    {
                        if(temp == '*')
                        {
                            RecState = ReceiveChecksum;
                        }
                        else
                        {
                            RX0_BUF[RecDataNum]= temp;
                            RecDataNum++;
                        }
                    }
                    break;
                    case ReceiveChecksum:
                    {
                        GPRMC_Checksum = temp;
                        Flag_FrameDealing = 1;
                        RecState = WaitForProtocolHeader;
                        UARTDisable(UART2_BASE);              // RMC 协议类型数据接收结束

                    break;
                        default:
                        RecState = WaitForProtocolHeader;
                    break;
                };
            }
        }
```

　　通过上述中断程序将 RMC 格式数据保存到 RX0_BUF[]中，并且将 Flag_FrameDealing
接收成功标志位置为 1，在主循环中进行相应的处理。由于接收到的是 ASCII 码，液晶显
示时也需要 ASCII 码，所以在简单的情况下，可以直接将 RX0_BUF[]数组中对应的经度、
纬度和时间信息直接写入到液晶中，主函数中的部分代码如下：

```
void main(void)
{   //设置系统时钟为 50 MHz
    SysCtlClockSet(SYSCTL_SYSDIV_4 | SYSCTL_USE_PLL | SYSCTL_XTAL_16MHz |
                SYSCTL_OSC_MAIN);
```

```
//此部分为 UART2 初始化代码

    LCD_GPIOEnable();//配置 LCD 所需的 I/O 端口，即 GPIOA 和 GPIOB、方向和使能寄存器
    LCD_ILI9320Init();                          //初始化 LCD
    LCD_Clear(White);                           //将背景填成白色

    UARTFIFODisable(UART2_BASE);                //关闭 FIFO

    LCD_PutString(0, 0, "Date: ", Red, White);
    LCD_PutString(0, 20, "Time: ", Red, White);
    LCD_PutString(40, 0, "20  /   / ", Red, White);
    LCD_PutString(40, 20, "  :   :   ", Red, White);

    UARTIntEnable(UART2_BASE, UART_INT_RX);     //使能 UART2 接收中断
    IntMasterEnable();                          //开全局中断
    IntEnable(INT_UART2);                       //使能 UART2 中断
    while(1)
    {
        if(Flag_FrameDealing)
        {   //显示纬度
            LCD_PutChar8x16(0, 40, RX0_BUF[24], Red, White);
            LCD_PutChar8x16(8, 40, ':', Red, White);
            LCD_PutChar8x16(16, 40, RX0_BUF[13], Red, White);
            LCD_PutChar8x16(24, 40, RX0_BUF[14], Red, White);
            LCD_PutChar8x16(32, 40, '.', Red, White);
            LCD_PutChar8x16(40, 40, RX0_BUF[15], Red, White);
            LCD_PutChar8x16(48, 40, RX0_BUF[16], Red, White);

            //显示经度
            LCD_PutChar8x16(72, 40, RX0_BUF[38], Red, White);
            LCD_PutChar8x16(80, 40, ':', Red, White);
            LCD_PutChar8x16(88, 40, RX0_BUF[26], Red, White);
            LCD_PutChar8x16(96, 40, RX0_BUF[27], Red, White);
            LCD_PutChar8x16(104, 40, RX0_BUF[28], Red, White);
            LCD_PutChar8x16(112, 40, '.', Red, White);
            LCD_PutChar8x16(120, 40, RX0_BUF[29], Red, White);
            LCD_PutChar8x16(128, 40, RX0_BUF[30], Red, White);
            //显示其他

            Flag_FrameDealing=0;                //将接收成功标志位清零
```

```
        UARTEnable(UART2_BASE);              //使能 UART2
    }
  }
}
```

4.7　基于 CC1101 无线数字通信实验

CC1101 是一款设计低于 1 GHz、旨在用于极低功耗的 RF 应用，其主要应用于工业、科研和医疗(ISM)以及短距离无线通信设备(SRD)。CC1101 可提供对数据包处理、数据缓冲、突发传输、接收信号强度指示(RSSI)、空闲信道评估(CCA)、链路质量指示以及无线唤醒(WOR)的广泛硬件支持。本节从 CC1101 模块和 TM4C123GH6PM 通过 SPI 通信入手，逐步讲述 CC1101 的使用方法以及一些必要的基础知识。

4.7.1　芯片及 CC1101 模块介绍

本实验用到的 CC1101 模块及其引脚如图 4.18 所示，该模块包含了射频部分的电路，并且将 CC1101 和处理器通信的引脚以及状态控制引脚引出。其模块的引脚说明如表 4.5 所示。在此部分只说明如何用微控制器控制 CC1101 实现发送和接收数据。

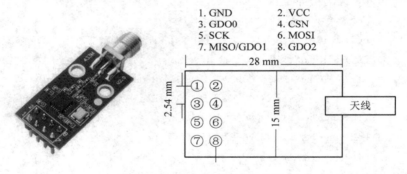

图 4.18　CC1101 模块及其引脚

表 4.5　CC001 模块的引脚说明

模块	引 脚 说 明
GND	地引脚
VCC	电源引脚，电压为 1.8 V~3.6 V
GDO0	数字 I/O
CSN	SPI 通信时的片选引脚
SCK	SPI 通信时的时钟信号线
MOSI	SPI 通信时的 SI
MISO/GDO1	SPI 通信时的 SO，非 SPI 通信时为数字 I/O
GDO2	数字 I/O

1. SPI 通信

CC1101 以 4 线制的 SPI 接口作为从机和微控制器通信，微控制器通过 SPI 接口读写 CC1101 内部的寄存器以及接收和发送 FIFO。在 SPI 通信时，高位在前，低位在后。在所有的 SPI 通信中，都以传输头字节(Header Byte)开始，在头字节中包含了读写(R/W)位、burst 类型传输控制位和 5 位寄存器的地址信息(A0～A5)。在 SPI 传输数据时，CSN 引脚为低电平，如果在传输头字节时 CSN 拉高，则传输被取消。CC1101 SPI 传输格式如图 4.19 所示。由图 4.19 可以看出，微控制器向 CC1101 写数据时，头字节的最高位为"0"，从 CC1101 读数据时，最高位为"1"。接着传输 Burst 形式传输控制位，当该位为"1"时，在向 CC1101 写数据或者从 CC1101 读数据时，内部的寄存器地址自动加 1，无需重新写入地址，也即第一次在头字节写入地址以后，后面可以传输多个数据字节。后面的 6 位为 CC1101 内部寄存器的地址，也即微控制器所访问的寄存器。此外，在写数据到寄存器时，在头字节传输结束以后的 8 个时钟周期，除了微控制器通过 SI 向 CC1101 写数据以外，CC1101 通过 SO 引脚向微控制器返回 1 字节的状态信息。关于状态信息的含义，在后面予以解释。

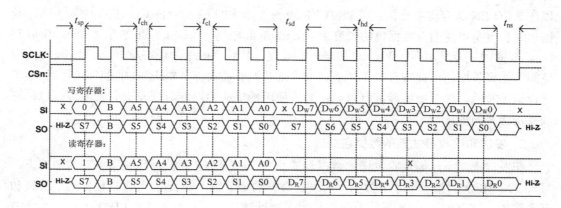

图 4.19　CC1101 SPI 传输格式

需要注意的是，当主机将 CSN 拉低以后，在传输头字节以前需要等待 SO 引脚变为低电平才可以开始传输数据。由图 4.19 可以看出，在 SPI 通信时，时钟信号 SCK 的电平变化都有一定的时间要求，如图 4.19 中的 t_{sp}、t_{ch} 等，但是在使用 TM4C123GH6PM 内部的 SPI 模块时，只要给 SCL 配置合适的时钟速率，就可以不用关心这些时间要求。

2. 数据包格式

CC1101 进行无线通信时，数据包按照一定的格式传输，其数据包格式如图 4.20 所示。主要包含如下几方面的内容：Preamble bits(帧头)、Sync word(同步字)、Length field(长度段)、Address field(地址段)、Data field(数据段)以及 CRC-16(CRC 校验段)。

帧头由交替的 1 和 0 组成(10101010…)，帧头的最小长度可以用编程控制。当使能 CC1101 为发送模式以后，调制器开始发送帧头，帧头发送完成以后调制器开始发送 Sync word 和发送缓冲区(TX FIFO)中的数据。当发送缓冲区中没有数据时，调制器会继续发送帧头，直到微控制器向 CC1101 的发送缓冲区写入数据，然后调制器发送 Sync word 和发送缓冲区中的数据。

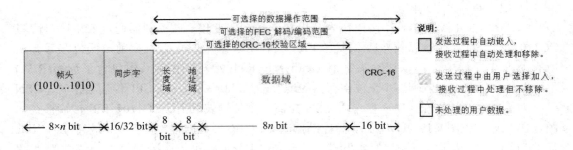

图 4.20 CC1101 的数据包格式

Sync word 由 CC1101 中 SYNC1 和 SYNC0 寄存器中的值组成，一般情况下为 2 字节 16 位。如果用到 32 位，就需要将 MDMCFG2 寄存器中的 SYNC_MODE 段配置为 3 或者 7。

CC1101 支持数据包长度固定的协议也支持数据包长度可变的协议，但是二者最大的长度为 255 字节，对于较长的数据包，CC1101 必须使用无限长度数据包模式。当 PKTCTRL0 寄存器中的 LENGTH_CONFIG 位为 0 时，使用固定长度的数据包模式，数据包的长度可以在 PKTLEN 寄存器中设置；当 PKTCTRL0 寄存器中的 LENGTH_CONFIG 位为 1 时，数据包的长度是可变的，数据包的长度由 Length field 控制，Length field 表示 Address field 和 Data field 的字节数，不包含 CRC 校验段的长度。其长度的上限由寄存器 PKTLEN 中的值控制，如果长度超出此寄存器中的值，则本次数据包被丢弃。对于 CC1101 来说，如果不进行地址检验，那么地址段可有可无；如果使用地址检验功能，则发送完长度段以后，必须要发送目的地址。

3. 发送和接收模式下的数据包处理

在发送模式下，需要将发送的数据都要写入 TX FIFO。在数据包长度可变的情况下，写入 TX FIFO 的第一个字节数据为所发送数据的字节数，即长度段(包括数据的字节数和可操作的 1 字节地址)。如果接收器中使用了地址滤波，那么写入 TX FIFO 的第二个字节为地址信息；如果使用固定长度的数据包发送，则写入 TX FIFO 中的第一个字节数据为地址信息(在接收器地址滤波使能的情况下)，接下来为数据信息。

调制器开始发送帧头和同步字，如果 TX FIFO 中有数据，则开始发送 TX FIFO 中的数据，在使能 CRC 校验的情况下，所有写入 TX FIFO 数据的校验会以额外的两个字节跟随在数据后面发送出去。在实际使用时，写入 TX FIFO 中的数据字节数一定要和长度段中所说明的长度相匹配，如果写入 TX FIFO 中的数据(包括可操作的 1 字节和数据信息)小于长度段中所规定的长度，则 TX FIFO 会发生下溢错误，此时可以通过 SFTX 命令解除该错误。

在接收模式下，解调器和数据包处理器搜索有效的帧头和同步字，如果搜索成功，则解调器获得了帧头和同步字以后会接收第一个字节信息。在数据包长度可变的情况下，接收到的第一个字节数据为长度信息，数据包处理器根据该长度信息接收剩下的数据。在固定长度数据包模式下，数据包处理器根据设置好的长度接收数据。接下来数据包处理器会检测地址信息，只有在收到的地址可以接收的情况下，才会继续接收数据。在 CRC 检验使能的情况下，当数据接收完成以后，数据包处理器会向 RX FIFO 中写入 2 字节的状态信息，包括 CRC 校验是否成功以及信号强度指示(RSSI)等，如表 4.6 所示。

表 4.6　2 字节状态信息内容

	位	名称	描　述
第一个字节	7:0	RSSI	RSSI value (信号强度指示)
第二个字节	7	CRC_OK	1：接收到的数据 CRC 校验成功(或者 CRC 校验没有被使能)； 0：CRC 失败
	6:0	LQI	Indicating the link quality(链接质量指示)

4. 接收模式下的数据包滤波

在一个网络里有多个节点时，有的数据包对于某个节点可能是没有用处的，所以节点要选择性地接收有用的数据包，此时就要用到 CC1101 的数据包滤波功能将无用的数据包丢弃。CC1101 支持 3 种滤波功能：分别为地址滤波、最大长度滤波和 CRC 校验滤波，下面分别介绍三种滤波的原理。

(1) 地址滤波。当设置寄存器 PKTCTRL1 中的 ADR_CHK 段为非零时，使用地址滤波功能。此时，只能接收广播和特定地址的数据包。接收广播数据包时，接收到的目的地址为 0x00 或者 0xFF，此时需要根据 ADR_CHK 段的配置接收。当接收特定数据包时，数据包处理器将接收到的目的地址和 ADD 寄存器中的值对比。如果接收到的地址和 ADD 寄存器中的值相匹配，则 CC1101 接收此数据包，并且将数据包存入 RX FIFO 中；如果接收到的目的地址和 ADD 寄存器中的值不匹配，则 CC1101 丢弃该数据包，并且重新进入接收模式。PKTCTRL1 寄存器中 ADR_CHK 段的值可以设置为如表 4.7 所示的内容。

表 4.7　ADR_CHK 段的值设置内容

ADR_CHK[1:0]	说　明
0(00)	不进行地址检验
1(01)	进行地址检验，不接收广播数据包
2(10)	进行地址检验，接收地址为 0x00 的广播地址数据包
3(11)	进行地址检验，接收地址为 0x00 和 0xFF 的广播地址数据包

(2) 最大长度滤波。在数据包字节长度可变的情况下，且 PKTCTRL0 寄存器中的 LENGTH_CONFIG 位为 1 时，寄存器 PKTLEN 中的 PACKET_LENGTH 值决定了可接收数据包的最大长度。如果接收到的数据包长度低于该寄存器中的值，则接收该数据包；如果大于该寄存器中的值时，则数据包被丢弃。

(3) CRC 校验滤波。CRC 校验滤波用于检测 CRC 检验是否出错。PKTCTRL1 寄存器中的 CRC_AUTOFLUSH 位设置为 1 时，如果接收到的数据 CRC 校验出错，则该功能会自动清除接收缓冲器 RX FIFO 中的数据。当使用 CRC 校验滤波，且寄存器 PKTCTRL1 中的 APPEND_STATUS 位为 1 时，接收到的数据会增加 2 字节的状态信息，由于 CC1101 的 RX FIFO 只有 64 字节，不管是 CC1101 设置在固定长度数据包接收还是可变长度数据包接收，都要留有 2 字节的 RX FIFO 用于存储状态信息。

5. DATA FIFO(数据缓冲区)

CC1101 有两个 64 字节的 FIFO：一个为接收缓冲区(RX FIFO)，另一个为发送缓冲区 (TX FIFO)。微控制器可以通过 SPI 接口访问这些 FIFO。在写数据到 TX FIFO 时，必须要保证 TX FIFO 有剩余的空间，否则会发生溢出。从 RX FIFO 读数据时，首先要确认 RX FIFO 中的字节数，如果读取的字节数大于 RX FIFO 中所保存的字节数，则会发生下溢。

TX FIF0 和 RX FIFO 中数据的字节数可以通过查询 TXBYTES 和 RXBYTES 寄存器中的 NUM_TXBYTES 和 NUM_RXBYTES 位段来获取。两个寄存器的说明分别如表 4.8 和表 4.9 所示，两个寄存器的[6:0]表示当前 FIFO 中的字节数，对于 TXBYTES 寄存器而言，第 7 位表示 TX FIFO 的溢出标志位；对于 RXBYTE 而言，第 7 位表示 RX FIFO 是否发生下溢。

表 4.8　TX FIFO 字节说明寄存器(TXBYTES)

位	名　　称	复位	读/写	描　　述
7	TX FIFO_UNDERFLOW		R	
6:0	NUM_TXBYTES		R	TX FIFO 中的字节数

表 4.9　RX FIFO 字节说明寄存器(RXBYTES)

位	名　　称	复位	读/写	描　　述
7	RX FIFO_OVERFLOW		R	
6:0	NUM_RXBYTES		R	RX FIFO 中的字节数

如果数据包的长度小于 64 字节，则可以等到接收数据完成以后再读取 RX FIFO，也不会丢失数据。如果数据包的长度大于 64 字节，为了防止丢失数据，微控制器可以分部分读取 RX FIFO 中的数据，直到全部的数据接收完成。此时需要注意，当微控制器读取 RX FIFO 中收到的部分数据时，不可以将此时 RX FIFO 中的数据全部读出，否则 RX FIFO 缓冲区的指针不能正确地更新，从而引起数据读取错误。所以在每次读取 RX FIFO 中收到的部分数据时，至少要留 1 字节的数据在 RX FIFO 中，就可以避免上述错误。

CC1101 中的 FIFO 还可以设置阈值，当 TX FIFO 中的字节数大于或者等于阈值，或者 RX FIFO 中剩余的字节数小于或者等于阈值时，可以通过 GDOx 引脚输出一定的电平信号通知微控制器，以防止数据溢出或者丢失。两个 FIFO 的阈值可以通过 FIFOTHR 寄存器中的 4 位 FIFO_THR 设置，如表 4.10 所示，每一个 FIFO_THR 的值分别对应 RX FIFO 和 TX FIFO 的阈值。

表 4.10　FIFO 的阈值设置对照表

FIFO_THR	Bytes in TX FIFO	Bytes in RX FIFO
0(0000)	61	4
1(0001)	57	8
2(0010)	53	12
3(0011)	49	16
4(0100)	45	20
5(0101)	41	24
6(0110)	37	28
7(0111)	33	32
8(1000)	29	36
9(1001)	25	40
10(1010)	21	44
11(1011)	17	48
12(1100)	13	52
13(1101)	9	56
14(1110)	5	60
15(1111)	1	64

例如，当 FIFO_THR = 12(1100)时，FIFO 中的阈值与 GDOx 引脚的电平变化如图 4.21 所示。TX FIFO 的阈值为 13，当 TX FIFO 中的字节数大于或者等于 13 时，可以通过 GDOx 引脚输出一定的电平信号(假定为高电平)通知微控制器，以防止 TXFIFO 数据溢出等情况发生，此时 RX FIFO 的阈值为 52，当 RX FIFO 中的字节数大于或者等于 52 时，也可以通过 GDOx 输出一定的电平信号。GDOx(x 为 0、1 和 2)输出什么样的触发信号，可以在 IOCFGx(x 为 0、1 和 2)寄存器中设置 TX FIFO 中的字节数。

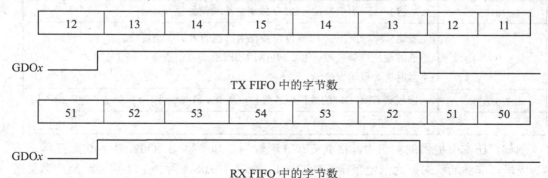

图 4.21　FIFO 中的阈值与 GDOx 引脚的电平变化

6. 通用/测试输出控制引脚

在 CC1101 中有 3 个通用的控制引脚：分别为 GDO0、GDO1 和 GDO2。其中，GDO1

和 SPI 的 SO 引脚共用，在实际使用中只当作 SPI 的 SO 引脚；GDO0 和 GDO2 可以由用户控制，来表明 CC1101 内部的一些状态信息，特别是对于接收和发送数据时的状态以及内部 FIFO 的状态。例如，在上文中说到当 FIFO 中的字节数超过所设定的阈值时，GDOx 的电平就会发生变化。当然 GDOx 的功能还有很多，GDO2 的控制寄存器 IOCFG2 如图 4.22 所示。

寄存器地址：0x00　　　　名称：IOCFG2

7(RO)	6(R/W)	5:0(R/W)
Reserved	GDO2_INV	GDO2_CFG[5:0]

7：保留位；
6：激活状态下为低电平(Active Low)，非激活状态下为高电平；
0：激活状态下为高电平(Active High)非激活状态下为低电平；
GDO2_CFG [5:0]值的情况与对应的功能如表 4.11 所示(只列出部分功能)。

图 4.22　GD02 的控制寄存器 IOCFG2

表 4.11　GDO2_CFG[5:0]值的情况与对应的功能

GDO2_CFG[5:0]	功 能 描 述
0(0x00)	与 RX FIFO 相关：当 RX FIFO 中的字节数达到或超出阈值时置位；当 RX FIFO 的字节数低于阈值时取消置位
1(0x01)	与 RX FIFO 相关：当 RX FIFO 中的字节数达到或超出阈值时置位或接收到数据包的结尾时置位，当 RX FIFO 为空时取消置位
2(0x02)	与 TX FIFO 相关：当 TX FIFO 中的字节数达到或超出阈值时置位，当 TX FIFO 的字节数低于阈值时取消置位
3(0x03)	与 TX FIFO 相关：当 TX FIFO 满时置位；当 TX FIFO 中的字节数低于阈值时取消置位
4(0x04)	RX FIFO 溢出后置位，RX FIFO 被清空后取消置位
5(0x05)	TX FIFO 下溢后置位，FIFO 被清空后取消置位
6(0x06)	发送/接收到同步字时置位，并在数据包的末尾取消置位。在 RX 模式下，可选的地址校验失败或 RX FIFO 溢出时引脚取消置位；在 TX 模式下，FIFO 下溢时引脚取消置位
7(0x07)	接收到 CRC OK 的数据包时置位，从 RX FIFO 读取第一个字节时取消置位
...	...

　　例如，在本书提供的实例中，将 IOCFG0 配置为 0x06，即 GDO0_INV = 0(激活状态下为高电平，非激活状态下为低电平)，GDO2_CFG[5:0] = 0x06。由表 4.11 可以看出，当发送或者接收完成同步字以后 GDO0 变为高电平(激活状态)，数据包接收或者发送数据完成以后变为低电平(非激活状态)。同时，在接收模式下，如果检测到地址不匹配或者 RX FIFO 发生溢出，则 GDO0 变为低电平；在发送模式下，如果 TX FIFO 发生下溢，则 GDO0 也会变为低电平。

7. 状态指示

在数据接收或者发送时，微控制器需要知道数据包是否被接收或者发送，以便实时地读写 FIFO，以防止数据的溢出。CC1101 提供了两种获取指示状态方法：一种是以中断的方式通知微控制器，另一种是微控制器通过 SPI 接口循环读取 CC1101 寄存器的办法，即查询方式。中断方式要快于查询方式，一般在微控制器 GPIO 足够的情况下，尽量使用中断的方式，本书的例程就使用的是中断方式。

(1) 中断方式。中断方式是把 CC1101 的 GDOx 配置成特定功能的引脚，在事件发生时电平发生变化，微控制器通过与 GDOx 相连的 GPIO 中断或者查询 GPIO 电平判断事件的发生。例如在上面说到，当 IOCFG0 配置为 0x06 时，CC1101 发送或者接收完成同步字以后，GDO0 由低电平变为高电平(激活状态)，数据包接收或者发送完成以后，由高电平变为低电平(非激活状态)，微控制器通过检测引脚电平的变化，可知 CC1101 的收发状态。

(2) 查询方式。查询方式有两种：一种是微控制器通过循环读取 PKTSTATUS 寄存器的值获取 GDO0 和 GDO2 的电平值来查询事件是否发生，这种情况下，GDOx 同样需要配置为特定功能；另一种是通过读取 RXBYTES 和 TXBYTES 寄存器的值，以查看 RX FIFO 和 TX FIFO 中的字节数。

8. CC1101 状态信息

从图 4.19 可以看出，微控制器通过 SPI 接口向 CC1101 写入头字节或者写数据到 CC1101 的寄存器时，CC1101 通过 SO 引脚也会向微控制器返回 1 字节的状态信息。状态字节包含了一些重要的状态信息，如表 4.12 所示。

表 4.12　CC1101 状态信息

bit	名　称	描　述		
7	CHIP_RDYn	在电源和晶体稳定以前一直保持高电平，使用 SPI 接口时应始终为低电平		
6：4	STATE[2:0]	值	状　态	描　述
		000	IDLE	IDLE 状态(也报告一些过渡状态，SETTLING 或 CALIBRATE 除外)
		001	RX	接收模式
		010	TX	发送模式
		011	FSTXON	快速 TX 就绪
		100	CALIBRATE	频率合成器校准正在运行
		101	SETTLING	PLL 正在建立
		110	RXFIFO_OVERFLOW	RX FIFO 溢出。读出所有有用数据，然后使用 SFRX 刷新 FIFO
		111	TXFIFO_UNDERFLOW	TX FIFO 下溢，使用 SFTX 进行确认
3：0	FIFO_BYTES_AVAILABLE[3:0]	接收缓冲区中的可用字节数或者发送缓冲区中的空字节数		

在传输头字节时, 当读/写(R/W)位为"1"时, 表示 FIFO_BYTES_AVAILABLE[3:0]获取 RX FIFO 中可读的字节数; 当读/写(R/W)位为"0"时, 表示 FIFO_BYTES_AVAILABLE[3:0] 获取 TX FIFO 中空闲的字节数, 当返回的 FIFO_BYTES_AVAILABLE[3:0]为 15 时, 表示 RX FIFO 中有大于或等于 15 字节可以读取, TX FIFO 中有大于等于 15 字节的剩余空间。

9. 快速命令

快速命令是通过 SPI 接口单字节传输实现的, 与访问 CC1101 寄存器不同, 快速命令在传输完头字节以后没有数据字节, 一共占用 SPI 接口的 8 个时钟周期。传输快速命令的 1 字节同样包含读/写控制位、burst 类型传输控制位以及 6 位的地址位, 地址的范围为 0x30~0x3D, 每一个地址代表一个快速命令。这时, 读/写不再是用来表示读/写寄存器, 而是表示 CC1101 状态信息中的 FIFO_BYTES_AVAILABLE 为 Tx FIFO 的字节数, 还是获取 Rx FIFO 的字节数, 其表示的意义与 CC1101 状态信息中所描述的一样。CC1101 的快速命令如表 4.13 所示。

表 4.13　CC1101 的快速命令

地址	选通名称	描　　述
0x30	SRES	复位芯片
0x31	SFSTXON	开启和校准频率合成器(若 MCSMO.FSAUTOCAL=1)。如果是在 RX 模式下(有 CCA): 转到只有合成器工作的等待状态(用于快速 RX/TX 转换)
0x32	SXOFF	关闭晶体振荡器
0x33	SCAL	校准频率合成器并将其关闭。在不设置手动校准模式(MCSMO.FS_AUTOCAL=0)的情况下, SCAL 能从空闲模式选通
0x34	SRX	开启 RX。若上一状态 IDLE 且 MCSMO.FS_QUTOCAL=1, 则首先运行校准
0x35	STX	空闲状态: 开启 TX。若 MCSMO.FS_AUTOCAL=1, 则首先运行校准。在 RX 状态且 CCA 开启: 若信道为空, 则进入 TX
0x36	SIDLE	退出 RX/TX 模式, 关闭频率合成器并退出无线唤醒模式(若可用)
0x38	SWOR	若 WORCTRL.RC_PD=0, 则自动 RX 轮询序列(无线唤醒)
0x39	SPWD	当 CSN 为高电平时进入断电模式
0x3A	SFRX	刷新 RXFIFO 缓冲器, 仅在 IDLE 或 RXFIFO_OVERFLOW 状态下才发送 SFRX
0x3B	SFTX	刷新 TXDIDO 缓冲器, 仅在 IDLE 或 RXFIFO_OVERFLOW 状态下才发送 SFTX
0x3C	SWORRST	复位实时时钟为事件 1 值
0x3D	SNOP	无操作, 可用于存取芯片状态字节

10. CC1101 与 TM4C123GH6PM 接口原理图

由上面的分析可知, 微控制器 TM4C123GH6PM 需要通过 SPI 接口和 CC1101 通信。CC1101 模块实验原理图如图 4.23 所示, 其中, GDO0 和 GDO2 用于 CC1101 的状态指示,

TM4C123GH6PM 可以通过检测与 GDO0 和 GDO2 相连的引脚 PE3 和 PF4 电平的变化来检测 CC1101 的发送/接收状态。

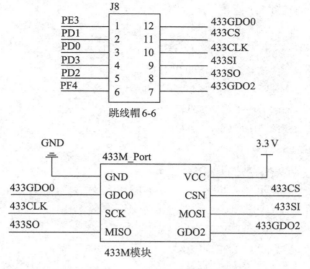

图 4.23　CC1101 模块实验原理图

4.7.2　部分实验代码例程说明

在本部分代码例程中是利用 CC1101 实现两个一体化系统的，一个一体化系统按下 LaunchPad 上的按键时发送数据，另一个一体化系统接收到正确的数据时，控制 LaunchPad 上 LED 的亮灭。但是读者需注意的是，GDO2 已经和 PF4 相连，而 LaunchPad 上左边的按键也和 PF4 相连，所以在程序中只使用右边的按键。

在程序部分首先要解决 TM4C123GH6PM 和 CC1101 通过 SPI 通信，在第 3 章的同步串行接口部分说到 TM4C123GH6PM 的 SSI 模块一次最多能传输 16 位，而 CC1101 的 burst 类型传输 SSI 模块无法实现，所以在该部分的 SPI 接口中，TN4C123GH6PM 的 Fss(即 CS)，由 CPU 控制，而其他的 3 个引脚由 SSI 模块控制，每次传输 8 位(1 字节)，这样就可以控制传输的字节数而不限于 SSI 模块的 16 位(2 字节)。由图 4.23 可以看出，在接口中使用的是 TM4C123GH6PM 内部的 SSI3(第 3 同步串行接口)，所以 SSI3 对应的引脚以及 GDO0 对应的引脚 PE3 初始化代码如下：

```
voidPortFunctionInit(void)
{ //使能相关外设
//
SysCtlPeripheralEnable(SYSCTL_PERIPH_SSI3);
SysCtlPeripheralEnable(SYSCTL_PERIPH_GPIOD);
SysCtlPeripheralEnable(SYSCTL_PERIPH_GPIOE);
//将 PD1 用于 SSI3 SSI3FSS
//
//GPIOPinConfigure(GPIO_PD1_SSI3FSS);
```

```
//GPIOPinTypeSSI(GPIO_PORTD_BASE, GPIO_PIN_1);
GPIO_PORTD_DIR_R   |= GPIO_PIN_1;        //Fss(CS)由 CPU 控制
GPIO_PORTD_DEN_R   |= GPIO_PIN_1;

GPIO_PORTE_DIR_R   &= ~GPIO_PIN_3;       //PE3 设为输入，检测 GDO0 的电平
GPIO_PORTE_DEN_R   |=  GPIO_PIN_3;
//将 PD2 用于 SSI3 SSI3RX
GPIOPinConfigure(GPIO_PD2_SSI3RX);
GPIOPinTypeSSI(GPIO_PORTD_BASE, GPIO_PIN_2);
//将 PD0 用于 SSI3 SSI3CLK
GPIOPinConfigure(GPIO_PD0_SSI3CLK);
GPIOPinTypeSSI(GPIO_PORTD_BASE, GPIO_PIN_0);
//将 PD3 用于 SSI3 SSI3TX
GPIOPinConfigure(GPIO_PD3_SSI3TX);
GPIOPinTypeSSI(GPIO_PORTD_BASE, GPIO_PIN_3);
}
```

关于 SSI3 的初始化代码在主函数中说明，下面为 TM4C123GH6PM 通过 SPI 接口读写 CC1101 一字节的程序。

```
/*********************以下为 TM4C 硬件 SPI 接口部分，本程序中使用**************/
unsigned char SPI_ExchangeByte( unsigned char   ulValue )
{
    unsigned int ulData=0;
    char Flag=0;

    SysCtlDelay(10);
    SSIDataPut(SSI3_BASE, ulValue);
    while(SSIBusy(SSI3_BASE));

    Flag=SSIDataGetNonBlocking(SSI3_BASE, &ulData);
    while(Flag)
    {                                           /获取 receive FIFO 中的最后一个字节数据
        Flag=SSIDataGetNonBlocking(SSI3_BASE, &ulData);
    }
    return ((unsigned char)ulData);
}
```

上面的函数用到了除了 Fss 以外剩下的 SPI 三个信号线，在其他函数中通过调用 SPI_ExchangeByte()，再加上由 CPU 控制的 Fss 引脚可以实现多个字节数据的传输。在该工程的 CC1101_LIB/CC1101.h 中，对 Fss(CSN)和 GDO0 的宏定义如下：

```
#define CC_CSN_LOW()    GPIO_PORTD_DATA_R &= ~BIT1
```

```
#define CC_CSN_HIGH()    GPIO_PORTD_DATA_R |= BIT1

#define  GET_GDO0()    (GPIO_PORTE_DATA_R&(BIT3))
```

　　将 SPI_ExchangeByte()函数和上述的宏定义结合就可以完成读写 CC1101, 下面列出位于 CC1101_LIB/CC1101.c 中的部分常用函数, CC1101.c 中的其他函数读者可查看工程文件。

```
功能 : CC1101ReadReg( )
        从寄存器中读取 1 字节数据
输入 : addr, 寄存器的地址
输出 : 寄存器中的值

INT8U CC1101ReadReg( INT8U addr )
{
    INT8U i;
    CC_CSN_LOW( );
    SPI_ExchangeByte( addr | READ_SINGLE);
    i = SPI_ExchangeByte( 0xFF );
    CC_CSN_HIGH( );
    return i;
}


功能: CC1101ReadMultiReg( )
        从连续的寄存器中读取数据
输入: addr, 第一个寄存器的地址
      buff, 存储数据的缓冲区
      size, 读取的字节数(多少字节)
输出: 无


void CC1101ReadMultiReg( INT8U addr, INT8U *buff, INT8U size )
{
    INT8U i, j;
    CC_CSN_LOW( );
    SPI_ExchangeByte( addr | READ_BURST);
    for( i = 0; i < size; i ++ )
    {
        for( j = 0; j < 20; j ++ );
        *( buff + i ) = SPI_ExchangeByte( 0xFF );
    }
```

```
        CC_CSN_HIGH( );
}
```

功能: CC1101ReadStatus( )
　　　读取状态寄存器
输入: addr, 寄存器的地址
输出: 状态寄存器中的数据

```
INT8U CC1101ReadStatus( INT8U addr )
{
    INT8U i;
    CC_CSN_LOW( );
    SPI_ExchangeByte( addr | READ_BURST);
    i = SPI_ExchangeByte( 0xFF );
    CC_CSN_HIGH( );
    return i;
}
```

功能: CC1101SetTRMode( )
　　　TX 模式 or RX 模式设置函数
输入: 模式选择
输出: 无

```
void CC1101SetTRMode( TRMODE mode )
{
    if( mode == TX_MODE )
    {
        CC1101WriteCmd( CC1101_STX );
    }
    else if( mode == RX_MODE )
    {
        CC1101WriteCmd( CC1101_SRX );
    }
}
```

功能: CC1101WriteReg( )
　　　向寄存器写 1 字节数据
输入: addr, 寄存器地址
　　　value, 写入寄存器的数据

　　输出: 无

```
void CC1101WriteReg( INT8U addr, INT8U value )
{
    CC_CSN_LOW( );
    SPI_ExchangeByte( addr );
    SPI_ExchangeByte( value );
    CC_CSN_HIGH( );
}
```

功能: CC1101WriteMultiReg( )
　　　　向多个寄存器写入数据
输入: addr, 第一个寄存器的地址
　　　　buff, 被写数据缓冲区
　　　　size, 写入数据的长度(多少字节)
输出: 无

```
void CC1101WriteMultiReg( INT8U addr, INT8U *buff, INT8U size )
{
    INT8U i;
    CC_CSN_LOW( );
    SPI_ExchangeByte( addr | WRITE_BURST );
    for( i = 0; i < size; i ++ )
    {
        SPI_ExchangeByte( *( buff + i ) );
    }
    CC_CSN_HIGH( );
}
```

功能: CC1101WriteCmd( )
　　　　向 CC1101 写入一个命令
输入: command, 想写入的命令
输出: 无

```
unsigned char CC1101WriteCmd(INT8U command)
{
    unsigned char i;
    CC_CSN_LOW( );
    i=SPI_ExchangeByte(command);
```

```
        CC_CSN_HIGH( );
        return i;
}
```

功能: CC1101SetIdle( )
    将 CC1101 设置为空闲模式
输入: 无
输出: 无

```
void CC1101SetIdle( void )
{
    CC1101WriteCmd(CC1101_SIDLE);
}
```

功能: CC1101ClrTXBuff( )
    刷新 CC1101 的 TX buffer
输入: 无
输出: 无

```
void CC1101ClrTXBuff( void )
{
    CC1101SetIdle();            //MUST BE IDLE MODE
    CC1101WriteCmd( CC1101_SFTX );
}
```

功能: CC1101ClrRXBuff( )
    刷新 CC1101 的 RX buffer
输入: 无
输出: 无

```
void CC1101ClrRXBuff( void )
{
    CC1101SetIdle();            //MUST BE IDLE MODE
    CC1101WriteCmd( CC1101_SFRX );
}
```

功能: CC1101GetRXCnt( )
    获取接收到的字节数
输入: 无

　　输出: 接收到的字节数

```
INT8U CC1101GetRXCnt( void )
{
    return ( CC1101ReadStatus( CC1101_RXBYTES )   & BYTES_IN_RXFIFO );
}
```

　　通过调用上述底层驱动函数就可以操作 CC1101，从而实现各种功能，由上述函数可以组成 CC1101 发送和接收数据包的函数，其代码如下所示。

功能: CC1101SendPacket( )，发送数据包
输入: txbuffer，存储发送数据的缓冲区
　　　Size，发送的字节数
　　　Mode，使用广播还是地址检验模式
返回值: None

```
void CC1101SendPacket( INT8U *txbuffer, INT8U size, TX_DATA_MODE mode )
{
    INT8U address;
    if( mode == BROADCAST )             { address = 0; }
    else if( mode == ADDRESS_CHECK )    { address = CC1101ReadReg( CC1101_ADDR ); }

    CC1101ClrTXBuff( );            //清空 TX FIFO

    if( ( CC1101ReadReg( CC1101_PKTCTRL1 )&~0x03 ) != 0 )  //检验是否需要发送目的地址
    {
        CC1101WriteReg( CC1101_TXFIFO, size + 1 );
        CC1101WriteReg( CC1101_TXFIFO, address );
    }
    else   //不发送地址，长度段数据写入 Tx FIFO
    {
        CC1101WriteReg( CC1101_TXFIFO, size );
    }

    CC1101WriteMultiReg( CC1101_TXFIFO, txbuffer, size);   //将 txbuffer 中的数据写入 Tx FIFO

    CC1101SetTRMode( TX_MODE );   //通过快速命令设置为发送模式

    while( !GET_GDO0());   //由于 GDO0_CFG[5:0]=0x06，所以在发送模式下，当同步字发送
                           //完以后会将 GDO0 置高
```

```
        while( GET_GDO0() );  //当数据包发送完成以后 GDO0 变低，一次将 TX FIFO 中的数据
                                 发送完
        CC1101ClrTXBuff( );   //将 TX FIFO 清空
}
```

功能: CC1101RecPacket( )，接收数据包
输入: rxBuffer，用于存储接收到的数据
返回值: 1，接收到数据
　　　 0，没有接收到数据

```
INT8U CC1101RecPacket( INT8U *rxBuffer )
{
    INT8U status[2];
    INT8U pktLen;
    INT16U x=0;   //INT16U x, j = 0;

    if ( CC1101GetRXCnt( ) != 0 )
    {
        pktLen = CC1101ReadReg(CC1101_RXFIFO);   //读取 Rx FIFO 中的字节数，包含了所有
                                                   接收到的字节数
        if( ( CC1101ReadReg( CC1101_PKTCTRL1 ) & ~0x03 ) != 0 )
        {
            x = CC1101ReadReg(CC1101_RXFIFO);    //地址检验模式下，接收地址
        }
        if( pktLen == 0 )      { return 0; }
        else        { pktLen --; }
                            //pktLen -1 为除了 1 字节表示长度字节以外的剩余数据字节数
        CC1101ReadMultiReg(CC1101_RXFIFO, rxBuffer, pktLen);   //读取 RX FIFO 中的数据
        CC1101ReadMultiReg(CC1101_RXFIFO, status, 2);          //读取最后两个状态字节

        CC1101ClrRXBuff( );

        if( status[1] & CRC_OK ) {   return pktLen; }  //通过状态字节查看 CRC 校验是否正确
        else                     {    return 0; }
    }
    else    {   return 0; }                          //错误
}
```

　　CC1101 上电以后首先要经过复位、初始化寄存器等进程才可以使用，初始化 CC1101 的代码如下所示。

```
    功能: CC1101Init( ), 初始化 CC1101
    输入: 无
    输出: 无


    void CC1101Init( void )
    {
        volatile INT8U i, j;
        CC1101Reset( );        //复位 CC1101

        i=CC1101ReadReg( 0x02 );
        CC1101WriteMultiReg(CC1101_IOCFG2, rfSettings, 0x2E);//该句初始化 CC1101 的 46 个寄存器

        CC1101SetAddress( 0x10, BROAD_ALL);
        CC1101WriteMultiReg(CC1101_PATABLE, PaTabel, 8 );
        //验证两个寄存器
        i = CC1101ReadStatus( CC1101_PARTNUM );          //for test, must be 0x80
        i = CC1101ReadStatus( CC1101_VERSION );          //for test, refer to the datasheet
    }
```

上述初始化 CC1101 的 46(0x2E)个寄存器中，rfSettings[]数组在工程文件的 CC1100_LIB/CC1101InitReg.h 中，该数组中的值由第 2 章中说到的 SmartRF studio7 导出，在 rfSettings[]初始化的寄存器中，不使用地址检验功能，而是启用 CRC 校验功能，同时进行数据包长度可变等配置。其实在本小节中所讲的都是如何用微控制器操作 CC1101 实现数据发送和接收数据，以及 CC1101 在处理数据包时的功能，而有关射频部分的内容没有进行说明，对于非射频专业人员来说，使用 SmartRF studio7 可以快速地配置与射频部分有关的寄存器，应用该软件配置完以后，根据需要，只修改部分寄存器即可。例如 IOCFGx、PKTCTRL1 和 PKTCTRL0 等寄存器，使用该软件可以略去复杂的寄存器配置。

下面为发送部分的主程序的代码，当 LaunchPad 上右边的按键按下时，将 txBuffer[10] 缓冲区的数据发送出去，为检验数据正确性，将 txBuffer[10]的前两个字节设置为字符 A 和 B。

```
#include <stdint.h>
#include <stdbool.h>
#include "inc/tm4c123gh6pm.h"
#include "inc/hw_types.h"
#include "inc/hw_memmap.h"
#include "driverlib/sysctl.h"
#include "driverlib/gpio.h"
#include "driverlib/ssi.h"
```

```
#include "driverlib/adc.h"
#include "CC1101.h"
#include "CC1101_REG.h"
#include "HAL_SPI.h"
#include "SSI3PinsConfig.h"
#include "buttons.h"

#define NUM_BUTTONS        2
#define LEFT_BUTTON        GPIO_PIN_4
#define RIGHT_BUTTON       GPIO_PIN_0
#define ALL_BUTTONS        (LEFT_BUTTON | RIGHT_BUTTON)

void main(void)
{
    INT8U txBuffer[10] = {'A', 'B', 'C', 0, 0, 0, 0, 0, 0, 0 };
    unsigned char ucCurButtonState, ucPrevButtonState;
    unsigned int ulDataRx;               //用于清空接收 FIFO
    bSysCtlClockSet(SYSCTL_SYSDIV_4 | SYSCTL_USE_PLL | SYSCTL_XTAL_16MHz |
            SYSCTL_OSC_MAIN);

    ButtonsInit();                       //初始化按键 I/O 设置

    PortFunctionInit();                  //SSI 端口初始化
    SSIConfigSetExpClk(SSI3_BASE, SysCtlClockGet(), SSI_FRF_MOTO_MODE_0,
            SSI_MODE_MASTER, 500000, 8);
    SSIEnable(SSI3_BASE);
    //将 SSI 模块的 recefive FIFO 无用数据读完
    while(SSIDataGetNonBlocking(SSI3_BASE, &ulDataRx))
    {

    }
    CC1101Init( );
    for(; ;)                             //主循环
    {
        //扫描按键
        ucCurButtonState = ButtonsPoll(0, 0);

        //判断上一次状态是否和本次相同，若不相同，则有按键按下
        if(ucCurButtonState != ucPrevButtonState)
```

```
            {
                ucPrevButtonState = ucCurButtonState;
                if((ucCurButtonState & ALL_BUTTONS) != 0)
                {
                    if((ucCurButtonState & ALL_BUTTONS) == LEFT_BUTTON)
                    {
                        CC1101SendPacket( txBuffer,10, ADDRESS_CHECK );
                    }
                    else if((ucCurButtonState & ALL_BUTTONS) == RIGHT_BUTTON)
                    {

                    }
                }
            }
            SysCtlDelay(180000);
        }
    }
```

在上述发送主程序中对 SSI3 模块进行了初始化，设置为每次传输 8 位、500 kb/s 的速率。下面为接收部分程序的代码，当接收到数据且验证前两个字节的数据为字符 A 和 B 时，翻转 PF1 的电平(红色 LED)。

```
#include <stdint.h>
#include <stdbool.h>
#include "inc/tm4c123gh6pm.h"
#include "inc/hw_types.h"
#include "inc/hw_memmap.h"
#include "driverlib/sysctl.h"
#include "driverlib/gpio.h"
#include "driverlib/ssi.h"
#include "CC1101.h"
#include "CC1101_REG.h"
#include "HAL_SPI.h"
#include "SSI3PinsConfig.h"
void main(void)
{
    INT8U rxBuffer[10] = {0};
    INT8U i;
    unsigned int ulDataRx;              //用于清空接收 FIFO
```

```
SysCtlClockSet(SYSCTL_SYSDIV_4 | SYSCTL_USE_PLL | SYSCTL_XTAL_16MHz |
            SYSCTL_OSC_MAIN);

SysCtlPeripheralEnable(SYSCTL_PERIPH_GPIOF);
GPIOPinTypeGPIOOutput(GPIO_PORTF_BASE, GPIO_PIN_1);    //设置 PF1 为输出

PortFunctionInit();                                    //SSI 端口初始化
SSIConfigSetExpClk(SSI3_BASE, SysCtlClockGet(), SSI_FRF_MOTO_MODE_0,
            SSI_MODE_MASTER, 500000, 8);
SSIEnable(SSI3_BASE);
//将 SSI 模块的 receive FIFO 无用数据读完
while(SSIDataGetNonBlocking(SSI3_BASE, &ulDataRx))
{
}
CC1101Init( );
SysCtlDelay(400000);
for(; ;)
{
    i = CC1101RecPacket( rxBuffer );
    if(i!=0)
    {
        if((rxBuffer[0]== 'A')&&(rxBuffer[1]== 'B'))
        {
            GPIO_PORTF_DATA_R^=GPIO_PIN_1;
        }
    }
}
```

将上述发送程序和接收程序加载到一体化系统中，当按下发送模块的按键时，可看到接收模块 LaunchPad 上红色 LED 会出现亮灭交替变化的实验现象。

4.8　基于 CC2520 的 ZigBee 无线数字通信实验

ZigBee 是一种新型的短距离、低速率、低成本、低功耗的无线网络技术，主要应用于智能家庭、工业控制和医疗等领域。"ZigBee"一词来源于蜜蜂群在发现花粉位置时，通过跳 ZigZag 形舞蹈来告知同伴，传递所发现的食物源、距离和方向信息，人们依此来称呼这种新型的无线技术。2002 年，英国 Invensys 公司、日本三菱电器公司、美国 Motorola 公司以及荷兰的 Philips 公司宣布成立 ZigBee 联盟，合力推动 ZigBee 技术的

发展。

4.8.1　ZigBee 协议简介

ZigBee 是一组基于 IEEE 802.15.4 无线标准研制开发的组网、安全和应用软件方面的技术。ZigBee 的协议框架如表 4.14 所示。

表 4.14　ZigBee 的协议框架

应用层	由 ZigBee 标准定义	ZigBee 无线网络
网络层		
数据链路层	由 IEEE802.15.4 定义	
物理层		

在 ZigBee 协议中，IEEE802.15.4 仅处理低级的 MAC 层和物理层协议，而 ZigBee 联盟对其网络层协议和 API 进行了标准化，IEEE802.15.4 是 ZigBee 技术的基础。完整的 ZigBee 协议由应用层、网络层、数据链路层和物理层协议组成，网络层以上的协议由 ZigBee 联盟制定，IEEE802.15.4 工作组负责物理层和链路层。ZigBee 具有低功耗、低成本、网络容量大、延时短、安全等诸多优点，因此具有相当大的发展潜力。

ZigBee 兼容的产品工作在 IEEE 802.15.4 的物理层上，其频段是免费开放的，分别为 2.4 GHz(全球)、915 MHz(美国)和 868 MHz(欧洲)。ZigBee 技术在 2.4 GHz 频段上 16 个信道，915 MHz 频段上由 10 个信道，868 MHz 频段上有 1 个信道。根据信道和输出功率的不同，传输距离在 30～100 m 之间。2.4 GHz 的频段上提供的速率是 250 kb/s，在本书使用的 CC2520 就是工作在 2.4 GHz 频段上。

从网络配置上来讲，ZigBee 网络中有三种类型的节点：ZigBee 协调器、ZigBee 路由器和 ZigBee 终端设备。ZigBee 协调器(ZigBee Coordinator, ZC)节点在 IEEE802.15.4 中称为 PAN 协调点，在网络中可以作为信息的汇聚点，是整个网络中的主控节点，负责发起建立新的网络、设定网络参数、管理网络等，ZigBee 协调器是三种 ZigBee 设备中功能最复杂的一种，因此功耗较高，一般由适配器供电；ZigBee 路由器(ZigBee Router, ZR)可以参与路由发现、消息转发、通过连接别的节点来扩展网络范围等功能；ZigBee 终端设备 (ZigBee EndDevice, ZE)是 ZigBee 网络中最底层的设备，通过 ZigBee 协调器或者 ZigBee 路由器加入网络中，一般用于采集数据或者执行相关命令，同时也可以将采集的数据传回到协调器。

4.8.2　CC2520 芯片及模块引脚说明

CC2520 是针对 2.4 GHz ISM 频段的第二代 ZigBee/IEEE802.15.4 RF 收发器，主要用于 2.4 GHz 的 ISM 频段。CC2520 的工作温度可达到 125 ℃，可提供极好的灵敏度和共存性能，有很好的链接性能，并且可以在低电压下工作。CC2520 为各种应用提供了广泛的硬件支持，其中包括数据包处理、数据缓冲、突发传输、数据加密、数据认证、空闲通道评估、链接质量指示以及数据包计时信息等，从而降低了主控制器的加载。CC2520 广泛用于

IEEE802.15.4 系统、ZigBee 系统、工业监视和控制系统。

在本实验中所用到的 CC2520 模块如图 4.24(a)所示，该模块需要将 CC2520 和微控制器连接的接口由排针引出，其引出的引脚如图 4.24(b)所示。因为有板载的天线，所以在无需外接天线的情况下，通信距离可以达到几十米远。

(a) CC2520 模块　　　　　　　　　　　　　　(b) 引脚图

图 4.24　CC2520 模块和引脚图

1. 串行外设接口(SPI)

CC2520 通过 SPI 接口和微控制器之间进行命令和数据传输。CC2520 提供了标准 4 线制的 SPI 接口(CS、SCLK、SI 和 SO)，每个字节传输时也是高位在前低位在后，在 SCKL 下降沿时允许数据线改变，在上升沿时要求数据稳定。

在 4.7 节讲述 CC1101 时，微控制器通过 SPI 先向 CC1101 写入地址来访问 CC1101 的寄存器。与 CC1101 不同，CC2520 是通过传输命令实现的。CC2520 有完整的命令集，每一个命令包含一个或者多个字节，微控制器通过 SPI 传输的第一个字节包含了唯一的操作码，剩下的字节为命令执行的参数。CC2520 的命令有很多，其具体命令可查看 CC2520 的数据手册，在此处仅以 TXBUF 和 SRXON 命令为例进行说明。CC2520 的 TXBUF 和 SRXON 命令如表 4.15 所示。

表 4.15　CC2520 的 TXBUF 和 SRXON 命令

Mnemonic Pin		Byte 1 76543210	Byte 2 76543210	Byte 3 76543210	Byte 4 76543210	Byte 5 76543210	Byte 6 76543210	Byte 7 76543210
TXBUF	SI	00111010	dddddddd	dddddddd	⋯			
	SO	sssssss	cccccccc	sssssss	⋯			
SRXON	SI	01000010						
	SO	sssssss						

在表 4.15 中各个小写字符的含义如表 4.16 所示(仅列出表 4.15 中出现的字符，全部字符含义可查看 CC2520 数据手册)。由表 4.15 可以看出，微控制器和 CC2520 通信时，第一个字节传输的为操作符，读者可以从整个命令表中发现，第一个字节传输的数据互不相同。

表 4.16　字 符 描 述

代码	描　　　述
d	数据(Data)
s	状态字(Statusbyte)
c	计数(Count)
—	无意义(Don't care)

例如，在使用 TXBUF 命令向 TX FIFO 写数据时，其传输的第一个字节为 0x3A，后面传输的才是数据。再比如将设备切换为接收状态时，需要用到 SRXON 命令，这时，微控制器通过 SPI 接口向 CC2520 传送 1 字节的 0x42 即可。有关命令的具体说明可参考 CC2520 数据手册的第 13 节内容。在本书提供的例程中，每一个命令对应一个 C 函数，读者可查看本书提供的代码。

微控制器和 CC2520 用 SPI 通信时，可能传输 1 字节，也可能传输多个字节，所以需要把 SSI 模块的 Fss 引脚由 CPU 控制，以方便多个字节的传输。在本实验提供的代码中，TM4C123GH6PM 内部的 SSI 模块每次传输 8 位，这样可以控制多个字节的传输。

2. 上电复位

CC2520 在使用以前，需要经过复位以及初始化寄存器等过程。CC2520 上电复位方式有两种，在此只说明一种简单常用的复位方式，即 RESETn 复位方式。该方式只需要将相关引脚的电平按照时序变化，然后等待晶体振荡器稳定以后 CC2520 便可以开始工作。CC2520 复位时序图如图 4.25 所示。

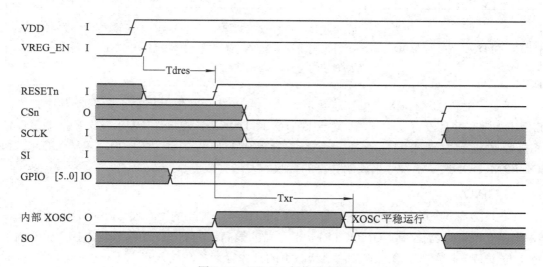

图 4.25　CC2520 复位时序图

根据图 4.25 所示可知，上电以后需要将 VREG_EN 引脚拉高，然后将 RESETn 拉低一段时间，等等。最后需要以判断 SO 引脚是否为高电平来判断 XOSC 是否稳定，待 XOSC 稳定以后，便可以操作 CC2520。

3. 异常事件

异常事件用于表明 CC2520 发生的不同事件，比如 SPI 传输出现错误、发送或者接收数据完成等。当异常事件发生以后有两种表现形式：第一种是将异常事件标志寄存器 (EXCFLAGn，n 表示 0、1 和 2)中的相关位置为 1，然后通过 SPI 读取异常事件标志寄存器中的异常事件；第二种是与异常事件相关联的 GPIO 电平发生变化，但是该种方法需要将 CC2520 的 GPIO 配置为相关的异常事件功能，当异常事件发生以后，向异常事件标志寄存器(EXCFLAGn)的相关位写入 "0" 就可以清除该异常事件。部分异常事件如表 4.17 所示，详细可查看 CC2520 数据手册，此处仅作为说明使用。

表 4.17　部分异常事件

事件名称	值(hex)	描　　　述
RF_IDLE	0x00	无线电(Radio)状态机(Finite State Machine，FSM)模块从其他状态进入空闲状态。如果是设备复位导致 FSM 进入空闲状态，则不会触发该事件
TX_FRM_DONE	0x01	TX(发送)帧传输成功，即 TX FIFO 为空且没有发生下溢。当 TX 被 SRFOFF/SRXON 或 STXON 中止时，不会触发该事件
TX_ACK_DONE	0x02	应答帧传输成功，当应答传输被 SRFOFF、SRXON 或 STXON5 时，不会触发该事件
RX_FRM_DONE	0x08	收到一个完整数据帧，即收到的数据字节数和长度域(Length Field)中的相同
SFD	0x0D	在接收模式下接收完帧起始分隔符或在发送模式下发送完帧起始分隔符，则触发该事件，有关帧起始分隔符(Start of frame delimiter)在数据帧的位置，参考图 4.26

例如，对于 TX_FRM_DONE 异常事件，当该事件发生以后表示数据帧发送完成，TXFIFO 为空并且没有发生下溢。对于 TX_ACK_DONE 异常事件，表示发送数据端接收到了接收数据端发送来的应答帧。在本实验提供的例程中，利用 TX_FRM_DONE 和 RX_FRM_DONE 异常事件来表明数据的接收和发送完成。

4. GPIO

CC2520 有 6 个可配置的 GPIO，每一个 GPIO 由一个独立的寄存器 GPIOCTRLn(n 为 0～5，代表 5 个寄存器)控制。GPIOCTRLn 寄存器的最高位为 GPIO 的输入输出控制位，剩下的 7 位 CTRLn 控制在输入或者输出状态下的具体行为：在输入状态下，微控制器可以通过控制 GPIO 引脚的电平来触发 CC2520 的快速命令；在输出状态下，GPIO 通过电平的跳变可以用来表现上文所说的异常事件。上电复位以后 CC2520 各个 GPIO 的初始化功能如表 4.18 所示。表 4.19 为 GPIO 的部分配置表，具体配置可查看 CC2520 数据手册的 GPIO 部分。

表 4.18　GPIO 的初始化功能

GPIO 引脚	方向	值	上拉	增强驱动	极性	信号	寄存器值(hex)	描 述
0	Out	0	No	No	Positive	clock	0x00	占空比为 50/50 的 1 MHz 时钟信号
1	Out	0	No	No	Positive	fifo	0x27	当一个或多个字节写入 RX FIFO 时，为高电平；当 RX FIFO 溢出时，为低电平
2	Out	0	No	No	Positive	fifop	0x28	当 RX FIFO 中的字节数超过阈值、至少一个完整帧写入 RX FIFO 中或 RX FIFO 溢出时，为高电平
3	Out	0	No	No	Positive	cca	0x29	清除信道评估。更多设置细节查看 FSMSTAT1 寄存器
4	Out	0	No	No	Positive	sfd	0x2A	当 SFD 信号被发送或接收时,为高电平；当离开 RX/TX 模式时，为低电平
5	In	Tietogroundor VDD	No	No	Positive		0x90	无功能

表 4.19　GPIO 的部分配置表

寄存器(hex)	输入(命令选通)	输 出	输出信号描述
0x01	SRXMASKBITCLR	RF_IDLE	RF_IDLE 异常
0x02	SRXMASKBITSET	TX_FRM_DONE	TX_FRM_DONE 异常
0x03	SRXON	TX_ACK_DONE	TX_ACK_DONE 异常
0x07	SNACK	RX_OVERFLOW	RX_OVERFLOW 异常
0x09	STXONCCA	RX_FRM_DONE	RX_FRM_DONE 异常
0x0A	SFLUSHRX	RX_FRM_ACCEPTED	RX_FRM_ACCEPTED 异常
0x0D	STXCAL	FIFOP	FIFOP 异常
0x0E	SRFOFF	SFD	SFD 异常

　　本实验的例程中将 GPIO2 设置为输出与 PEO 相连，用于触发 RX_FRM_DONE 和 TX_FRM_DONE 异常事件。设置为 RX_FRM_DONE 异常事件时，向 GPIOCTRL2 寄存器的低 7 位写入 0x09，设置为 TX_FRM_DONE 异常事件时，向 GPIOCTRL2 寄存器的低 7 位写入 0x02 分别用于接收和发送设备，微控制器通过读取 PE0 的电平判断 RX_FRM_DONE 和 TX_FRM_DONE 异常事件，作为接收和发送状态指示。

5. 系统原理图

ZigBee 模块原理图如图 4.26 所示，其中 M4 为 CC2520 模块的接口，上面的 GPIO 没有用原来的符号标出，而是用 GPIO 复位以后的初始化功能标出，具体可查看 CC2520 各个 GPIO 的初始化功能(见表 4.18)。J14 和 J20 为 CC2520 模块和 TM4C123GH6PM 的连接图。

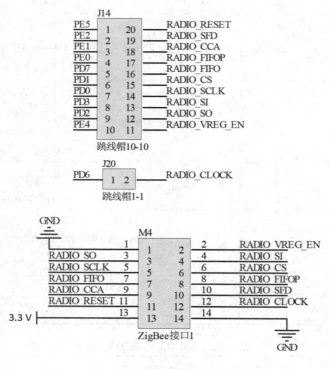

图 4.26　ZigBee 模块原理图

4.8.3　IEEE 802.15.4 数据帧格式

CC2520 是第二代 IEEE 802.15.4/ZigBee 收发器，在传输数据时符合 IEEE 802.15.4 标准，IEEE 802.15.4-2006 帧格式如图 4.27 所示。

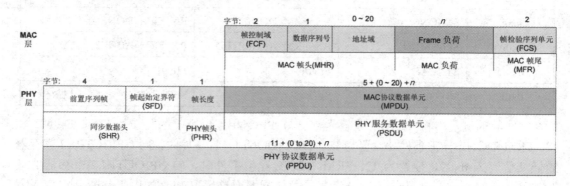

图 4.27　IEEE 802.15.4—2006 帧格式

在上述帧格式中，用户可控制的部分是从 Frame Length 到 FCS，这段部分的内容需要写入发送缓冲区 TX FIFO。首先写入 TX FIFO 的是 1 字节的帧长度(Frame Length)，后面是 MAC 层的帧控制域(FCF)、数据序列号以及地址域等。MAC 层帧格式如表 4.20 所示。

表 4.20　MAC 层帧格式

字节: 2	1	0/2	0/2/8	0/2	0/2/8	0/5/6/10/14	长度可变	2
帧控制域 (FCF)	帧序列号	接收设备网络号	接收设备地址	发送设备网络号	发送设备地址	辅助安全头	帧数据单元	帧校验序列 (FCS)
		地址域(Addressing Fields)						
帧　头							MAC 负荷	帧尾

在帧控制域中决定了帧类型以及地址长度等信息，下面简要介绍一下帧控制域 2 字节的内容，在向 TX FIFO 中写帧控制域时，需要明白各位代表的信息。帧控制域(FCF)如表 4.21 所示。详细信息可参考 IEEE 802.15.4-2006 协议说明，例如，在发送数据帧时需要将帧控制域的 2~0 位设置为 001 b，在使用 16 位短地址时，需要将 11 和 10 位设置为 10 b。

表 4.21　帧 控 制 域

bits: 0~2	3	4	5	6	7~9	10~11	12~13	14~15
帧格式	安全使能	帧等待	确认请求	内部 PAN	保留	目的地址模式	保留	源地址模式

本节只是根据写程序的需要简单地介绍了一下 CC2520，其功能远不止这些，尤其是射频部分的内容在此并没有说明。作为入门介绍，本节内容已足够读者学习，如果读者想深入研究，可参考相关的文献。初始化时可以使用 SmartRF Studio7 软件，更详细的说明及使用方法可参考 CC2520 数据手册。

4.8.4　部分实验代码例程说明

在本节的实验例程中，根据 IEEE802.15.4 标准，实现两个 ZigBee 设备之间的点对点通信。本实验对应的工程文件为 SPI_ZigBeeLED。

上电以后，CC2520 首先需要复位和初始化寄存器等过程，在复位 CC2520 时候，微控制器需要通过读取 CC2520 的 SO 引脚电平来判断 XOSC 是否稳定振荡。下面为初始化 CC2520 的程序：

```
uint8 basicRfInit(basicRfCfg_t* pRfConfig)  //该函数在工程文件的 Basic_RF/basic_rf.c 中
{

    if (halRfInit()==FAILED)
    return FAILED;

    //配置协议
    pConfig = pRfConfig;
    rxi.pPayload = NULL;
```

```
            txState.receiveOn = TRUE;
            txState.frameCounter = 0;

            //设置信道
            halRfSetChannel(pConfig->channel);

            //将 16 位短地址和 PAN ID 写入 CC2520 RAM
            halRfSetShortAddr(pConfig->myAddr);
            halRfSetPanId(pConfig->panId);

            //如果安全功能被使能，则写入密钥
            #ifdef SECURITY_CCM
            basicRfSecurityInit(pConfig);
            #endif

            return SUCCESS;
        }
```

在上述程序中，halRfInit()函数用来初始化复位 CC2520 和初始化 CC2520 的寄存器，其具体程序如下：

```
/*****************************************************************************
*函数：halRfInit
*功能：初始化射频部分
*输入：无
*输出：若射频部分启动，则返回 success，否则返回 failure
*/
uint8 halRfInit(void)               //该函数在工程文件的 HAL/RF/hal_rf.c 中
{
    regVal_t* p;
    uint8 val;
    unsigned int uintDataRx;        //用于清空接收 FIFO

    //确保将 CC2520 RESETn 和 VREG_EN 引脚拉低
    CC2520_RESET_L;
    CC2520_VREG_EN_L;
    SysCtlDelay(20000);
    //使能稳压器并且等待 CC2520 上电
    CC2520_VREG_EN_H;
    SysCtlDelay(200000);
    CC2520_RESET_H;
```

```
        SysCtlDelay(20000);
        //通过检测 MISO 引脚来等待 XOSC 稳定
        if (halRfWaitRadioReady()==FAILED)
        return FAILED;
        /*
        * 初始化完成之后，CC2520_SO 将不再是作为状态输出功能，与其对应的 MCU 接口将
          转化为 SPI 功能
        */
        PortFunctionInit();
        SSIConfigSetExpClk(SSI3_BASE, SysCtlClockGet(), SSI_FRF_MOTO_MODE_0,
                        SSI_MODE_MASTER, 500000, 8);
        SSIEnable(SSI3_BASE);
        //将 SSI3 模块的 receive FIFO 无用数据读完
        while(SSIDataGetNonBlocking(SSI3_BASE, &uintDataRx))
        {
        }
        /*
        * SSI3 初始化完成
        */
        p= regval;

        while (p->reg!=0) {
        CC2520_MEMWR8(p->reg, p->val);
            p++;
        }
        //检验一个寄存器，看读写是否正确
        val= CC2520_MEMRD8(CC2520_TXPOWER);
        return val==0x32? SUCCESS : FAILED;
    }
```

halRfInit()函数中按照复位时序操作 CC2520 相关引脚，最后在 halRfWaitRadioReady() 函数中判断 CC2520 的 SO 引脚是否变为高电平，若在一定时间内变为高电平，则复位成功；反之复位失败。halRfWaitRadioReady()函数如下所示。

```
/*****************************************************************************
*函数：halRfWaitRadioReady
*功能：等待晶体振荡器稳定
*输入：无
*输出：若晶体振荡器启动且稳定，则返回 success；否则返回 failure
*/
static uint8 halRfWaitRadioReady(void)          //该函数在工程文件的 HAL/RF/hal_rf.c 中
```

```
    {
        unsigned int i;
        //通过检测 MISO 引脚来等待 XOSC 稳定
        i = 500;
        CC2520_CS_L;
        while (i>0 && (!(CC2520_SO))) {
            SysCtlDelay(200);
            --i;
        }
        return i>0 ? SUCCESS : FAILED;

    }
```

　　将 CC2520 复位成功后，对于 TM4C123GH6PM 而言，与 CC2520 的 SO 相连的引脚不再作为状态检测引脚，而是作为 SPI 接口的 SI 引脚，所以在 halRfInit()函数中，CC2520 复位成功后，调用 PortFunctionInit()和 SSIConfigSetExpClk()以及 SSIEnable(SSI3_BASE)初始化 TM4C123GH6PM 内部的 SSI3。本实验中将 SSI 模块初始化为每次传输 8 位，Fss 引脚由 CPU 控制，可以实现多字节的传输。配置好 SSI3 后就可以通过 SPI 接口和 CC2520 通信，TM4C123GH6PM 从 CC2520 读写 1 字节的函数如下所示。

```
    //此函数用于交换 1 字节数据，不包含 CS 片选信号。由于交换 1 字节，所以 RX FIFO
    //中最后 1 字节为所要得到的数据
    static uint8 CC2520_SPI_TXRX(unsigned char  ulValue)        //该函数在工程文件的 HAL/RF/
        CC2520/CC2520.c 中
    {
        unsigned int ulData=0;
        char Flag=0;
        SysCtlDelay(10);

        while(SSIDataGetNonBlocking(SSI3_BASE, &ulData));      //清除 RX  FIFO 中的数据，
                                                               //为本次传输让出空间
        SSIDataPut(SSI3_BASE, ulValue);          //写数据到 CC2520
        while(SSIBusy(SSI3_BASE));               //等待传输结束

        Flag=SSIDataGetNonBlocking(SSI3_BASE, &ulData);
        while(Flag)
        {                                        //读取 FIFO 中最后 1 字节
            Flag=SSIDataGetNonBlocking(SSI3_BASE, &ulData);
        }
        return    ((unsigned char)ulData);
    }
    static void CC2520_SPI_TX(uint8 ulValue)    //该函数在工程文件的 HAL/RF/CC2520/CC2520.c 中
```

```
    {
        while(SSIBusy(SSI3_BASE));        //SSI3 处于空闲状态，保证每个字节的可靠传输
        SSIDataPut(SSI3_BASE, ulValue);   //写数据到 CC2520
    }

    static void CC2520_SPI_WAIT_RXRDY(void)      //该函数在工程文件的 HAL/RF/CC2520/
                                                 //CC2520.c 中
    {
        while(SSIBusy(SSI3_BASE));
    }

    static unsigned char CC2520_SPI_RX(void)   //该函数在工程文件的 HAL/RF/CC2520/CC2520.c 中
    {
        unsigned int uintData=0;
        char Flag=0;

        Flag=SSIDataGetNonBlocking(SSI3_BASE, &uintData);
        while(Flag)
        {                                        //读取 FIFO 中最后 1 字节
            Flag=SSIDataGetNonBlocking(SSI3_BASE, &uintData);
        }
        return    ((unsigned char)uintData);
    }
```

在前面说到为控制器操作 CC2520 都是通过 CC2520 的命令实现的，由上面的底层 SPI 接口函数实现了 SPI 通信后，就可以调用这些函数实现各种命令。下面的程序为部分命令函数，其位于工程文件的 HAL/RF/CC2520/CC2520.c 中。

```
/****************************************************************************
*函数：CC2520_INS_STROBE
*功能：发送单个命令函数
*输入：8 位的命令字节
*输出：状态字节
*/
uint8 CC2520_INS_STROBE(uint8 strobe)
{
    uint8 s;
    CC2520_SPI_BEGIN();
    s = CC2520_SPI_TXRX(strobe);
    CC2520_SPI_END();
    return s;
```

```
}
/**************************************************************************
*函数：CC2520_SNOP            //空指令，用于获取 CC2520 状态
*功能：发送 SNOP 命令
*输入：无
*输出：状态字节
*/
uint8 CC2520_SNOP(void)
{
    return CC2520_INS_STROBE(CC2520_INS_SNOP);
}
/**************************************************************************
*函数：CC2520_SRXON
*功能：发送 SRXON 命令
*输入：无
*输出：状态字节
*/
uint8 CC2520_SRXON(void)          //设置 CC2520 为接收状态
{
    return CC2520_INS_STROBE(CC2520_INS_SRXON);
}
/**************************************************************************
*函数：CC2520_STXON
*功能：发送 STXON 命令
*输入：无
*输出：状态字节
*/
uint8 CC2520_STXON(void)          //设置 CC2520 为发送状态
{
    return CC2520_INS_STROBE(CC2520_INS_STXON);
}
/**************************************************************************
*函数：CC2520_MEMWR
*功能：写数据到寄存器
*输入：uint16 addr，地址
       uint16 count，字节数
       uint8  *pData，需要写入的数据指针
*输出：状态字节
*/
```

```c
uint8 CC2520_MEMWR(uint16 addr, uint16 count, uint8   *pData)     //向存储空间写数据
{
    uint8 s;
    CC2520_SPI_BEGIN();
    s = CC2520_SPI_TXRX(CC2520_INS_MEMWR | HI_UINT16(addr));
    CC2520_SPI_TXRX(LO_UINT16(addr));
    CC2520_INS_WR_ARRAY(count, pData);
    CC2520_SPI_END();
    return s;
}
/*************************************************************************
*输入：CC2520_RXBUF
*功能：从 RX 读取数据
*输入：uint8 count，字节数
        uint8   *pData，读取后数据的缓冲区指针
*输出：状态字节
*/
uint8 CC2520_RXBUF(uint8 count, uint8   *pData)          //从 RXBUF 读取数据
{
    uint8 s;
    CC2520_SPI_BEGIN();
    s = CC2520_SPI_TXRX(CC2520_INS_RXBUF);
    CC2520_INS_RD_ARRAY(count, pData);
    CC2520_SPI_END();
    return s;
}


/*************************************************************************
*函数：CC2520_TXBUF
*功能：向 TX buffer 写数据
*输入：count，字节数
        *pData ，指向被写数据的指针
*输出：状态字节
*/
uint8 CC2520_TXBUF(uint8 count, uint8   *pData)          //写数据到 TXBUF
{
    uint8 s;
    CC2520_SPI_BEGIN();
    s = CC2520_SPI_TXRX(CC2520_INS_TXBUF);
```

```
    CC2520_INS_WR_ARRAY(count, pData);
    CC2520_SPI_END();
    return s;
}
```

下面为本实验的主函数部分，该程序既可以接收数据，也可以发送数据。

```
#include <stdint.h>
#include <stdbool.h>
#include "inc/tm4c123gh6pm.h"
#include "inc/hw_types.h"
#include "inc/hw_memmap.h"
#include "driverlib/sysctl.h"
#include "driverlib/gpio.h"
#include "driverlib/ssi.h"
#include "Board/hal_board.h"
#include "CC2520.h"
#include "basic_rf.h"
#include "hal_rf.h"
#include "Config.h"
#include "buttons.h"


#define    RECEIVE_SUCCESS          0x01
#define RF_CHANNEL                  25                    // 2.4 GHz RF channel

//地址配置
#define PAN_ID                      0x2014
#define SWITCH_ADDR                 0x2520                //按键设备地址
#define LIGHT_ADDR                  0xBEEF                //LED 设备地址
#define APP_PAYLOAD_LENGTH          8                     //数据字节数
#define LIGHT_TOGGLE_CMD            0

//按键有关宏定义
#define NUM_BUTTONS                 2
#define LEFT_BUTTON                 GPIO_PIN_4
#define RIGHT_BUTTON                GPIO_PIN_0

#define ALL_BUTTONS                 (LEFT_BUTTON | RIGHT_BUTTON)
/***************************************************************************
* LOCAL VARIABLES
*/
```

```c
static uint8 pTxData[APP_PAYLOAD_LENGTH];          //发送缓冲区
static uint8 pRxData[APP_PAYLOAD_LENGTH];          //接收缓冲区
static basicRfCfg_t basicRfConfig;

void main(void)
{
    unsigned char ucCurButtonState, ucPrevButtonState;
    int i;
    for(i=0;i<8;i++)
    {
        pTxData[i]=i;
    }
    // Config basicRF
    basicRfConfig.panId = PAN_ID;
    basicRfConfig.channel = RF_CHANNEL;
    basicRfConfig.ackRequest = TRUE;
    basicRfConfig.myAddr = LIGHT_ADDR;

    halBoardInit();
    // Initialize BasicRF
    if(basicRfInit(&basicRfConfig)==FAILED)
    {
        while(1);
    }
    ButtonsInit();
    basicRfReceiveOn();
    for(; ;)
    { //扫描按键
        ucCurButtonState = ButtonsPoll(0, 0);
        //检查当前状态是否和上一次状态相同，若不相同，表示按下按键
        if(ucCurButtonState != ucPrevButtonState)
        {
            ucPrevButtonState = ucCurButtonState;
            if((ucCurButtonState & ALL_BUTTONS) != 0)
            {
                if((ucCurButtonState & ALL_BUTTONS) == LEFT_BUTTON)
                { //按下左键，发送数据
                    basicRfSendPacket(SWITCH_ADDR, pTxData, APP_PAYLOAD_LENGTH);
```

```
                    basicRfReceiveOn();          //切换到接收状态
            }
            else if((ucCurButtonState & ALL_BUTTONS) == RIGHT_BUTTON)
            {   //按下右键，发送数据
                basicRfSendPacket(SWITCH_ADDR, pTxData, APP_PAYLOAD_LENGTH);
                basicRfReceiveOn();          //切换到接收状态
            }
        }
    }
    SysCtlDelay(180000);
    if(CC2520_RX_FRM_DONE==RECEIVE_SUCCESS)
    {   //读取数据
        basicRfReceive(pRxData, 8);
        GPIO_PORTF_DATA_R^= (0x02);
    }
    }
}
```

　　在上述主程序中，接收和发送设备用到的程序相同，只是收发的地址不同。若将上面的程序下载到一个一体化系统中，只需要将地址修改以后下载到另一个一体化系统中即可。具体的修改部分(加粗部分)如下所示。

```
    …
    …
    basicRfConfig.myAddr = SWITCH_ADDR;
    …
    …


    if((ucCurButtonState & ALL_BUTTONS) == LEFT_BUTTON)
    {   //发送数据
        basicRfSendPacket(LIGHT_ADDR, pTxData, APP_PAYLOAD_LENGTH);
        basicRfReceiveOn();          //切换到接收状态
    }
    else if((ucCurButtonState & ALL_BUTTONS) == RIGHT_BUTTON)
    {   //发送数据
        basicRfSendPacket(LIGHT_ADDR, pTxData, APP_PAYLOAD_LENGTH);
        basicRfReceiveOn();          //切换到接收状态
    }
    …
    …
```

将修改后的程序下载到另一个一体化系统中，不管按下哪个一体化系统中 LaunchPad 上的按键，都会观察到另一个一体化系统中 LaunchPad 上的 LED 交替变化，同时，读者可以在 GPIO_PORTF_DATA_R^=(0x02) 处设置断点，查看 pRxData[] 是否正确地收到了从 pTxData[] 发出的数据。

上面的 basicRfSendPacket() 函数其实是按照本节所讲的 IEEE 802.15.4 协议将数据写入 TXFIFO 中的过程，本程序中使用的同一个 PAN ID 为 2014，源地址和目的地址都用 16 位的短地址。另外，在接收和发送数据过程中，CC2520 的 GPIO2 作为 RX_FRM_DONE 和 TX_FRM_DONE 异常事件的状态指示，同时要切换 CC2520 的 GPIO2 引脚的功能，触发 RX_FRM_DONE 和 TX_FRM_DONE 异常事件以后还需要及时地清除两个异常事件。具体可查看 basicRfSendPacket() 函数以及 basicRfReceive() 函数的代码。

4.9　基于 MFRC522 的射频识别实验

射频识别(Radio Frequency Identification, RFID)是 20 世纪 90 年代兴起的一种非接触式智能识别技术，如今已经广泛用于工业自动化、身份识别、酒店管理、考勤检查等领域。其中的无源 RFID 技术相对成熟。本节利用 MFRC522 完成对 S50 卡的读写操作。

4.9.1　芯片及 MFRC522 模块介绍

MFRC522 是 NXP 推出的应用于 13.56 MHz 非接触式通信的高集成度读写卡系列芯片中的一员。MFRC522 支持 ISO 14443A/MIFARE 标准，其支持的主机接口有 SPI、IIC 和 UART；MFRC522 利用了先进的调制和解调概念，完全集成了在 13.56 MHz 下所有类型的被动非接触式通信方式和协议。另外，MFRC522 支持 ISO14443A 的多层应用，其内部发送器部分可驱动读写器天线与 ISO14443A/MIFARE 卡和应答机的通信，无需其他的电路；接收器部分可提供一个坚固而有效的解调和解码电路，用于处理与 ISO14443A 兼容的应答器信号；数字部分处理 ISO14443A 帧和错误检测(奇偶 & CRC)。此外，它还支持快速 CRYPTO1 加密算法，用于验证 MIFARE 系列产品。MFRC522 支持 MIFARE 更高速的非接触式通信，双向数据传输速率高达 424 kb/s。本实验用到的 MFRC522 模块以及 S50 卡如图 4.28 所示。

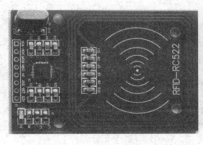  

MFRC522 模块　　　　　　　　　普通感应卡　　　　　　　　　钥匙扣感应卡

图 4.28　MFRC522 模块以及 S50 卡

系统数据存储在无源 S50 卡中，当 S50 卡靠近 MFRC522 模块的天线时，通过电磁场将能量传输给 S50 卡，同时与 MFRC522 建立通信，完成对 S50 卡的读写操作。

1. 实验原理图

在本实验中，TM4C123GH6PM 通过 SPI 接口和 MFRC522 通信，如图 4.29 所示，在该实验中用到了 TM4C123GH6PM 内部的 SSI3。

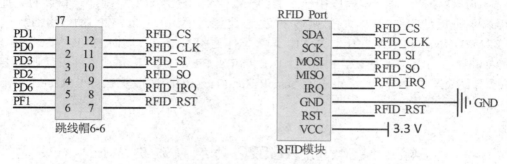

图 4.29　射频识别部分原理图

2. S50 卡使用方法

S50 卡也称作 M1 卡，内部有容量 1 kb 的 EEPROM，每张卡有一个 32 位的唯一序列号，无电源，自带天线，内含加密控制逻辑和通信逻辑电路，工作频率为 13.56 MHz，通信速率为 106 kb/s，数据保存时间为 10 年，可改写 10 万次。

S50 卡分为 16 个扇区，每个扇区由 4 块(块 0、块 1、块 2、块 3)组成(也将 16 个扇区的 64 个块按绝对地址编号为 0～63)，S50 存储结构如图 4.30 所示。

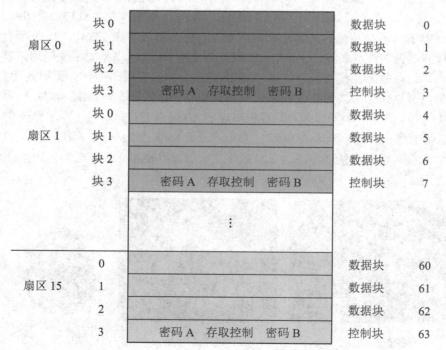

图 4.30　S50 存储结构

图 4.30 中，扇区 0 的块 0(即绝对地址 0 块)用于存放厂商代码，其已经固化，不可更改。每一个扇区的块 0、1 和 2 为数据存储块，数据块除了可以进行数据的读写，亦可以进行加值减值等操作。每一个扇区的块 3 为控制块，包括了密码 A、存取控制和密码 B，如图 4.31 所示。

Byte0　　　　　　　　　　　　　　　　　　　　　　　　　　　　　　Byte15

A0 A1 A2 A3 A4 A5	FF 07 80 69	B0 B1 B2 B3 B4 B5
密码 A(6 字节)	存取控制(4 字节)	密码 B(6 字节)

图 4.31　控制块结构

每个扇区的密码和存取控制都是独立的，可以根据实际需要设定各自的密码及存取控制。存取控制为 4 字节，共 32 位，扇区中的每个块(包括数据块和控制块)的存取条件是由密码和存取控制共同决定的，在存取控制中每个块都有相应的三个控制位，定义如下：

$$
\begin{array}{llll}
块 0: & C10 & C20 & C30 \\
块 1: & C11 & C21 & C31 \\
块 2: & C12 & C22 & C32 \\
块 3: & C13 & C23 & C33
\end{array}
$$

三个控制位以正和反两种形式存在于存取控制字节中，决定了该块的访问权限。存取控制(4 字节，其中字节 9 为备用字节)结构如图 4.32 所示。图 4.32 中，_b 表示取反。

bit	7	6	5	4	3	2	1	0
字节 6	C23_b	C22_b	C21_b	C20_b	C13_b	C12_b	C11_b	C10_b
字节 7	C13	C12	C11	C10	C33_b	C32_b	C31_b	C30_b
字节 8	C33	C32	C31	C30	C23	C22	C21	C20
字节 9								

图 4.32　存取控制结构

数据块(块 0、1 和 2)的存取控制如表 4.22 所示。

表 4.22　数据块的存取控制

控制位($X=0$、1、2)			访问条件(对数据块 0、1、2)			
C1X	C2X	C3X	读	写	增值	减值、转移、复原
0	0	0	KeyA|B	KeyA|B	KeyA|B	KeyA|B
0	1	0	KeyA|B	Never	Never	Never
1	0	0	KeyA|B	KeyB	Never	Never
1	1	0	KeyA|B	KeyB	KeyB	KeyA|B
0	0	1	KeyA|B	Never	Never	KeyA|B
0	1	1	KeyB	KeyB	Never	Never
1	0	1	KeyB	Never	Never	Never
1	1	1	Never	Never	Never	Never

注：KeyA|B 表示密码 A 或密码 B，Never 表示任何条件下不能实现。

例如，当块 0 的存取控制位 C10 C20 C30 为 100 时，验证密码 A 或密码 B 正确后可读；验证密码 B 正确后可写；不能进行加值、减值操作。再如，S50 的存取控制 4 字节数据默认设置为 0xFF、0x07、0x80、0x69，对照表 4.22 可以发现，C10 C20 C30 的默认值为 000，所以只要验证密码 A 或者密码 B 就可以对块 0 实现任意操作。

控制块块 3 的存取控制与数据块(块 0、1、2)不同，它的存取控制如表 4.23 所示，例如：当块 3 的存取控制位 C13 C23 C33 = 100 时，密码 A 表示：不可读(隐藏)，验证 KeyB 正确后，可写(或更改)；存取控制表示：验证 KeyA 或 KeyB 正确后，可读不可写(写保护)；密码 B 表示：不可读，验证 KeyB 正确后可写。C13 C23 C33 的默认值为 001，除了密码 A 不可读和存取控制不可写以外，其余只要验证密码 A 或者密码 B 即可进行读写操作。密码 A 和密码 B 的 6 字节出厂默认值均为 0xFF。初次读写时需要用到此密码，然后读者可以修改密码 A 和密码 B，再根据图 4.32 和表 4.23 设置新的权限值。

表 4.23　控制块存取控制

控制位			密码 A		存取控制		密码 B	
C13	C23	C33	读	写	读	写	读	写
0	0	0	Never	KeyA|B	KeyA|B	Never	KeyA|B	KeyA|B
0	1	0	Never	Never	KeyA|B	Never	KeyA|B	Never
1	0	0	Never	KeyB	KeyA|B	Never	Never	KeyB
1	1	0	Never	Never	KeyA|B	Never	Never	Never
0	0	1	Never	KeyA|B	KeyA|B	KeyA|B	KeyA|B	KeyA|B
0	1	1	Never	KeyB	KeyA|B	KeyB	Never	KeyB
1	0	1	Never	Never	KeyA|B	KeyB	Never	Never
1	1	1	Never	Never	KeyA|B	Never	Never	Never

3. S50(M1)卡射频卡与读写器的通信

S50(M1)卡射频卡与读写器的通信流程如图 4.33 所示，下面简要介绍其中的几个步骤。

(1) 复位请求(Answer to request)。当有卡片进入读写器的操作范围时，读写器以特定的协议与它通信，从而确定该卡是否为 M1 射频卡，即验证卡片的卡型，从而建立第一步通信。

(2) 防冲突机制(Anticollision Loop)。当有多张卡进入读写器操作范围时，防冲突机制会根据每一张卡的唯一的序列号进行区别，然后选择一张进行操作，未选中的则处于空闲模式等待下一次选卡，该过程会返回被选卡的序列号。

(3) 选择卡片(Select Card)。通过选卡命令，选择被选中的卡的序列号，读写器进一步操作该卡片，并且返回卡的容量大小。

(4) 三次互相验证(3 Pass Authentication)。选定要处理的卡片之后，读写器就确定要访问的扇区号，并对该扇区密码进行密码校验，在三次相互验证之后就可以通过加密流进行通信。(在选择另一扇区时，必须进行另一扇区密码的校验。)

(5) 读写操作(Read/Write)。经过确认以后，读写器就可以对卡进行读、写、增值以及减值操作了。

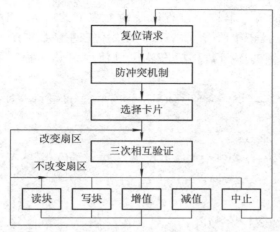

图 4.33　S50(M1)卡射频卡与读写器的通信流程

4.9.2　部分实验代码说明

本实验中使用到了 TM4C123GH6PM 的 SSI3，本例程中使用 SSI 在 SPI 模式下的 16 位传输，每传输一次即完成对 MFRC522 内部一个寄存器的读写操作。在使用 SPI 接口时，MFRC522 寄存器的读写过程如图 4.34 所示。

	byte 0	byte 1	byte 2	…	byte n	byte n+1
MOSI	adr 0	adr 1	adr 2	…	adr n	00
MISO	X	data 0	data 1	…	date n−1	date n

(a)　读寄存器过程

	byte 0	byte 1	byte 2	…	byte n	byte n+1
MOSI	adr 0	data 0	data 1	…	date n−1	date n
MISO	X	X	X	…	X	X

(b)　写寄存器过程

图 4.34　MFRC522 寄存器的读写过程

由图 4.34 可以看出，在读写寄存器时，SPI 接口上传输的第一个字节为 MFRC522 内部寄存器的地址，也叫作地址字节。地址字节除了包含 MFRC522 的地址信息以外，还包含一位读写控制位，以表明是读还是写数据到寄存器，其地址字节的内容如图 4.35 所示。最高位(第 7 位)为读写控制位，"1"为读寄存器，"0"为写数据到寄存器；第 1 到第 6 位为 MFRC522 内部寄存器地址，最后一位为保留位。

7	6	5	4	3	2	1	0
1(读) 0(写)			地址				RFU
MSB							LSB

图 4.35　地址字节的内容

根据 MFRC522 的寄存器读写过程以及地址字节的内容，TM4C123GH6PM 读写 MFRC522 一个寄存器的程序如下所示(SSI3 的初始化在主函数中)，以这两个函数为基础，将 MFRC522 官方提供的库函数移植好就可以使用，具体程序可参考工程文件下的 MFRC522.c 文件。

```c
void RFIDWriteRC522Reg(unsigned char ulAddress, unsigned char ulValue)
{
    unsigned int ulData=0;
    ulData=((ulAddress & 0x3f)<< 1) & 0x7F;          //编码地址字节
    ulData=(ulData<<8)+ulValue;                      //将地址字节和数据合并为 16 位数据

    while(SSIBusy(SSI3_BASE));
    SSIDataPut(SSI3_BASE, ulData);

}


unsigned char    RFIDReadRC522Reg(unsigned int ulAddress)
{
    unsigned int ulData=0;
    char Flag=0;
    ulAddress=(((ulAddress & 0x3f) << 1) | 0x80)<<8;    //编码包含地址字节的 16 位数据

    SSIDataPut(SSI3_BASE, ulAddress);
    while(SSIBusy(SSI3_BASE));

    Flag=SSIDataGetNonBlocking(SSI3_BASE, &ulData);
    while(Flag)
    {
        Flag=SSIDataGetNonBlocking(SSI3_BASE, &ulData);    //读取最后 1 字节数据
    }

    return    ((unsigned char)ulData);
}
```

在主函数中，经过一系列的初始化后，按照 S50(M1)卡射频卡与读写器的通信部分所说的过程调用库函数操作 MFRC522 即可。本例程序中，只显示卡号以及对 S50 卡的块 4 进行数据的写入和读出操作，其代码如下：

```c
#include <stdint.h>
#include <stdbool.h>
#include "inc/tm4c123gh6pm.h"
#include "inc/hw_types.h"
```

```
#include "inc/hw_memmap.h"
#include "inc/hw_ssi.h"
#include "driverlib/sysctl.h"
#include "driverlib/gpio.h"
#include "driverlib/ssi.h"
#include "driverlib/interrupt.h"
#include "SSI3PinsConfig.h"
#include "MFRC522.h"
#include "ILI9320.h"


unsigned char CardType[4]   ;
//编入的初始化数值 16 字节，位于块 4
unsigned char ulTData[16]={0xA0, 0xB1, 0x07, 0x03, 0x09, 0x05, 0x06, 0x03, 0x03, 0x03,
0x03, 0x03, 0x03, 0x03, 0x03, 0x03, };
//用于接收读回的数据 16 字节
unsigned char ulRData[16] ;
unsigned char Password_Buffer[6]={0xFF, 0xFF, 0xFF, 0xFF, 0xFF, 0xFF}; //Mifare One 初始密码

char *String={"The Card Number is: "};

void main(void)
{
    unsigned int ulDataRx;              //用于清空接收 FIFO
    unsigned char CardNumber[4];
    unsigned char ShowNumber[3];
    //设置系统时钟为 50 MHz
    SysCtlClockSet(SYSCTL_SYSDIV_3_5 | SYSCTL_USE_PLL | SYSCTL_XTAL_16MHz |
                SYSCTL_OSC_MAIN);

    LCD_GPIOEnable();
    //使能 PF 口为数字 I/O
    SysCtlPeripheralEnable(SYSCTL_PERIPH_GPIOF);
    GPIO_PORTF_DIR_R |= 0x02;
    GPIO_PORTF_DEN_R |= 0x02;

    PortFunctionInit();              //SSI 端口初始化
    SSIConfigSetExpClk(SSI3_BASE, SysCtlClockGet(), SSI_FRF_MOTO_MODE_0,
                SSI_MODE_MASTER, 1000000, 16);
    SSIEnable(SSI3_BASE);
```

```
//将 SSI 模块的 recefive FIFO 无用数据读完
while(SSIDataGetNonBlocking(SSI3_BASE, &ulDataRx))
{

}
LCD_ILI9320Init();                                  //初始化 LCD
LCD_Clear(White);                                   //将背景填成白色

LCD_PutString(0, 0, String, Red, White);
//LCD_PutString(0, 0, "姓名: ", Red, White);
//LCD_PutString(0, 20, "金额: ", Red, White);
//LCD_PutString(150, 20, "返回", Red, Green);

PcdReset();                                         //复位 RC522
PcdAntennaOn();                                     //开启天线发射
while(1)
{
    if(PcdRequest(0x52, CardType)==MI_OK)           //寻卡
    {
        if(PcdAnticoll(CardNumber)==MI_OK)          //防冲撞
        {
            if(PcdSelect(CardNumber)==MI_OK)        //选卡
            { //密码验证
                if(PcdAuthState(0x60, 4, Password_Buffer, CardNumber)==MI_OK)/
                {
                    if(PcdWrite(4, ulTData)==MI_OK)     //该句将数据写入 S50 卡的块 4
                    {
                        if(PcdRead(4, ulRData)==MI_OK)//该句从 S50 卡的块 4 读出数据
                        { //显示卡号
                            ShowNumber[2]=(unsigned char)(CardNumber[0]/100.0);
                            CardNumber[0]=CardNumber[0]-ShowNumber[2]*100.0;
                            ShowNumber[1]=(unsigned char)(CardNumber[0]/10.0);
                            CardNumber[0]=CardNumber[0]-ShowNumber[1]*10.0;
                            ShowNumber[0]=(unsigned char)CardNumber[0]; //低位
                            LCD_PutChar8x16(0, 20, ShowNumber[2] + '0', Red, White);
                            LCD_PutChar8x16(8, 20, ShowNumber[1] + '0', Red, White);
                            LCD_PutChar8x16(16, 20, ShowNumber[0] + '0', Red, White);

                            ShowNumber[2]=(unsigned char)(CardNumber[1]/100.0);
```

```
                CardNumber[1]=CardNumber[1]-ShowNumber[2]*100.0;
                ShowNumber[1]=(unsigned char)(CardNumber[1]/10.0);
                CardNumber[1]=CardNumber[1]-ShowNumber[1]*10.0;
                ShowNumber[0]=(unsigned char)CardNumber[1]; //低位
                LCD_PutChar8x16(32, 20, ShowNumber[2] + '0', Red, White);
                LCD_PutChar8x16(40, 20, ShowNumber[1] + '0', Red, White);

                LCD_PutChar8x16(48, 20, ShowNumber[0] + '0', Red, White);


                ShowNumber[2]=(unsigned char)(CardNumber[2]/100.0);
                CardNumber[2]=CardNumber[2]-ShowNumber[2]*100.0;
                ShowNumber[1]=(unsigned char)(CardNumber[2]/10.0);
                CardNumber[2]=CardNumber[2]-ShowNumber[1]*10.0;
                ShowNumber[0]=(unsigned char)CardNumber[2]; //低位
                LCD_PutChar8x16(64, 20, ShowNumber[2] + '0', Red, White);
                LCD_PutChar8x16(72, 20, ShowNumber[1] + '0', Red, White);
                LCD_PutChar8x16(80, 20, ShowNumber[0] + '0', Red, White);


                ShowNumber[2]=(unsigned char)(CardNumber[3]/100.0);
                CardNumber[3]=CardNumber[3]-ShowNumber[2]*100.0;
                ShowNumber[1]=(unsigned char)(CardNumber[3]/10.0);
                CardNumber[3]=CardNumber[3]-ShowNumber[1]*10.0;
                ShowNumber[0]=(unsigned char)CardNumber[3]; //低位
                LCD_PutChar8x16(96, 20, ShowNumber[2] + '0', Red, White);
                LCD_PutChar8x16(104, 20, ShowNumber[1] + '0', Red, White);
                LCD_PutChar8x16(112, 20, ShowNumber[0] + '0', Red, White);
            }
          }
        }
      }
    }
  }
}
```

　　将上述工程下载到一体化系统中，当不同的 S50 靠近识别器时，液晶上显示不同的卡号。读者应注意的是，在修改密码时，一定要将修改后的密码记住，不然不知道卡片的密码就无法读写了。

第5章　综合实验

在大多数工程实践中，我们用到的不可能是单一的技术，往往是把几个功能融合在一起使用，比如将参数的检测、传输、处理和显示等环节一起使用才能实现一个完整的功能，所以本章通过几个实验模块实现综合实验，旨在加强读者的综合实验能力。

5.1　基于 CAN 总线的电机控制系统

CAN 总线是目前世界上应用最广泛的现场总线之一。CAN 总线协议的健壮性使其用途延伸到其他自动化和工业领域。本实验以 CAN 总线和测量三轴倾角为基础，实现基于 CAN 总线的电机控制，这实际上也是一个小型的网络化控制系统。读者可以在实验的基础上进一步延伸，比如加入适当的算法等。

5.1.1　实验内容

在本实验中，使用一个一体化开发系统中的 MPU-6050 采集倾斜角度，通过 CAN 总线将倾角信息传输到另一个一体化系统中，然后根据倾角的不同来调整电机的转速，实时测量并且显示电机的转速。此处仅测量 X 轴方向的倾斜角。在实验时，若实验人员前后翻转一体化系统，则接收端的电机会改变转速，并且将实时转速显示在液晶上。实验系统的硬件结构如图 5.1 所示，其发送部分和接收部分的程序流程图如图 5.2 所示。

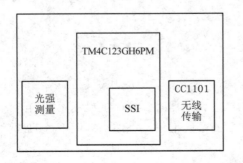

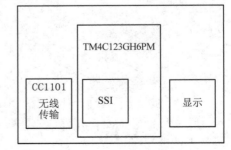

图 5.1　实验系统的硬件结构

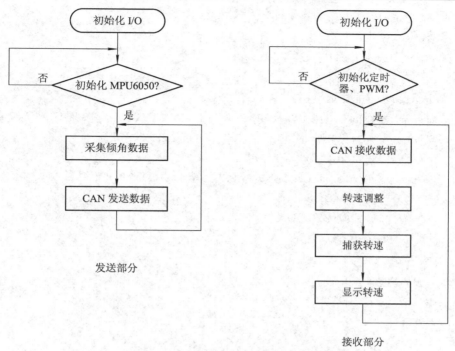

图 5.2 CAN 总线的电机控制系统的流程图

5.1.2 实验代码说明

下面采集倾角数据，并且通过 CAN 总线发送代码。此处仅写出主函数部分代码，关于各个 MPU6050 和 CAN 总线的使用方法，读者可参考第 3 章和第 4 章内容。

```
#include <stdint.h>
#include <stdbool.h>
#include "inc/tm4c123gh6pm.h"
#include "inc/hw_types.h"
#include "inc/hw_memmap.h"
#include "inc/hw_can.h"
#include "driverlib/sysctl.h"
#include "driverlib/interrupt.h"
#include "driverlib/pin_map.h"
#include "driverlib/gpio.h"
#include "driverlib/can.h"
#include "driverlib/i2c.h"
#include "CAN0PinsConfig.h"
#include "I2C3PinsConfig.h"
#include "MPU6050.h"
#include "math.h"
```

```
#include "defs.h"

voidCANIntHandler(void)
{
    unsigned long ulStatus;
    ulStatus = CANIntStatus(CAN0_BASE, CAN_INT_STS_CAUSE);    //读取引起 CAN 的中断
    if(ulStatus == CAN_INT_INTID_STATUS)    //检测是否为状态中断
    {    //读取状态寄存器中断，同时清中断
        ulStatus = CANStatusGet(CAN0_BASE, CAN_STS_CONTROL);
    }
    //检测是否为报文对象 1 中断
    else if(ulStatus == 1)
    {    //清除报文对象 1 中断
        CANIntClear(CAN0_BASE, 1);
    }
    else
    {
    }
}

void main(void)
{
    short int ucData=0;
    float TempX=0, TempZ=0;          //TempY=0
    float Angle;

    tCANMsgObject sCANMessage;
    unsigned char ucMsgData[8] = { 4, 4, 4, 4, 5, 5, 5, 5 };
    //设置系统时钟为 50 MHz
    SysCtlClockSet(SYSCTL_SYSDIV_4 | SYSCTL_USE_PLL | SYSCTL_XTAL_16MHz |
                SYSCTL_OSC_MAIN);

    I2C3PortFunctionInit();
    I2CMasterInitExpClk(I2C3_BASE, SysCtlClockGet(), false);
                                //此函数已经开启主机使能，100 kb/s

    if(MPU6050_Inti()==FAILED)
    {
        while(1);
```

```
    }

    CAN0PortFunctionInit();
    CANInit(CAN0_BASE);
    CANBitRateSet(CAN0_BASE, SysCtlClockGet(), 500000);
    CANRetrySet(CAN0_BASE, true);
    CANIntEnable(CAN0_BASE, CAN_INT_MASTER | CAN_INT_ERROR |
                CAN_INT_STATUS);
    IntEnable(INT_CAN0);
    IntMasterEnable();
    CANEnable(CAN0_BASE);

    sCANMessage.ui32MsgID = 1;                    // CAN 报文标识符
    sCANMessage.ui32MsgIDMask = 0;               // TX 不使用 ID 位屏蔽功能
    sCANMessage.ui32Flags = MSG_OBJ_TX_INT_ENABLE;  // TX 中断
    sCANMessage.ui32MsgLen = sizeof(ucMsgData);      //报文长度为 8
    sCANMessage.pui8MsgData = ucMsgData;         //指向报文数据

    for(;;)
    {
        ucData=MPU6050_SingleByteRead(MPU6050_O_ACCEL_XOUT_H );
        ucData=ucData<<8;
        ucData=ucData | MPU6050_SingleByteRead(MPU6050_O_ACCEL_XOUT_L);
        TempX=ucData*0.00059875;
        #if 0                                    // Y 轴没有用到
            ucData=MPU6050_SingleByteRead(MPU6050_O_ACCEL_YOUT_H );
            ucData=ucData<<8;
            ucData=ucData | MPU6050_SingleByteRead(MPU6050_O_ACCEL_YOUT_L);
            TempY=ucData *0.00059875;
        #endif

        ucData=MPU6050_SingleByteRead(MPU6050_O_ACCEL_ZOUT_H );
        ucData=ucData<<8;
        ucData=ucData | MPU6050_SingleByteRead(MPU6050_O_ACCEL_ZOUT_L);
        TempZ=ucData *0.00059875;
        if(TempX>0&&TempZ>0)
        {
            Angle=90.0-fabsf(atanf(TempZ/TempX)*180/3.1415);
        }
```

```
        if(TempX>0&&TempZ>0)                    //简单计算角度
        {
            Angle=fabsf(atanf(TempZ/TempX)*180/3.1415)-90;
        }
        if(TempX>0&&TempZ<0)
        {
            Angle=fabsf(atanf(TempZ/TempX)*180/3.1415)+90;
        }
        if(TempX>0&&TempZ<0)
        {
            Angle=(-90)-fabsf(atanf(TempZ/TempX)*180/3.1415);
        }
        if(Angle>0)
        {
            ucMsgData[0]=(unsigned char)Angle;
            CANMessageSet(CAN0_BASE, 1, &sCANMessage, MSG_OBJ_TYPE_TX);
        }
    }
}
```

下面为接收部分的代码：

```
#include <stdint.h>
#include <stdbool.h>
#include "inc/tm4c123gh6pm.h"
#include "inc/hw_types.h"
#include "inc/hw_memmap.h"
#include "inc/hw_can.h"
#include "driverlib/sysctl.h"
#include "driverlib/interrupt.h"
#include "driverlib/pin_map.h"
#include "driverlib/gpio.h"
#include "driverlib/can.h"
#include "driverlib/timer.h"
#include "CAN0PinsConfig.h"
#include "WTimer3_5PinsConfig.h"
#include "ILI9320.h"


volatile unsigned long g_bRXFlag = 0;


unsigned long ulTimes1=0;
```

```
    unsigned long ulTimes2=0;
    unsigned int   ulFlag=0;
    unsigned char CaptuerSuccess=0;
    unsigned char CaptuerFalse=0;
    char    *Speed={"Speed is: "};


    void WTimer5A_ISR_CAP(void)
    {
        unsigned long IntState;
        IntState=TimerIntStatus(WTIMER5_BASE, true);
        if(IntState&TIMER_TIMA_TIMEOUT)
        {
            SysCtlDelay(40);
        }
        if(IntState&TIMER_CAPA_EVENT)
        {
            TimerIntClear(WTIMER5_BASE, IntState);
            if( ulFlag==0)
            {
                ulTimes1=TimerValueGet(WTIMER5_BASE, TIMER_A);
                ulFlag=1;
            }
            else
            {
                ulTimes2=TimerValueGet(WTIMER5_BASE, TIMER_A);

                TimerIntDisable(WTIMER5_BASE, TIMER_CAPA_EVENT);
                TimerDisable(WTIMER5_BASE, TIMER_A);

                TimerIntDisable(WTIMER1_BASE, TIMER_TIMA_TIMEOUT);
                TimerDisable(WTIMER1_BASE, TIMER_A);

                TimerLoadSet(WTIMER5_BASE, TIMER_A, 900000000);
                ulFlag=0;
                CaptuerSuccess=1;
            }
        }
    }
```

```c
void WTimer1A_ISR(void)              //设置 1 s 的时间检测捕获是否超时
{
    unsigned long IntState;

    IntState=TimerIntStatus(WTIMER1_BASE, true);
    TimerIntClear(WTIMER1_BASE, TIMER_TIMA_TIMEOUT);
    if(IntState&TIMER_TIMA_TIMEOUT)
    {
        CaptuerSuccess=0;
        CaptuerFalse=1;
        TimerIntDisable(WTIMER5_BASE, TIMER_CAPA_EVENT);
        TimerDisable(WTIMER5_BASE, TIMER_A);
        TimerIntDisable(WTIMER1_BASE, TIMER_TIMA_TIMEOUT);
        TimerDisable(WTIMER1_BASE, TIMER_A);
    }
}

void CANIntHandler(void)
{
    unsigned long ulStatus;t
    //读取引起 CAN 的中断
    ulStatus = CANIntStatus(CAN0_BASE, CAN_INT_STS_CAUSE);
    //检测是否为状态中断
    if(ulStatus == CAN_INT_INTID_STATUS)
    {   //读取状态寄存器中断，同时清中断
        ulStatus = CANStatusGet(CAN0_BASE, CAN_STS_CONTROL);
    }
    //检测是否为报文对象 1 中断
    else if(ulStatus == 1)
    {   //清报文对象 1 中断
        CANIntClear(CAN0_BASE, 1);
        g_bRXFlag = 1;
    }
    else
    {
    }
}

void main(void)
```

```
{
    tCANMsgObject sCANMessage;
    unsigned char ucMsgData[8];

    unsigned int uintValue=0;
    float Period, Freq;
    unsigned char ShowNumber[4]={0, 0, 0, 0};

    //设置系统时钟为 50 MHz
    SysCtlClockSet(SYSCTL_SYSDIV_4 | SYSCTL_USE_PLL | SYSCTL_XTAL_16MHz |
                    SYSCTL_OSC_MAIN);

    PortFunctionInit();
    SysCtlPeripheralEnable(SYSCTL_PERIPH_GPIOF);
    LCD_GPIOEnable();

    WTimer3_5PortFunctionInit();
    SysCtlPeripheralEnable(SYSCTL_PERIPH_WTIMER1);    //使能 WT1
    SysCtlPeripheralEnable(SYSCTL_PERIPH_GPIOE);

    //Configure T0 :TA    and TB for PWM
    TimerDisable(WTIMER3_BASE, TIMER_A);
    TimerConfigure(WTIMER3_BASE, TIMER_CFG_SPLIT_PAIR | TIMER_CFG_A_PWM);
    TimerControlLevel(WTIMER3_BASE, TIMER_A, true);
    TimerMatchSet(WTIMER3_BASE, TIMER_A, 2500);
    TimerLoadSet(WTIMER3_BASE, TIMER_A, 12000);
    TimerEnable(WTIMER3_BASE, TIMER_A);

    //捕获频率配置
    TimerConfigure(WTIMER5_BASE , TIMER_CFG_SPLIT_PAIR | TIMER_CFG_A_CAP_TIME);
    TimerControlEvent(WTIMER5_BASE, TIMER_A, TIMER_EVENT_POS_EDGE);
    TimerLoadSet(WTIMER5_BASE, TIMER_A, 90000000);
    TimerIntDisable(WTIMER5_BASE, TIMER_CAPA_EVENT | TIMER_TIMA_TIMEOUT);
    IntEnable(INT_WTIMER5A);                              //Enable NVIC 中断控制器
    TimerDisable(WTIMER5_BASE, TIMER_A);

    //配置捕获 timeout 定时器
    TimerDisable(WTIMER1_BASE, TIMER_A);
    TimerConfigure(WTIMER1_BASE, TIMER_CFG_SPLIT_PAIR | TIMER_CFG_A_PERIODIC);
```

```
TimerLoadSet(WTIMER1_BASE, TIMER_A, SysCtlClockGet());
IntEnable(INT_WTIMER1A);
TimerIntDisable(WTIMER1_BASE, TIMER_TIMA_TIMEOUT);
TimerDisable(WTIMER1_BASE, TIMER_A);


CANInit(CAN0_BASE);
CANBitRateSet(CAN0_BASE, SysCtlClockGet(), 500000);
CANIntEnable(CAN0_BASE, CAN_INT_MASTER | CAN_INT_ERROR |
            CAN_INT_STATUS);
IntEnable(INT_CAN0);
// IntMasterEnable();
CANEnable(CAN0_BASE);


sCANMessage.ui32MsgID = 1;                    // CAN 标识符为 1
sCANMessage.ui32MsgIDMask = 0xfffff;          //识别符 ID 的所有位全部过滤
//即使用位屏蔽功能，发送端必须和接收端完全相符才能接收
sCANMessage.ui32Flags= MSG_OBJ_RX_INT_ENABLE | MSG_OBJ_USE_ID_FILTER;
sCANMessage.ui32MsgLen = 8;
CANMessageSet(CAN0_BASE, 1, &sCANMessage, MSG_OBJ_TYPE_RX);


LCD_ILI9320Init();                            //初始化 LCD
LCD_Clear(White);                             //将背景填成白色
LCD_PutString(0, 50, Speed, Red, White);
LCD_PutString(120, 50, "r/s", Red, White);


TimerIntEnable(WTIMER5_BASE, TIMER_CAPA_EVENT);
TimerEnable(WTIMER5_BASE, TIMER_A);


TimerIntEnable(WTIMER1_BASE, TIMER_TIMA_TIMEOUT);
TimerEnable(WTIMER1_BASE, TIMER_A);


//开全局中断
IntMasterEnable();
for(;;)
{   //接收成功
    if(g_bRXFlag)
    {
```

```
            sCANMessage.pui8MsgData = ucMsgData;

            CANMessageGet(CAN0_BASE, 1, &sCANMessage, 0);

            g_bRXFlag = 0;

            uintValue=ucMsgData[0]*100;

            if(ucMsgData[0]<100)

            {

                TimerMatchSet(WTIMER3_BASE, TIMER_A, uintValue+1800);

            }

    }

    if(CaptuerSuccess==1)                        //频率捕捉成功

    {

        Period=(ulTimes1-ulTimes2)*0.00000002;

        Freq=(1/Period)/4;


        CaptuerSuccess=0;


        ShowNumber[3]=(unsigned char)(Freq/1000.0);

        Freq=Freq-ShowNumber[3]*1000.0;

        ShowNumber[2]=(unsigned char)(Freq/100.0);

        Freq=Freq-ShowNumber[2]*100.0;

        ShowNumber[1]=(unsigned char)(Freq/10.0);

        Freq=Freq-ShowNumber[1]*10.0;

        ShowNumber[0]=(unsigned char)Freq;       //低位


        LCD_PutChar8x16(80, 50, ShowNumber[3] + '0', Red, White);

        LCD_PutChar8x16(88, 50, ShowNumber[2] + '0', Red, White);

        LCD_PutChar8x16(96, 50, ShowNumber[1] + '0', Red, White);

        LCD_PutChar8x16(104, 50, ShowNumber[0] + '0', Red, White);


        TimerIntEnable(WTIMER5_BASE, TIMER_CAPA_EVENT);

        TimerEnable(WTIMER5_BASE, TIMER_A);


        TimerLoadSet(WTIMER1_BASE, TIMER_A, SysCtlClockGet());

        TimerIntEnable(WTIMER1_BASE, TIMER_TIMA_TIMEOUT);

        TimerEnable(WTIMER1_BASE, TIMER_A);

    }

    if(CaptuerFalse==1)                          //频率捕捉失败
```

```
    {
            CaptuerFalse=0;

            LCD_PutChar8x16(80, 50, '0', Red, White);
            LCD_PutChar8x16(88, 50, '0', Red, White);
            LCD_PutChar8x16(96, 50, '0', Red, White);
            LCD_PutChar8x16(104, 50, '0', Red, White);

            TimerIntEnable(WTIMER5_BASE, TIMER_CAPA_EVENT);
            TimerEnable(WTIMER5_BASE, TIMER_A);

            TimerLoadSet(WTIMER1_BASE, TIMER_A, SysCtlClockGet());
            TimerIntEnable(WTIMER1_BASE, TIMER_TIMA_TIMEOUT);
            TimerEnable(WTIMER1_BASE, TIMER_A);
        }
    }
}
```

5.2　基于 ZigBee 的无线传感网络的多点温度采集实验

无线传感网络是近年来的一个热点。本节利用实验板上的温湿度传感器和 CC2520 模块组成一个星形结构的 ZigBee 无线传感网络，其中的网络中心节点协调器用于接收数据，终端设备用于发送温湿度数据。

5.2.1　实验内容

在实验中，由一个协调器和四个终端设备组成一个 ZigBee 无线传感网络，四个终端设备发送温湿度数据，中心节点协调器接收数据并且将四个终端设备采集到的温湿度信息显示到液晶上。四个终端设备的地址为 1～4。实验系统结构如图 5.3 所示。

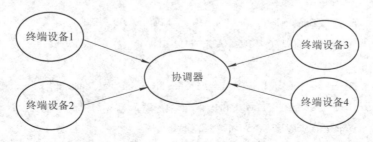

图 5.3　实验系统结构

软件流程图如图 5.4 所示。

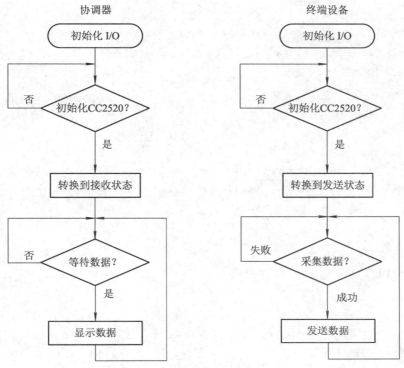

图 5.4 软件流程图

在实验代码下载到实验设备中后，四个终端设备每隔一定时间会向协调器发送一次温湿度数据。

5.2.2 部分实验代码说明

下面为协调器主函数部分的代码，其余部分没有列出，但是应注意，在初始化 CC2520 寄存器时，已经将 CC2520 初始化为协调器。协调器在接收数据时，在 PAN ID 相同的情况下，终端设备发送数据，不需要目的地址，具体可查看 CC2520 寄存器的初始化以及工程文件下的 Basic_RF/basic_RF.c 文件。

```
#include <stdint.h>
#include <stdbool.h>
#include "inc/tm4c123gh6pm.h"
#include "inc/hw_types.h"
#include "inc/hw_memmap.h"
#include "driverlib/sysctl.h"
#include "driverlib/gpio.h"
#include "driverlib/ssi.h"
#include "Board/hal_board.h"
#include "CC2520.h"
#include "basic_rf.h"
```

```
#include "hal_rf.h"
#include "Config.h"
#include "buttons.h"
#include "ILI9320.h"
#include "XTP2046.h"
#include "LCD_GUI.h"

#define    MeaCommand              1
#define    RECEIVE_SUCCESS     0x01
/***************************************************************************
* CONSTANTS
*/
//信道参数
#define RF_CHANNEL                      25          // 2.4 GHz RF 信道

//地址设置
#define PAN_ID                          0x2014
//#define SWITCH_ADDR                   0x2520
#define ZC_ADDR                         0xBEEF
#define APP_pTxDataPAYLOAD_LENGTH            1
#define APP_pRxDataPAYLOAD_LENGTH            7
#define LIGHT_TOGGLE_CMD                     0

#define Node1    1
#define Node2    2
#define Node3    3
#define Node4    4
/***************************************************************************
* LOCAL VARIABLES
*/
static uint8 pTxData[APP_pTxDataPAYLOAD_LENGTH];
static uint8 pRxData[APP_pRxDataPAYLOAD_LENGTH];
static basicRfCfg_t basicRfConfig;

void main(void)
{
    //配置射频部分
    basicRfConfig.panId = PAN_ID;
    basicRfConfig.channel = RF_CHANNEL;
```

```
basicRfConfig.ackRequest = TRUE;
// pTxData[0]=MeaCommand;

halBoardInit();
LCD_GPIOEnable();
LCD_ILI9320Init();                        //初始化 LCD
// TouchPadGPIOEnable();

LCD_SetScreen();
// Initialize BasicRF
basicRfConfig.myAddr = ZC_ADDR ;         //设置源地址
if(basicRfInit(&basicRfConfig)==FAILED)
{
    while(1);
}
ButtonsInit();
basicRfReceiveOn();
for(; ;)
{
    if(CC2520_RX_FRM_DONE==RECEIVE_SUCCESS)
    {   //读取数据
        basicRfReceive(pRxData, APP_pRxDataPAYLOAD_LENGTH);
        if(pRxData[0]==Node1)
        {   //显示温度
            LCD_PutChar8x16(74, 83, pRxData[2], Red,White);
            LCD_PutChar8x16(83, 83, pRxData[3], Red,White);

            //显示湿度
            LCD_PutChar8x16(150, 83, pRxData[5], Red,White);
            LCD_PutChar8x16(159, 83, pRxData[6], Red,White);
        }
        if(pRxData[0]==Node2)
        {   //显示温度
            LCD_PutChar8x16(74, 153, pRxData[2], Red, White);
            LCD_PutChar8x16(83, 153, pRxData[3], Red, White);

            //显示湿度
            LCD_PutChar8x16(150, 153, pRxData[5], Red,White);
            LCD_PutChar8x16(159, 153, pRxData[6], Red, White);
```

```
        }
        if(pRxData[0]==Node3)
        {
            //显示温度
            LCD_PutChar8x16(74, 223, pRxData[2], Red, White);
            LCD_PutChar8x16(83,223, pRxData[3], Red, White);

            //显示湿度
            LCD_PutChar8x16(150, 223, pRxData[5], Red, White);
            LCD_PutChar8x16(159, 223, pRxData[6], Red, White);
        }
        if(pRxData[0]==Node4)
        {   //显示温度
            LCD_PutChar8x16(74, 293, pRxData[2], Red, White);
            LCD_PutChar8x16(83, 293, pRxData[3], Red, White);
            //显示湿度
            LCD_PutChar8x16(150, 293, pRxData[5], Red, White);
            LCD_PutChar8x16(159, 293, pRxData[6], Red, White);
        }
    }
  }
}
```

下面为终端发送部分的代码，把程序下载到 4 个实验系统中时，只需要修改节点的地址即可。

```
#include <stdint.h>
#include <stdbool.h>
#include "inc/tm4c123gh6pm.h"
#include "inc/hw_types.h"
#include "inc/hw_memmap.h"
#include "driverlib/sysctl.h"
#include "driverlib/gpio.h"
#include "driverlib/ssi.h"
#include "Board/hal_board.h"
#include "CC2520.h"
#include "basic_rf.h"
#include "hal_rf.h"
#include "Config.h"
#include "buttons.h"
#include "SHT10.h"
```

```
#define   RECEIVE_SUCCESS     0x01
/**************************************************************************
* CONSTANTS
*/
//信道参数
#define RF_CHANNEL              25            // 2.4 GHz RF 信道

//地址设置
#define PAN_ID                 0x2014
#define SWITCH_ADDR            0x2520
#define LIGHT_ADDR             0xBEEF
#define APP_PAYLOAD_LENGTH     7
#define LIGHT_TOGGLE_CMD       0
//#define StartMeasure         1
#define Node                   3        //此处在下载到 4 个实验板时，分别修改
                                        //位 1、2、3 和 4 即可

/**************************************************************************
* LOCAL VARIABLES
*/
static uint8 pTxSensorData[APP_PAYLOAD_LENGTH];
static uint8 pRxData[1];
static basicRfCfg_t basicRfConfig;

typedef union
{
    unsigned int i;
    float f;
} value;

enum {TEMP, HUMI};

void main(void)
{
    value humi_val, temp_val;
    int temperature, humidity;
    unsigned char flag, checksum;
```

```
//配置射频部分
basicRfConfig.panId = PAN_ID;
basicRfConfig.channel = RF_CHANNEL;
basicRfConfig.ackRequest = TRUE;
basicRfConfig.myAddr = Node;


halBoardInit();
//初始化射频部分
if(basicRfInit(&basicRfConfig)==FAILED)
{
    while(1);
}
ButtonsInit();
basicRfReceiveOn();
for(; ;)
{
GPIO_PORTF_DATA_R |= (0x02);                      //打开红灯，显示正在采集数据


flag=0;
flag+=s_measure( &humi_val.i, &checksum, HUMI);   //测量湿度
flag+=s_measure( &temp_val.i, &checksum, TEMP);   //测量温度


if(flag!=0) s_connectionreset();                  //若错误，则重新启动
else
{
        humi_val.f=(float)humi_val.i;             //将整型转化为浮点型
        temp_val.f=(float)temp_val.i;             //将整型转化为浮点型
        calc_sth11(&humi_val.f, &temp_val.f);     //计算温度和湿度

        temperature=(int)temp_val.f;
        pTxSensorData[1]= 'T';
        pTxSensorData[2]=(unsigned char)temperature/10 + '0';
        pTxSensorData[3]=(unsigned char)temperature%10 + '0';

        humidity=(int)humi_val.f;
        pTxSensorData[4]='H';
        pTxSensorData[5]=(unsigned char)humidity/10 + '0';
        pTxSensorData[6]=(unsigned char)humidity%10 + '0';
```

```
        }
        pTxSensorData[0]=Node;
        /*
        * 注意每次发送完数据以后要切换到接收状态
        */
        basicRfSendPacket(Node, pTxSensorData, APP_PAYLOAD_LENGTH);
                                    //发送传感器采集的数据

        basicRfReceiveOn();              //切换到接收模式
        GPIO_PORTF_DATA_R&=~(0x02);      //红灯熄灭，显示数据采集完成
        SysCtlDelay(SysCtlClockGet()/10);
        }
    }
```

5.3 基于 433 MHz 的光照强度测量无线传输系统

随着现代农业的发展，恒温控制、恒定光照强度控制等被广泛应用，并且以无线的方式逐步替代有线连接的方式。本实验模块将光照度的采集数据通过 433 MHz 无线传输到另一个一体化系统中，实现采集—传输—数据处理显示的功能。基于 433 MHz 的光照强度测量无线传输模拟系统如图 5.5 所示。

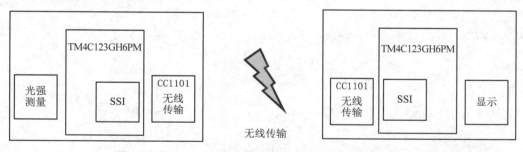

图 5.5 基于 433 MHz 的光照强度测量无线传输模拟系统

5.3.1 实验内容

在实验过程中，首先使用一体化系统中的光照强度模块测量环境中的光照强度，然后通过 433 MHz(CC1101)模块传输到另一个一体化系统中进行显示。本实验以点对点通信为例，在实际实验时，可以用一点对多点通信实现光照强度数据传输。

5.3.2 部分实验代码说明

以下是采集光照强度和发送数据部分的代码，同样只给出主函数部分的代码，其他部分的代码可参考第 4 章的基于 CC1101 无线数字通信实验部分。

```c
#include <stdint.h>
#include <stdbool.h>
#include "inc/tm4c123gh6pm.h"
#include "inc/hw_types.h"
#include "inc/hw_memmap.h"
#include "driverlib/sysctl.h"
#include "driverlib/gpio.h"
#include "driverlib/ssi.h"
#include "driverlib/adc.h"
#include "CC1101.h"
#include "CC1101_REG.h"
#include "HAL_SPI.h"
#include "SSI3PinsConfig.h"
#include "ILI9320.h"
#include "buttons.h"
char    *String={"The Light is: "};
char    *StringUint={"LX"};

#define NUM_BUTTONS       2
#define LEFT_BUTTON           GPIO_PIN_4
#define RIGHT_BUTTON          GPIO_PIN_0

#define ALL_BUTTONS       (LEFT_BUTTON | RIGHT_BUTTON)

void main(void)
{
    INT8U txBuffer[10] = {'A', 'B', 'C', 0, 0, 0, 0, 0, 0, 0 };
    unsigned int ulValue;
    unsigned int ulValueSum=0;
    float light;
    unsigned char ShowNumber[6]={0, 0, 0, 0, 0, 0};
    //unsigned char ucCurButtonState, ucPrevButtonState;

    unsigned int ulDataRx;      //用于清空接收 FIFO

    (SYSCTL_SYSDIV_4 | SYSCTL_USE_PLL | SYSCTL_XTAL_16MHz |
        SYSCTL_OSC_MAIN);

    //ButtonsInit();            //初始化按键 I/O 设置
```

```
SysCtlPeripheralEnable(SYSCTL_PERIPH_ADC0);
SysCtlPeripheralEnable(SYSCTL_PERIPH_GPIOE);
ADCHardwareOversampleConfigure(ADC0_BASE, 64);


GPIOPinTypeADC(GPIO_PORTE_BASE, GPIO_PIN_2);


ADCSequenceConfigure(ADC0_BASE, 3, ADC_TRIGGER_PROCESSOR, 0);
ADCSequenceStepConfigure(ADC0_BASE, 3, 0, ADC_CTL_IE | ADC_CTL_END |
                         ADC_CTL_CH1);
ADCSequenceEnable(ADC0_BASE, 3);


PortFunctionInit();        //SSI 端口初始化
SSIConfigSetExpClk(SSI3_BASE, SysCtlClockGet(), SSI_FRF_MOTO_MODE_0,
                   SSI_MODE_MASTER, 500000, 8);
SSIEnable(SSI3_BASE);
//将 SSI 模块的  recefive FIFO 无用数据读完
while(SSIDataGetNonBlocking(SSI3_BASE, &ulDataRx))
{

}
CC1101Init( );


LCD_GPIOEnable();    //配置 LCD 所需的 IO 端口，GPIOA 和 GPIOB，方向和使能寄存器
LCD_ILI9320Init();   //初始化 LCD
LCD_Clear(White);    //将背景填成白色
LCD_PutString(0, 10, String, Red, White);
LCD_PutString(153, 10, StringUint, Red, White);
for(; ;)
{
    ADCProcessorTrigger(ADC0_BASE, 3);
    //等待测量完成
    while(!ADCIntStatus(ADC0_BASE, 3, false))
    {
    }
    //清中断标志
    ADCIntClear(ADC0_BASE, 3);

    ADCSequenceDataGet(ADC0_BASE, 3, &ulValue);
    ulValueSum=ulValue;
```

```
            light=(((((float)ulValueSum)/4096)*3.3)/4700)*50000000;

            ShowNumber[5]=(unsigned char)(light/100000.0);
            light=light-ShowNumber[5]*100000.0;
            ShowNumber[4]=(unsigned char)(light/10000.0);
            light=light-ShowNumber[4]*10000.0;
            ShowNumber[3]=(unsigned char)(light/1000.0);
            light=light-ShowNumber[3]*1000.0;
            ShowNumber[2]=(unsigned char)(light/100.0);
            light=light-ShowNumber[2]*100.0;
            ShowNumber[1]=(unsigned char)(light/10.0);
            light=light-ShowNumber[1]*10.0;
            ShowNumber[0]=(unsigned char)light; //低位

            txBuffer[5]=ShowNumber[5] + '0';
            txBuffer[4]=ShowNumber[4] + '0';
            txBuffer[3]=ShowNumber[3] + '0';
            txBuffer[2]=ShowNumber[2] + '0';
            txBuffer[1]=ShowNumber[1] + '0';
            txBuffer[0]=ShowNumber[0] + '0';

            LCD_PutChar8x16(105, 10, ShowNumber[5] + '0', Red, White);
            LCD_PutChar8x16(113, 10, ShowNumber[4] + '0', Red, White);
            LCD_PutChar8x16(121, 10, ShowNumber[3] + '0', Red, White);
            LCD_PutChar8x16(129, 10, ShowNumber[2] + '0', Red, White);
            LCD_PutChar8x16(137, 10, ShowNumber[1] + '0', Red, White);
            LCD_PutChar8x16(145, 10, ShowNumber[0] + '0', Red, White);

            CC1101SendPacket( txBuffer, 10, ADDRESS_CHECK );
            ulValueSum=0;
            SysCtlDelay(SysCtlClockGet() / 5);
        }
    }
```

下面为接收部分的代码:

```
    #include <stdint.h>
    #include <stdbool.h>
    #include "inc/tm4c123gh6pm.h"
    #include "inc/hw_types.h"
```

```c
#include "inc/hw_memmap.h"
#include "driverlib/sysctl.h"
#include "driverlib/gpio.h"
#include "driverlib/ssi.h"
#include "CC1101.h"
#include "CC1101_REG.h"
#include "HAL_SPI.h"
#include "SSI3PinsConfig.h"
#include "ILI9320.h"
char    *String={"The Light is: "};
char    *StringUint={"LX"};

void main(void)
{
    INT8U rxBuffer[10] = {0};
    INT8U i;
    unsigned int ulDataRx;      //用于清空接收 FIFO
    SysCtlClockSet(SYSCTL_SYSDIV_4 | SYSCTL_USE_PLL | SYSCTL_XTAL_16MHz |
                SYSCTL_OSC_MAIN);

    SysCtlPeripheralEnable(SYSCTL_PERIPH_GPIOF);
    GPIOPinTypeGPIOOutput(GPIO_PORTF_BASE, GPIO_PIN_1); //设置 PF1 为输出

    PortFunctionInit();         //SSI 端口初始化
    SSIConfigSetExpClk(SSI3_BASE, SysCtlClockGet(), SSI_FRF_MOTO_MODE_0,
                    SSI_MODE_MASTER, 500000, 8);
    SSIEnable(SSI3_BASE);
    //将 SSI 模块的 receive FIFO 无用数据读完
    while(SSIDataGetNonBlocking(SSI3_BASE, &ulDataRx))
    {
    }
    CC1101Init( );

    LCD_GPIOEnable();   //配置 LCD 所需的 IO 端口，GPIOA 和 GPIOB，方向和使能寄存器
    LCD_ILI9320Init();      //初始化 LCD
    LCD_Clear(White);   //将背景填成白色
    LCD_PutString(0, 10, String, Red, White);
    LCD_PutString(153, 10, StringUint, Red, White);
```

```
            CC1101SetTRMode( RX_MODE );

            SysCtlDelay(400000);
            for(; ;)
            {
                i = CC1101RecPacket( rxBuffer );
                if(i!=0)
                {
                    LCD_PutChar8x16(105, 10, rxBuffer[5], Red, White);
                    LCD_PutChar8x16(113, 10, rxBuffer[4], Red, White);
                    LCD_PutChar8x16(121, 10, rxBuffer[3], Red, White);
                    LCD_PutChar8x16(129, 10, rxBuffer[2], Red, White);
                    LCD_PutChar8x16(137, 10, rxBuffer[1], Red, White);
                    LCD_PutChar8x16(145, 10, rxBuffer[0], Red, White);
                }
            }
        }
```

附录　TM4C123GH6PM 引脚功能表

IO	Pin	模拟功能	数字功能(GPIOPCTL PMCx 位域编码)										
			1	2	3	4	5	6	7	8	9	14	15
PA0	17	—	U0Rx							CAN1Rx			
PA1	18	—	U0Tx							CAN1Tx			
PA2	19	—		SSI0Clk									
PA3	20	—		SSI0Fss									
PA4	21	—		SSI0Rx									
PA5	22	—		SSI0Tx									
PA6	23	—			I2C1SCL		M1PWM2						
PA7	24	—			I2C1SDA		M1PWM3						
PB0	45	USB0ID	U1Rx						T2CCP0				
PB1	46	USB0VBUS	U1Tx						T2CCP1				
PB2	47	—			I2C0SCL				T3CCP0				
PB3	48	—			I2C0SDA				T3CCP1				
PB4	58	AIN10		SSI2Clk		M0PWM2			T1CCP0	CAN0Rx			
PB5	57	AIN11		SSI2Fss		M0PWM3			T1CCP1	CAN0Tx			
PB6	1			SSI2Rx		M0PWM0			T0CCP0				
PB7	4			SSI2Tx		M0PWM1			T0CCP1				
PC0	52		TCK SWCLK						T4CCP0				
PC1	51		TMS SWDIO						T4CCP1				
PC2	50		TDI						T5CCP0				
PC3	49		TDO SWO						T5CCP1				
PC4	16	C1-	U4Rx	U1Rx		M0PWM6		IDX1	WT0CCP0	U1RTS			
PC5	15	C1+	U4Tx	U1Tx		M0PWM7		PhA1	WT0CCP1	U1CTS			
PC6	14	C0+	U3Rx					PhB1	WT1CCP0	USB0EPEN			
PC7	13	C0-	U3Tx						WT1CCP1	USB0PFLT			
PD0	61	AIN7	SSI1Clk	SSI1Clk	I2C3SC	M0PWM6	M1PWM0		WT2CCP0				
PD1	62	AIN6	SSI1Fss	SSI1Fss	2C3SDA	M0PWM7	M1PWM1		WT2CCP1				
PD2	63	AIN5	SSI3Rx	SSI1Rx		M0FAULT0			WT3CCP0	USB0EPEN			
PD3	64	AIN4	SSI3Tx	SSI1Tx					WT3CCP1	USB0PFLT			

续表

IO	Pin	模拟功能	数字功能(GPIOPCTL PMCx 位域编码)										
			1	2	3	4	5	6	7	8	9	14	15
PD4	43	USB0DM	U6Rx						WT4CCP0				
PD5	44	USB0DP	U6Tx						WT4CCP1				
PD6	53		U2Rx			M0FAULT0		PhA0	WT5CCP0				
PD7	10		U2Tx					PhB0	WT5CCP1	NMI			
PE0	9	AIN3	U7Rx										
PE1	8	AIN2	U7Tx										
PE2	7	AIN1											
PE3	6	AIN0											
PE4	59	AIN9	U5Rx	I2C2SCL	M0PWM4	M1PWM2			CAN0Rx				
PE5	60	AIN8	U5Tx	I2C2SDA	M0PWM5	M1PWM3			CAN0Tx				
PF0	28		U1RTS	SSI1Rx	CAN0Rx		M1PWM4	PhA0	T0CCP0	NMI	C0o		
PF1	29		U1CTS	SSI1Tx		M0FAULT0	M1PWM5	PhB0	T0CCP1		C1o	TRD1	
PF2	30			SSI1Clk			M1PWM6		T1CCP0			TRD0	
PF3	31			SSI1Fss	CAN0Tx		M1PWM7		T1CCP1			TRCLK	
PF4	5						M1FAULT0	IDX0	T2CCP0	USB0EPEN			

参 考 文 献

[1] Tiva™ TM4C123GH6PM Microcontroller DATA SHEET. TEXAS INSTRUMENTS，2013.

[2] 王宜怀，朱仕浪，郭芸. 嵌入式技术基础与实践[M]. 3 版. 北京：清华大学出版社，2013.

[3] 马忠梅，李奇，徐琰，等. ARM Cortex 核 TI 微控制器原理与应用[M]. 北京：北京航空航天大学出版社，2011.

[4] CAN 入门书. RENESAS，2006.

[5] 高守玮，吴灿阳. ZigBee 技术实践教程[M]. 北京：北京航空航天大学出版社，2009.